KS NCS 2~5 수준
기술이 희망이고 미래입니다!

기계제도
도면해독법 & 작성법

이광수 저

DECODING
MECHANICAL
DRAWING

일진사

머리말

    도면은 설계자와 제작자 및 실무자 사이에 약속된 의사소통 수단으로, 기계 제도는 설계자의 요구사항을 제작자나 실무자에게 전달하기 위하여 제도 규격에 따라 제품의 형상, 구조, 크기, 재료, 가공 방법 등을 정확하고 간단명료하게 도면으로 작성하는 것을 말합니다.

    또한 도면 해독은 조립도와 부품도를 분석하고 각 부품의 기능에 알맞도록 치수 및 주요 공차 등을 파악하는 것으로, 도면을 해석하고 작성할 수 있는 능력은 엔지니어가 갖추어야 할 필수 요건입니다.

    이 책은 기계 제도 및 도면을 해독하고 작성할 수 있는 능력을 기르기 위하여 기계 분야의 초보자나 실무자들도 쉽게 이해할 수 있도록 다음과 같이 구성하였습니다.

    첫째, 예제와 예시를 다양하게 수록하여 도면 해독과 작성요령 및 기계 제도 전반에 대하여 알기 쉽게 설명하였습니다.

    둘째, 제도의 규격 및 통칙 관련 내용은 최근 개정된 ISO(국제표준) 및 KS(한국산업표준)를 기준으로 수록하였습니다.

    셋째, 이해를 돕기 위해 2차원 도면과 3차원 모델링을 함께 제시하였으며, 이론과 실습을 동시에 병행하며 학습할 수 있도록 하였습니다.

    넷째, 실습 과제도면 5종을 제시하여 도면에 담긴 도면해독 및 이해도를 높이고 기계설계 분야인 실기 작업형 학습에도 적합하도록 하였습니다.

    이 책에 수록된 기계 제도에 관한 기본적인 이론을 충분히 이해하고 학습한다면 이 분야에 대한 전문 지식과 기술을 습득하는 데 밑거름이 되어 산업현장에서 요구하는 전문 기술자로 성장하는 데 많은 도움이 될 것을 기대합니다.

저자 씀

차 례

CHAPTER 03 투상법

CHAPTER 04 치수 기입하기

CHAPTER 07 기하 공차

CHAPTER 08   주서 및 기계 재료

1. 주서

2. 기계 재료의 표시 방법

CHAPTER 09   기계요소 그리기

1. 나사

2. 볼트와 너트

3. 키, 핀, 리벳

4. 축

CHAPTER 10 그 밖의 기계요소 그리기

⚙ 차 례

CHAPTER 11 동력 전달 장치 그리기

CHAPTER 12　실습 과제도면 해석

부록　예제 해답

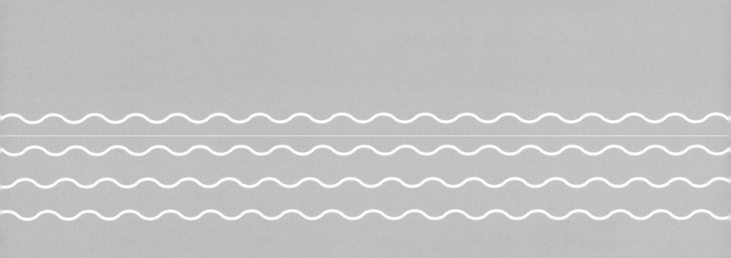

CHAPTER

1

기계 제도의 기본

1 설계와 제도

1 설계

모든 산업 기계나 구조물의 각 부분은 여러 구성 요소로 이루어져 있어 용도에 알맞게 작용할 수 있도록 구조 · 모양 · 크기 · 강도 등을 합리적으로 결정하고, 재료와 가공법 또한 알맞게 선택해야 한다. 양질의 제품을 제작하기 위해 용도나 기능에 적합하도록 계획을 세워야 하는데, 이러한 내용들을 종합하는 기술을 **설계**라 한다.

2 제도

설계자의 요구 사항을 제작자에게 전달하기 위해 일정한 규칙에 따라 선, 문자, 기호, 주서 등을 사용하여 생산 제품의 구조, 디자인(형상), 크기, 재료, 가공법 등을 KS 제도 규격에 따라 정확하고 간단명료하게 도면으로 작성하는 것을 **제도**라 한다.

3 CAD

IT 산업의 발달로 산업 전반에 걸쳐 컴퓨터를 활용하게 되면서 설계 및 제도 분야에도 컴퓨터를 이용한 설계, 즉 **CAD**(Computer Aided Design)가 도입, 활용되고 각종 응용 프로그램이 개발되어 기계, 건축, 토목, 디자인 등 여러 분야에 광범위하게 활용되고 있다.

4 제도의 목적

제도의 목적은 설계자의 의도를 도면으로 사용자에게 확실하고 쉽게 전달하는 데 있다. 그러므로 도면에 제품의 형상이나 치수, 재료, 가공 방법, 표면의 정도 등을 정확하게 표시하여 설계자의 생각이 제작자나 시공자에게 확실하게 전달되어야 한다.

2 제도 규격

1 표준 규격

도면은 형상, 크기, 공정도, 가공법 등을 언제, 누가 작도하더라도 모양과 형태가 똑같아야 하므로 제도자는 KS 규격에 따라 그려야 한다.

현대 사회는 산업 규모가 커지고 제품이 대량 생산되고 있으며 각 나라 간의 산업 교류 활동을 통해 기존의 사내 규격이 단체 단위로 통일되고, 단체 규격은 다시 국가 단위로 통일되고, 국가 규격은 다시 국제 단위로 단일화되었다.

이와 같이 규격은 크게 **국가 규격**과 **국제 규격**으로 구분할 수 있다.

(1) 국제 규격

　국제표준화기구(ISO), 국제전기표준회의(IEC), 국제인터넷표준화기구(IETF) 등 여러 나라가 협의, 심의, 규정하여 국제적으로 사용하는 규격을 **국제 규격**이라 한다.

(2) 국가 규격

　국가 규격은 한 국가의 관련 전문가들이 협의하여 심의, 규정한 규격이다.

(3) 단체 규격

　단체 규격은 기업 또는 학회 등의 단체 전문가들이 협의하여 심의, 규정한 규격이다.

(4) 사내 규격

　사내 규격은 기업이나 공장에서 심의, 규정하여 기업과 공장 내에서 사용하는 규격이다.

2 KS 제도 통칙

　우리나라는 1961년 한국공업표준화법이 공포된 후 1966년에 제도 통칙(KS A 0005)이, 1967년에 기계 제도(KS B 0001)가 제정되어 제도 규격으로 확정되었다.

　제도 규격은 산업표준화법에 의하여 한국산업규격인 KS로 규정되었으며, 산업표준화법 개정에 따라 한국산업규격이 한국산업표준(KS)으로 명칭이 바뀌었다.

　현재 한국산업표준 중에서 **제도 통칙**(KS A 0005)은 제도의 공통적인 기본 사항으로 도면의 크기, 투상법, 선, 작도 일반, 단면도, 글자, 치수 등에 대한 것을 규정하고 있다.

(1) KS의 부분별 분류

분류 기호	KS A	KS B	KS C	KS D	KS E	KS F	KS G
분류	기본	기계	전기 · 전자	금속	광산	토건	일용품

분류 기호	KS H	KS I	KS J	KS K	KS L	KS M	KS P
분류	식품	환경	생물	섬유	요업	화학	의료

분류 기호	KS Q	KS R	KS S	KS V	KS W	KS X	–
분류	품질 경영	수송 기계	서비스	조선	항공 우주	정보 산업	–

(2) 국제 및 주요 국가별 표준 규격과 기호

국가 및 기구	규격 기호	개정연도	마크
국제표준화기구	ISO(International Organization for Standardization)	1947	ISO
한국산업표준	KS(Korean industrial Standards)	1961	KS
영국표준	BS(British Standards)	1901	BS
독일공업표준	DIN(Deutsche Industrie Normen)	1917	DIN
미국국가표준	ANSI(American National Standards Institute)	1918	ANSI
스위스표준	SNV(Schweitzerish Normen dees Vereinigung)	1918	SNV
프랑스표준	NF(Norme Francaise)	1918	NF
일본공업표준	JIS(Japanese Industrial Standards)	1952	JIS

> **참고**
>
> • KS 규격의 재정 및 개정 기관 : 국가기술표준원
> • KS 규격 표준 열람 기관 : 국가표준인증 통합정보시스템(e-나라 표준인증)

3 도면의 크기와 양식

1 도면의 크기(KS B ISO 5457)

도면의 크기가 일정하지 않으면 도면의 정리, 관리, 보관 등이 불편하기 때문에 도면은 반드시 일정한 규격으로 만들어야 한다. 원도에는 필요로 하는 명료함 및 자세함을 지킬 수 있는 최소 크기의 용지를 사용하는 것이 좋다.

A열 사이즈의 권장 크기는 제도 영역뿐만 아니라 재단한 것과 재단하지 않은 것을 포함한 모든 용지에 대해 다음 표에 따른다.

크기	그림	재단한 용지 (T)		제도 영역		재단하지 않은 용지 (U)	
		a_1 a	b_1 a	a_2 ±0.5	b_2 ±0.5	a_3 ±2	b_3 ±2
A0	(a)	841	1189	821	1159	880	1230
A1	(a)	594	841	574	811	625	880
A2	(a)	420	594	400	564	450	625
A3	(a)	297	420	277	390	330	450
A4	(a)와 (b)	210	297	180	277	240	330

재단한 용지와 재단하지 않은 용지의 크기 및 제도 영역 (KS B ISO 5457)   (단위 : mm)

주) A0 크기보다 클 경우에는 KS M ISO 216 참조

^{a} 공차는 KS M ISO 216 참조

도면용으로 사용하는 제도용지는 A열 사이즈(A0~A4)를 사용하며 신문, 교과서, 미술 용지 등은 B열 사이즈(B0~B4)를 사용한다.

A열 용지의 크기는 짧은 변(a)과 긴 변(b)의 길이의 비가 $1 : \sqrt{2}$이며, A0~A4 용지는 긴 쪽을 좌우 방향으로, 특히 A4 용지는 짧은 쪽을 좌우 방향으로도 놓고 사용한다.

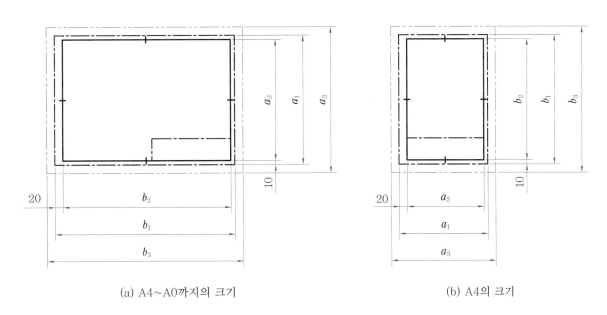

(a) A4~A0까지의 크기   (b) A4의 크기

도면의 크기에 따른 윤곽 치수

도면의 크기 확장은 피해야 한다. 만약 확장해야 한다면 A열(예 A3) 용지의 짧은 변의 치수와 이것보다 더 큰 A열(예 A1) 용지의 긴 변의 치수의 조합으로 확장한다. 즉, 호칭 A3.1과 같은 새로운 크기가 만들어진다. 이러한 크기의 확장은 다음 그림과 같다.

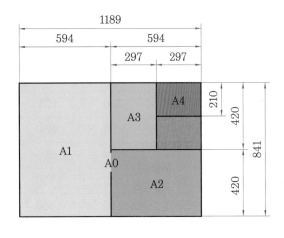

A열 용지의 크기

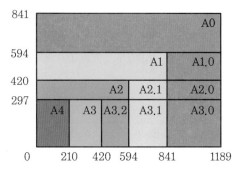

도면의 연장 크기 (KS B ISO 5457)

2 도면의 양식 (KS B ISO 5457)

도면을 그리기 위하여 무엇을, 왜, 언제, 누가, 어떻게 그렸는지 등을 표시하고, 도면 관리에 필요한 것들을 표시하기 위해 도면 양식을 마련해야 한다. 도면에 그려야 할 양식으로는 중심 마크, 윤곽선, 표제란, 구역 표시, 재단 마크 등이 있다.

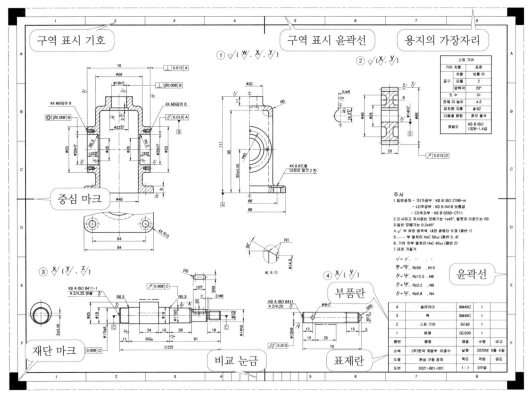

도면의 양식

(1) 중심 마크

　도면을 다시 만들거나 마이크로필름을 만들 때 도면의 위치를 잘 잡기 위해 4개의 중심 마크를 표시한다. 이 마크는 재단된 용지의 두 대칭축 끝에 표시하며, 형식은 자유롭게 선택할 수 있다. 중심 마크는 구역 표시의 경계에서 시작하여 도면의 윤곽선을 지나 10 mm까지 0.7 mm 굵기의 실선으로 그린다.

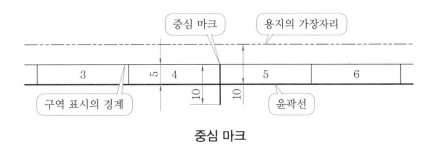

중심 마크

(2) 윤곽선

　재단된 용지의 제도 영역을 4개의 변으로 둘러싸는 윤곽은 여러 가지 크기가 있다. 왼쪽의 윤곽은 20 mm의 폭을 가지며 철할 때 여백으로 사용하기도 하고, 다른 윤곽은 10 mm의 폭을 가진다. 제도 영역을 나타내는 윤곽은 0.7 mm 굵기의 실선으로 그린다.

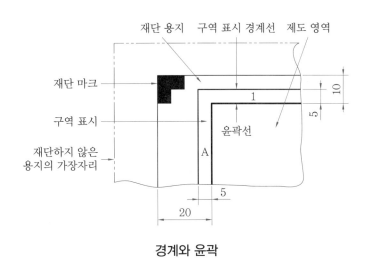

경계와 윤곽

(3) 표제란

　표제란의 크기와 양식은 KS A ISO 7200에 규정되어 있다. A0부터 A4까지의 용지에서 표제란은 제도 영역의 오른쪽 아래 구석에 마련한다.

　수평으로 놓여진 용지는 이 양식을 허용하며, A4 크기의 용지는 수평 또는 수직으로 놓은 것이 모두 허용된다. 도면을 읽는 방향은 표제란을 읽는 방향과 같다.

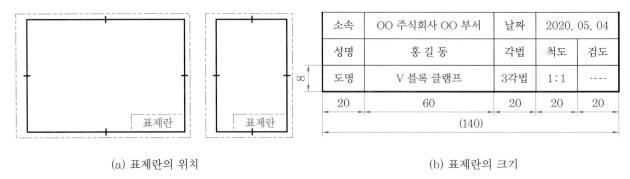

소속	OO 주식회사 OO 부서	날짜	2020. 05. 04	
성명	홍 길 동	각법	척도	검도
도명	V 블록 클램프	3각법	1:1	----

(a) 표제란의 위치   (b) 표제란의 크기

표제란

(4) 구역 표시

  도면에서는 상세, 추가, 수정한 곳의 위치를 알기 쉽도록 용지를 여러 구역으로 나눈다. 각 구역은 용지의 위쪽에서 아래쪽으로 대문자(I와 O는 사용 금지)로 표시하고, 왼쪽에서 오른쪽으로 숫자로 표시한다. A4 용지에서는 위쪽과 오른쪽에만 표시하며, 문자와 숫자의 크기는 3.5 mm이다.

  도면의 한 구역의 길이는 재단된 용지의 대칭축(중심 마크)에서 시작하여 50 mm이며, 구역의 개수는 다음 표와 같이 용지의 크기에 따라 다르다. 구역의 분할로 인한 차는 구석 부분의 구역에 추가되며, 문자와 숫자는 구역 표시의 경계 안에 표시한다. 그리고 KS B ISO 3098-0에 따라 수직으로 쓰며, 이 구역 표시의 선은 0.35 mm 굵기의 실선으로 그린다.

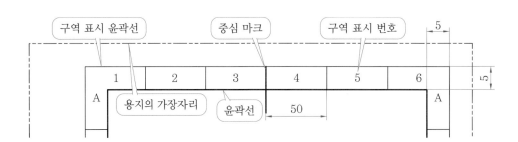

도면의 구역 표시

도면의 크기에 따른 구역의 개수

구 분	A0	A1	A2	A3	A4
긴 변	24	16	12	8	6
짧은 변	16	12	8	6	4

(5) 재단 마크

　수동이나 자동으로 용지를 잘라내는 데 편리하도록 재단된 용지 네 변의 경계에 재단 마크를 표시한다. 이 마크는 $10\,\mathrm{mm} \times 5\,\mathrm{mm}$의 두 직사각형이 합쳐진 형태로 표시한다.

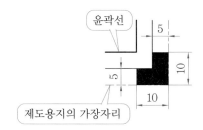

③ 자격 검정 시 요구사항

(1) 도면의 한계

　KS 규격과 달리 도면의 크기는 A2 용지로 하고 도면의 출력은 A3 용지로 한다.

도면의 한계 및 중심 마크　　　　　(단위 : mm)

구 분		도면 한계		중심 마크	
도면 크기	기호	a	b	c	d
A2(부품도)		420	594	10	5

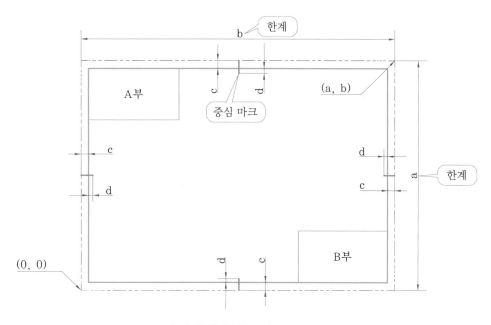

도면의 한계와 중심 마크

(2) 도면의 작성 양식

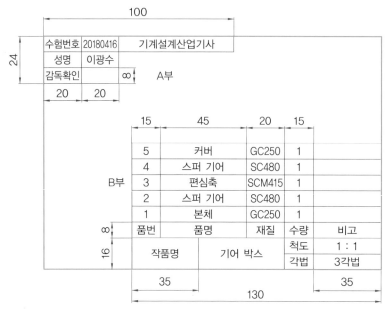

도면의 작성 양식

---

4   제도의 선과 문자

1 선의 종류와 용도

같은 굵기의 선이라도 모양이 다르거나 같은 모양의 선이라도 굵기가 다르면 용도가 달라진다. 그러므로 모양과 굵기에 따른 선의 용도를 파악하는 것이 중요하다.

(1) 모양에 따른 선의 종류

① 실선 ———— : 연속적으로 그어진 선

② 파선 － － － － － : 일정한 길이로 반복되게 그어진 선

③ 1점 쇄선 —·—·— : 긴 길이, 짧은 길이가 반복되게 그어진 선

④ 2점 쇄선 —··—··— : 긴 길이, 2개의 짧은 길이로 반복되게 그어진 선

(2) 굵기에 따른 선의 종류

KS A ISO 128-24에서 선 굵기의 기준은 0.13mm, 0.18mm, 0.25mm, 0.35mm, 0.5mm, 0.7mm, 1.0mm, 1.4mm 및 2.0mm이다.

가는 선, 굵은 선 및 아주 굵은 선의 굵기 비율은 1 : 2 : 4로 한다.

① **가는 선** : 굵기가 0.18~0.5mm인 선

② **굵은 선** : 굵기가 0.35~1mm인 선

③ **아주 굵은 선** : 굵기가 0.7~2mm인 선

(3) 용도에 따른 선의 종류

용도에 따른 선의 종류 (KS B 0001)

용도에 따른 명칭	선의 종류		선의 용도
외형선	굵은 실선	——————	대상물의 보이는 부분 표시
치수선	가는 실선	——————	치수를 기입하기 위해 사용
치수 보조선			치수를 기입하기 위해 끌어내어 사용
지시선			기술 · 기호 등을 표시하기 위해 끌어내어 사용
회전 단면선			도형 내 끊은 곳을 90° 회전하여 표시
중심선			도형의 중심선을 간략하게 표시
수준면선			수면, 유면 등의 위치를 표시
숨은선	가는 파선 또는 굵은 파선	- - - - - - - -	대상물의 보이지 않는 부분 표시
중심선	가는 1점 쇄선	—·——·——·	도형의 중심 표시 중심이 이동한 중심 궤적 표시
기준선			위치 결정의 근거가 된다는 것을 명시
피치선			되풀이하는 도형의 피치를 취하는 기준 표시
특수 지정선	굵은 1점 쇄선	——·——·——	특수한 가공을 하는 부분 표시 특별 요구사항을 적용하는 범위 표시
가상선	가는 2점 쇄선	—··——··—	인접 부분을 참고로 표시 공구, 지그의 위치를 참고로 표시 가동 부분을 이동 중의 특정한 위치 또는 이동 한계의 위치로 표시 가공 전 또는 가공 후의 모양 표시 되풀이하는 것을 표시 도시된 단면의 앞쪽에 있는 부분 표시

용도에 따른 명칭	선의 종류		선의 용도
광축선	가는 2점 쇄선	——·——·—	렌즈를 통과하는 광축을 나타냄
무게 중심선			단면의 무게 중심을 연결한 선 표시
파단선	가는 자유 실선, 지그재그 가는 실선	〜〜〜 / ⌇⌇⌇	대상물의 일부를 파단한 경계 표시 일부를 떼어낸 경계 표시
절단선	가는 1점 쇄선 끝부분, 방향 변하는 부분을 굵게	▬—·—·—▬	단면도의 절단 위치를 대응하는 그림에 표시
해칭	가는 실선 규칙적으로 줄을 늘어놓은 것	▨	특정 부분을 다른 부분과 구별 예 단면도의 절단된 부분
특수한 용도의 선	가는 실선	———	외형선 및 숨은선의 연장 표시 평면이란 것을 나타냄, 위치 표시
	아주 굵은 실선	▬▬▬	얇은 부분의 단선 도시를 표시

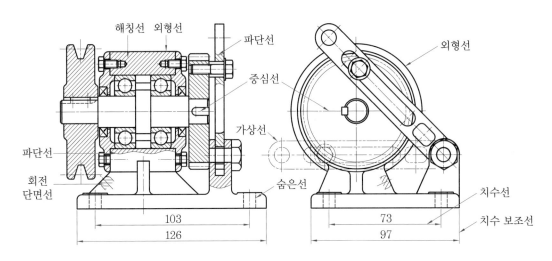

용도에 따른 선의 명칭

(4) 선의 우선순위

도면에서 2종류 이상의 선이 겹치는 경우 다음 순위에 따라 선을 그린다.

① 외형선	② 숨은선	③ 절단선
④ 중심선	⑤ 무게 중심선	⑥ 치수 보조선

예시 | 숨은 선 그리기

(○)　(×)　　(○)　(×)　　(○)　(×)　　(○)　(×)

예제 1 ─ 선 그리기 ─

● 다음 선들을 선의 용도에 맞는 가중치를 적용하여 A4 용지에 그려 보자.

①

②

③

④

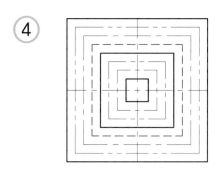

⑤

⑥

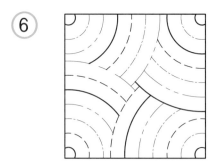

2 문자의 종류와 용도

도면에 사용되는 문자에는 한글, 한자, 숫자, 로마자 등이 있으며, 문자의 크기는 문자의 높이로 나타낸다. 글자는 명확하게 쓰고, 글자체는 고딕체로 하여 수직 또는 15° 경사가 되도록 쓴다.

(1) 한글 서체

① 한글 서체에는 명조체, 그래픽체, 고딕체 등이 있다.

② 한글 문자 크기의 종류는 2.24mm, 3.15mm, 4.5mm, 6.3mm, 9mm의 5종으로 규정하고 있다. 단, 특별히 필요한 경우 다른 치수를 사용해도 좋다.

(2) 숫자, 로마자 서체

① 숫자는 아라비아 숫자를 주로 사용하는데, 아라비아 숫자 크기의 종류는 2.24mm, 3.15mm, 4.5mm, 6.3mm, 9mm의 5종으로 규정하고 있다. 단, 특별히 필요한 경우 이에 따르지 않아도 좋다.

② 로마자 서체에는 고딕(Gothic)체, 로마(Roma)체, 이탤릭(Italic)체, 라운드리(Roundly)체 등이 있다.

③ 서체는 원칙적으로 J형 사체 또는 B형 사체 중 어느 것을 사용해도 좋으나 혼용은 불가능하다.

3 자격 검정 시 선 굵기와 문자, 숫자 크기 구분을 위한 색상

문자, 숫자, 기호의 높이	선 굵기	지정 색상	용도
7.0mm	0.70mm	청(파란)색 (Blue)	윤곽선, 표제란과 부품란의 윤곽선 등
5.0mm	0.50mm	초록(Green), 갈색(Brown)	외형선, 부품번호, 개별주서, 중심 마크 등
3.5mm	0.35mm	황(노란)색 (Yellow)	숨은선, 치수와 기호, 일반 주서 등
2.5mm	0.25mm	흰색(White), 빨강(Red)	해칭선, 치수선, 치수보조선, 중심선, 가상선 등

4 도면의 척도(KS A ISO 5455)

척도는 대상물의 실제 길이에 대한 도면에서 표시하는 대상물의 길이의 비이다.

(1) 척도의 종류

① **현척** : 도형을 실물과 같은 크기로 그리는 도면으로, 가장 보편적으로 사용된다.

② **축척** : 도형을 1:1보다 작은 비율로 그리는 도면으로, 치수는 실물의 실제 치수로 기입한다.

③ **배척** : 도형을 1:1보다 큰 비율로 그리는 도면으로, 치수는 실물의 실제 치수로 기입한다.

> **참고**
>
> **척도의 표시 방법**
> - 현척의 경우 1 : 1
> - 축척의 경우 1 : x
> - 배척의 경우 x : 1

현척, 축척, 배척의 표시(KS A ISO 5455)

척도의 종류	척도 값		
현척	1 : 1		
축척	1 : 2 1 : 20 1 : 200 1 : 2000	1 : 5 1 : 50 1 : 500 1 : 5000	1 : 10 1 : 100 1 : 1000 1 : 10000
배척	50 : 1 5 : 1	20 : 1 2 : 1	10 : 1

(2) 척도의 표시

도면에 사용하는 척도는 다음 그림과 같이 표제란에 기입한다.

소속	OO 주식회사 OO 부서	날짜	2020. 05. 04	
성명	홍 길 동	각법	척도	검도
도명	V 블록 클램프	3각법	1 : 1	□□□

(3) 부품의 척도가 서로 다를 경우

한 장의 도면에 서로 다른 척도를 사용할 때에는 주요 척도를 표제란에 기입하고, 그 외의 척도를 부품 번호 근처나 표제란의 척도란에 괄호를 사용하여 기입한다.

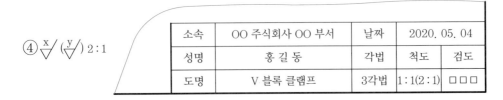

(4) 전체 그림을 정해진 척도로 그리지 못할 경우

척도란에 '비례척이 아님' 또는 'NS(not to scale)' 로 표시한다.

CHAPTER

2

평면도형 그리기

1   선분의 등분

⬛ 선분을 수직 2등분 하기

A ———————— B

❶ 주어진 선분 AB

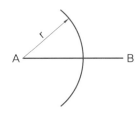

❷ 점 A를 중심으로 선분 AB의 절반보다 긴 반지름 r인 원호를 그린다.

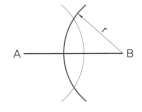

❸ 점 B를 중심으로 반지름 r인 원호를 그린다.

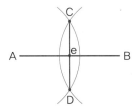

❹ 교점 C, D를 직선으로 연결하면 선분 AB, CD의 교점 e는 선분 AB의 2등분점이 된다.

⬛ 선분을 5등분 하기

주어진 선분의 길이를 측정하지 않고 n등분할 수 있다. 선분 AB를 5등분 해 보자.

A ———————— B

❶ 주어진 선분 AB

❷ 점 A에서 60°보다 작게 보조선을 긋는다.

❸ 디바이더를 사용하여 보조선을 5등분 한다.

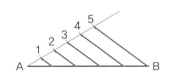

❹ 보조선의 5등분점과 점 B를 직선으로 연결한 후 나머지 점도 선분 5B와 평행하게 긋는다.

2 각의 이동 및 각의 등분

1 각 이동하기

❶ 주어진 각

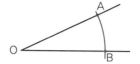

❷ 점 O에서 반지름 r인 원호를 그려 변과 만나는 점을 A, B라 한다.

❸ 선분 CD를 그린다.

❹ 선분 CD에서 점 O′를 잡고 선분 OA를 반지름으로 하는 원호를 그려 선분 CD와 만나는 점을 B′라 한다.

❺ 선분 AB와 A′B′가 같도록 점 B′에서 원호 A′B′와 만나는 점을 A′라 한다.

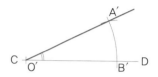

❻ 점 O′와 A′를 연결한다.

2 각을 2등분 하기

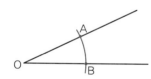

❶ 점 O를 중심으로 반지름 r인 원호를 그려 변과 만나는 점을 A, B라 한다.

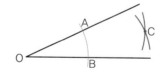

❷ 각 점 A, B를 중심으로 반지름 r인 원호를 그려 교점을 C라 한다.

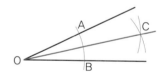

❸ 점 O와 C를 연결한다. 선분 OC는 주어진 각을 2등분 한다.

3 직각을 3등분 하기

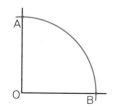

❶ 점 O를 중심으로 반지름 r인 원호를 그려 선분과 만나는 점을 A, B라 한다.

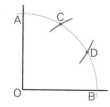

❷ 각 점 A, B를 중심으로 선분 OA, OB를 반지름으로 하는 원호를 그려, 원호 AB와 만나는 점을 C, D라 한다.

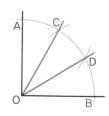

❸ 점 C, D와 점 O를 각각 연결하면 선분 OC, OD는 각을 3등분 한다.

3   다각형 그리기

🔟 한 변의 길이로 정사각형 그리기

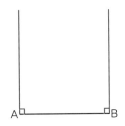

❶ 주어진 선분 AB의 점 A, B에서
　수직으로 직선을 그린다.

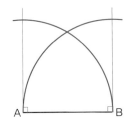

❷ 점 A, B에서 선분 AB를 반지름
　(r)으로 하는 원호를 그린다.

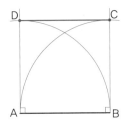

❸ 직선과 원호가 만나는 점을 C, D
　라 하고, 서로 직선으로 연결하면
　정사각형이 된다.

2️⃣ 원에 내접하는 정육각형 그리기

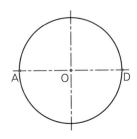

❶ 주어진 원에서 중심선을 그린다.
　원과 수평인 중심선의 교점을 A,
　D라 하고, 원의 중심을 O라 한다.

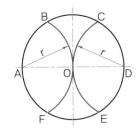

❷ 점 A와 D에서 반지름 r인 원호를
　그린다. 원과 원호의 교점을 B, C,
　E, F라 한다.

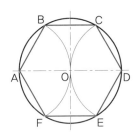

❸ 점 A, B, C, D, E, F를 연결하면
　정육각형이 된다.

4   원 그리기

1 정삼각형의 내접원 그리기

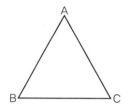

❶ 주어진 정삼각형

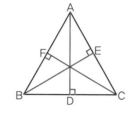

❷ 세 꼭짓점에서 수선을 그린다.

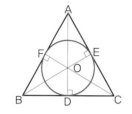

❸ 세 수선이 만나는 점 O를 중심으로 내접원을 그린다.

2 정삼각형의 외접원 그리기

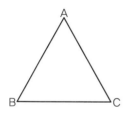

❶ 주어진 정삼각형

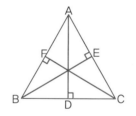

❷ 세 꼭짓점에서 수선을 그린다.

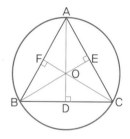

❸ 수선이 만나는 점 O를 중심으로 외접원을 그린다.

3 세 점 A, B, C를 지나는 원 그리기

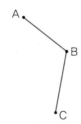

❶ 주어진 세 점 A, B, C에서 점 A와 B, 점 B와 C를 선분으로 연결한다.

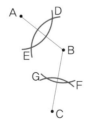

❷ 선분의 끝점 A, B, C를 중심으로 반지름이 r인 원호를 각각 그린다.

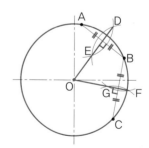

❸ 선분 AB, BC의 수직 2등분선의 교점 O를 중심으로 점 A, B, C를 지나는 원을 그린다.

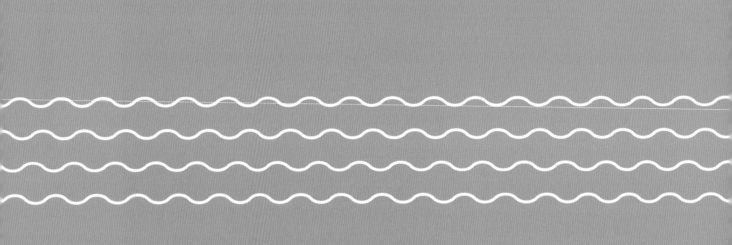

CHAPTER

3

투상법

1 도시법과 투상법

1 도시법

공간에 있는 입체를 평면에 도시하거나 평면에 있는 도형을 보고 입체로 도시하는 방법을 **도시법**이라 한다.

도형의 도시는 정확해야 하며, 보는 사람이 이해하기 쉽고 작업하기 용이해야 한다. 또한, 물체의 특징이나 모양을 가장 잘 나타낼 수 있는 면을 정면도로 선택해야 한다.

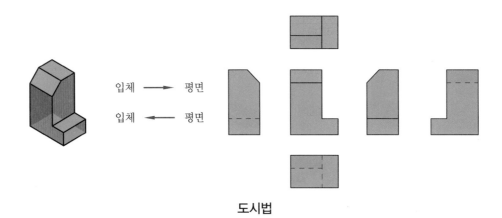

입체 ⟶ 평면
입체 ⟵ 평면

도시법

2 투상법

광선을 물체에 비추어 투상면(스크린)에 나타난 물체의 그림자로 그 형상, 크기, 위치 등을 일정한 규칙에 따라 표시하는 화법을 **투상법**이라 한다. 광선을 나타내는 선을 투사선, 그림을 나타내는 평면을 투상면, 그려진 그림을 **투상도**라 한다.

특히 물체의 평면이 투상면에 평행인 직각 투상을 **정투상**이라 한다.

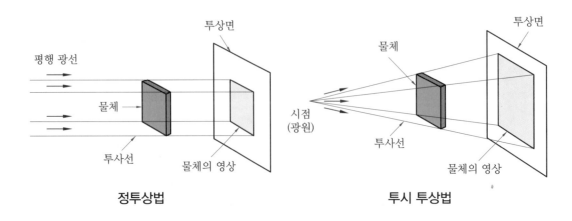

정투상법

투시 투상법

투상법은 보는 방향과 그리는 방법에 따라 여러 가지 다양한 투상도로 나타난다.

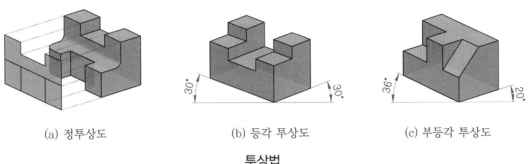

(a) 정투상도　　　　　(b) 등각 투상도　　　　　(c) 부등각 투상도

투상법

투상법의 분류

> **참고**
>
> • 정투상법 : 제품 제작을 위한 방법으로 가장 많이 사용한다.
> • 투시 투상법 : 건축 도면에 주로 사용되며 사투상법과 축측 투상법은 카탈로그 설명도로 사용된다.

(1) 투상도의 종류

① **정면도** : 물체를 정면에서 바라본 모양을 도면에 나타낸 그림
② **평면도** : 물체를 위에서 내려다본 모양을 도면에 나타낸 그림
③ **우측면도** : 물체를 우측에서 바라본 모양을 도면에 나타낸 그림

④ **좌측면도** : 물체를 좌측에서 바라본 모양을 도면에 나타낸 그림

⑤ **저면도** : 물체를 아래에서 바라본 모양을 도면에 나타낸 그림

⑥ **배면도** : 물체를 뒤에서 바라본 모양을 도면에 나타낸 그림

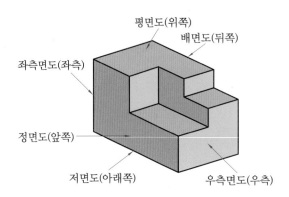

투상도의 종류

(2) 정투상도의 도시

정투상도는 물체를 각 면의 평행한 위치에서 바라보는 평행한 투상선이 투상면과 모두 직각으로 교차하는 평행 투상법이다. 물체의 모양이나 특징을 가장 뚜렷하게 나타내고 숨은선이 적은 면으로 그린 투상도를 정면도로 선택한다.

① 제1각법과 제3각법

정투상법은 직교하는 두 평면을 수평으로 놓은 투상면을 수평 투상면, 수직으로 놓은 투상면을 수직 투상면이라 한다. 이 두 평면이 교차할 때 4개의 공간으로 구분할 수 있으며, 이 4개의 공간에 면각을 나타낼 수 있다.

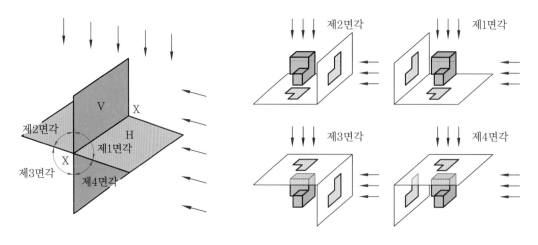

4개의 공간과 4면각

● 제1각법

눈 ➡ 물체 ➡ 투상면(스크린)

　제1각법은 물체를 제1면각 공간에 놓고 정투상하는 방법을 말하는 것으로, 눈과 투상면 사이에 물체가 있다.

　위쪽에서 본 평면도는 정면도 아래에, 아래쪽에서 본 저면도는 정면도 위에, 좌측에서 본 좌측면도는 정면도 오른쪽에, 우측에서 본 우측면도는 정면도 왼쪽에 배열한다. 뒤쪽에서 본 배면도는 좌측면도 오른쪽이나 우측면도의 왼쪽에 배열할 수 있다.

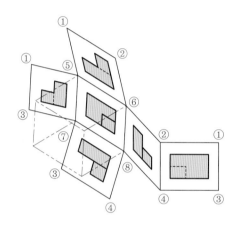

(a) 여섯 방향에서 본 그림을 전개한 그림

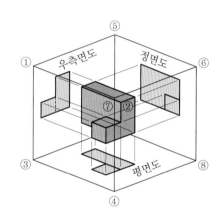

(b) 앞쪽, 위쪽, 오른쪽에서 본 그림

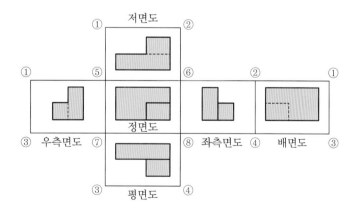

(c) 제1각법의 표준 배치

제1각법의 원리

● 제3각법

눈 ➡ 투상면(스크린) ➡ 물체

제3각법은 물체를 제3면각 공간에 놓고 정투상하는 방법으로, 눈과 물체 사이에 투상면이 있다. 위쪽에서 본 평면도는 정면도 위에, 아래쪽에서 본 저면도는 정면도 아래에, 좌측에서 본 좌측면도는 정면도 왼쪽에, 우측에서 본 우측면도는 정면도 오른쪽에 배열한다. 뒤쪽에서 본 배면도는 우측면도 오른쪽이나 좌측면도의 왼쪽에 배열할 수 있다.

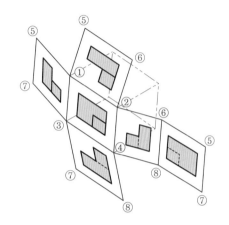

(a) 여섯 방향에서 본 그림을 전개한 그림

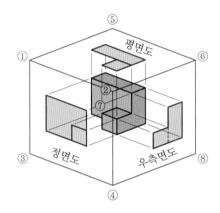

(b) 앞쪽, 위쪽, 오른쪽에서 본 그림

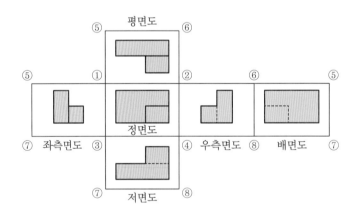

(c) 제3각법의 표준 배치

제3각법의 원리

참고

• 제3각법은 정면도를 중심으로 투상한다.
• 제3각법은 기계, 건축 등 많은 산업 분야에서 사용한다.

② 제1각법과 제3각법의 기호

도면의 투상법으로 제1각법 또는 제3각법의 표시에 관한 내용은 한국산업표준(KS A ISO 5456-2, 128-30)으로 규정한다.

표제란에 기호로 기입하거나 제1각법 또는 제3각법이라 표기한다.

 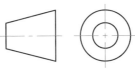 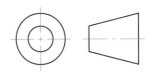

(a) 제1각법   (b) 제3각법

제1각법과 제3각법의 기호

(3) 도형의 도시 방법

① 투상도의 도시 방법

도형의 도시는 이해하기 쉽고 간단명료해야 하며, 물체의 모양이나 기능 및 특징 등을 잘 나타내어야 한다.

또한 물체의 모양을 알기 쉽도록 숨은선이 적은 면으로 그린 투상도를 정면도로 선택하여야 한다.

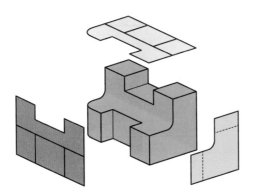 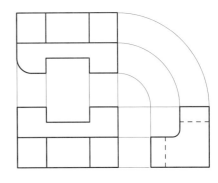

정투상도

예시 | 투상도 그리기

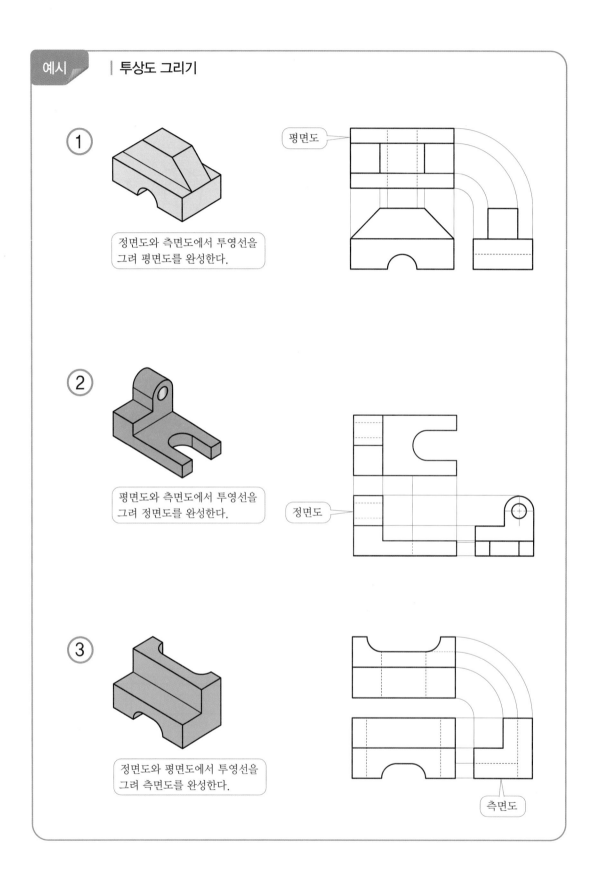

① 정면도와 측면도에서 투영선을
  그려 평면도를 완성한다.

평면도

② 평면도와 측면도에서 투영선을
  그려 정면도를 완성한다.

정면도

③ 정면도와 평면도에서 투영선을
  그려 측면도를 완성한다.

측면도

예제 2 ── 정투상도 그리기(1) ─────────

● 입체도를 보고 제3각법으로 정면도, 평면도, 우측면도를 그려 보자. (1눈금 : 10mm)

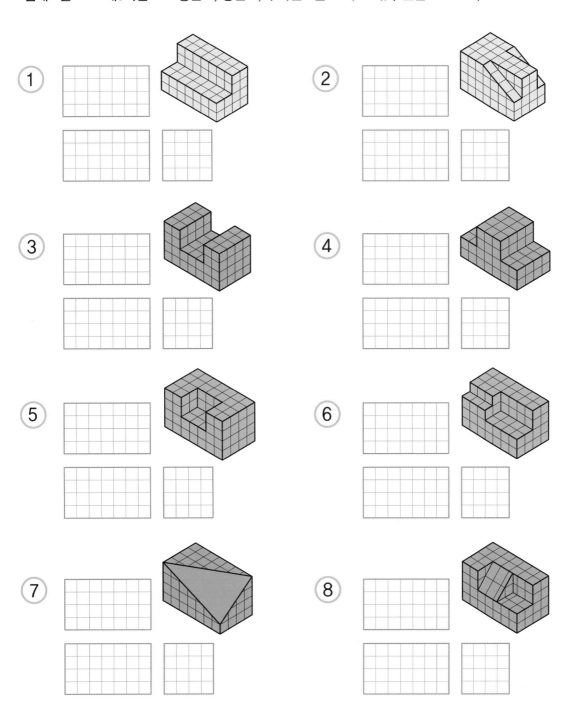

예제 3 ── 정투상도 그리기(2)

● 입체도를 보고 제3각법으로 정면도, 평면도, 우측면도를 그려 보자. (1눈금 : 10mm)

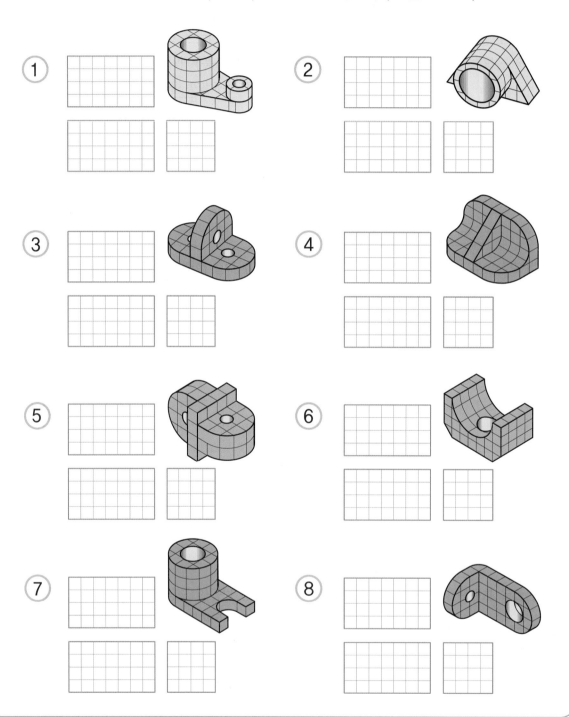

(가) 주 투상도의 선택 : 대상물의 모양 및 기능을 가장 명확하게 도시하며, 도면의 목적에
따라 정보를 가장 많이 주는 투상도를 정면도로 그려 주 투상도로 도시한다.

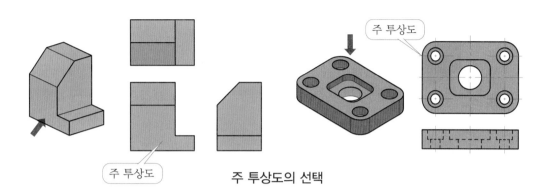

주 투상도의 선택

(나) 투상도의 방향 선택 : 부품을 가공하기 위한 도면은 가공에 있어서 도면을 가장 많이
이용하는 공정에서 대상물을 놓은 상태로 투상한다.

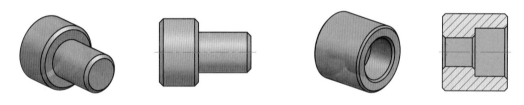

투상도의 방향 선택

② 투상도의 개수 결정

투상도는 제3각법의 표준 배치에 따라 도면을 그려서 배치하는 것이 원칙이다. 그러나
제품의 모양에 따라 도면을 작도하며 이해하기 쉽도록 최소한의 투상도로 그린다.

(가) 1면도만으로 표현이 가능한 경우 : 정면도 하나의 투상도만으로 표현 가능한 투상법을
1면도법이라 한다.

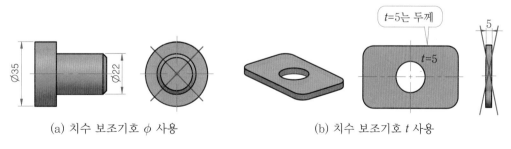

(a) 치수 보조기호 ϕ 사용   (b) 치수 보조기호 t 사용

1면도 투상

(나) 2면도만으로 표현이 가능한 경우 : 물체의 형상과 특성이 가장 잘 나타나는 면을 정면도로 하고, 다른 1개의 투상면을 투상하여 표현이 가능한 투상법을 **2면도법**이라고 한다.

2면도 투상

2면도로 작성된 도면에 의해 부품을 제작하더라도 반드시 하나의 형상으로 제작되도록 도면 작성에 유의해야 한다.

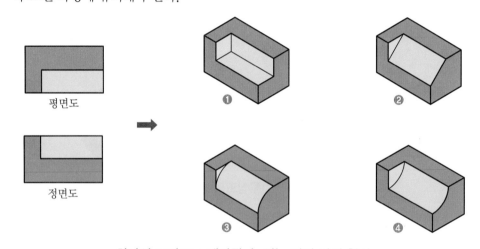

평면도

정면도

❶ ❷ ❸ ❹

하나의 도면으로 제작될 수 있는 여러 가지 형상

(다) 3면도로 표현한 투상도

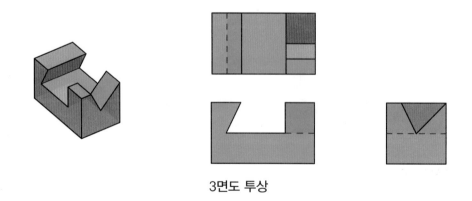

3면도 투상

예제 4 ─── 2면도법 완성하기 ────────────────────

● 다음 입체도는 2면도법으로 표현 가능하다. 평면도와 측면도를 그리고, 둘 중 필요 없는 곳에 ×표 해 보자.

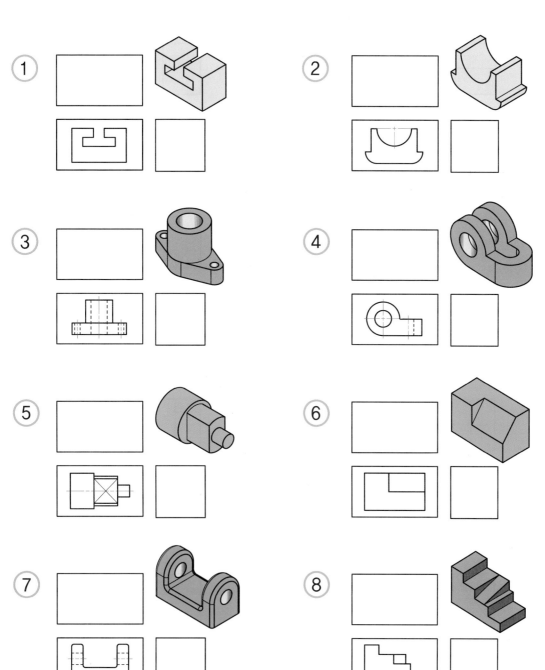

예제 5 ── 투상도 완성하기(1)

● 빠진 부분을 그려 투상도를 완성해 보자. (1눈금 : 10mm)

①

②

③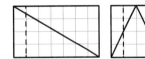

④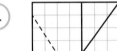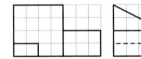

⑤

⑥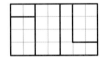

⑦

⑧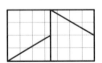

예제 6 ── 투상도 완성하기(2)

● 빠진 부분을 그려 투상도를 완성해 보자.

①

②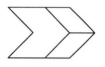
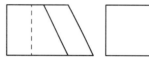

③

④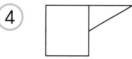
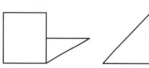

⑤

⑥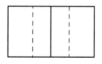

⑦
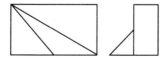

⑧
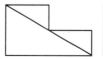

예제 7 — 등각투상도 그리기 ─────────────────────────

● 투상도를 보고 등각투상도를 그려 보자. (1눈금 : 10mm)

①

②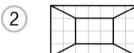
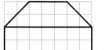

③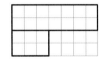

④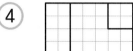
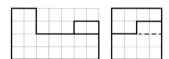

⑤

⑥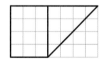

⑦
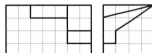

⑧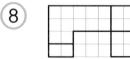
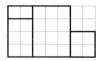

3
Chapter

투상법

㈁ 정투상도의 투상도 선택

　㉮ 물체의 형상이 좌우 대칭인 것은 정면도, 평면도, 우측면도의 3면도로 투상하는
　　것이 좋다.

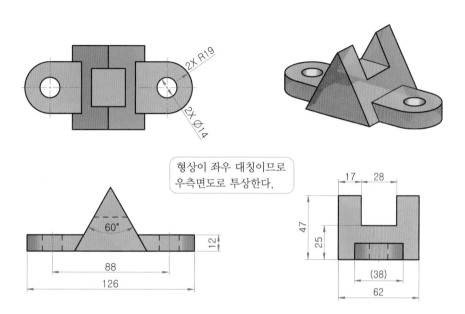

형상이 좌우 대칭이므로
우측면도로 투상한다.

　㉯ 물체 형상을 정면도와 평면도, 그리고 은선이 적은 우측면도를 선택하여 3면도로
　　투상하는 것이 좋다.

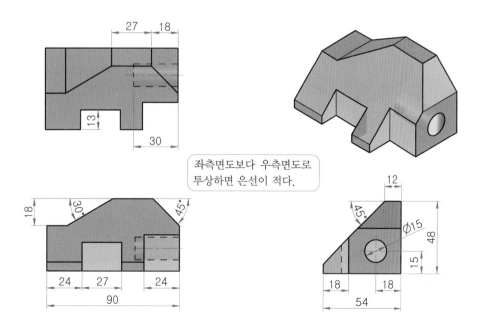

좌측면도보다 우측면도로
투상하면 은선이 적다.

㉰ 물체 형상을 정면도와 평면도, 그리고 은선이 적은 좌측면도를 선택하여 3면도로
투상하는 것이 좋다.

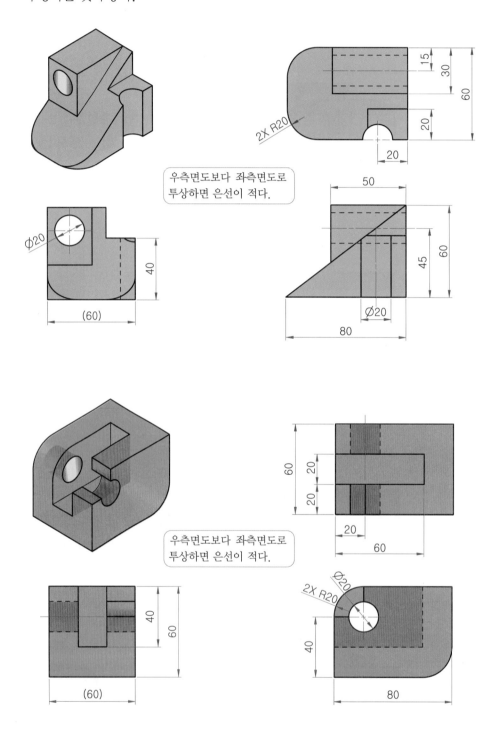

우측면도보다 좌측면도로
투상하면 은선이 적다.

우측면도보다 좌측면도로
투상하면 은선이 적다.

(4) 제품의 형상을 나타내는 여러 가지 투상법

　정투상도로 투상할 때 올바르게 투상도를 배치할 수 없는 경우 또는 도면이 복잡하여 이해하기 어려울 경우 제품의 모양과 특징에 따라 여러 가지 투상법으로 나타낼 수 있다.

① 보조 투상도

　㉮ 경사면이 있는 물체에서 그 경사면의 실제 모양을 투상할 경우 그 경사면과 맞서는 위치에 보조 투상도로 표시한다. 이 경우 필요한 부분만을 그리는 것이 좋다.

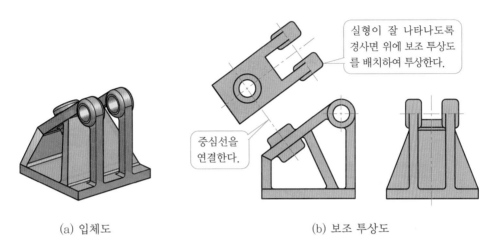

(a) 입체도　　　　　　　　　　　(b) 보조 투상도

경사면의 부분 보조 투상도

　㉯ 지면의 관계 등으로 보조 투상도를 경사면과 맞서는 위치에 배치할 수 없는 경우 그 뜻을 **화살표와 영문자의 대문자**로 나타낸다.

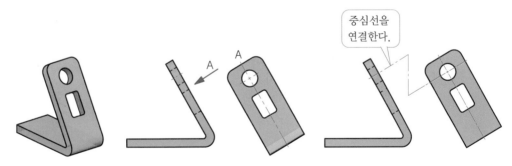

보조 투상도의 이동 배열

> **참고**
>
> 　중심선을 그릴 때 꺾은선으로 연결하여 관계를 나타내어도 좋다.

㈑ 도면을 이해하기 어려울 경우 제품의 모양과 특징에 따라 보조 투상도를 그린다.

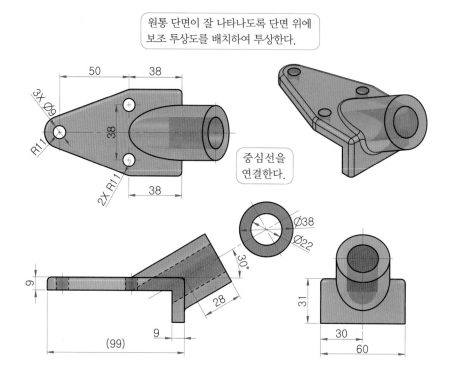

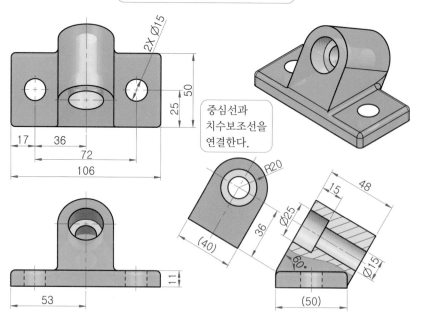

보조 투상도

예제 8 ── 보조 투상도 그리기 ──────────────

● 화살표 방향의 보조 투상도를 그려 보자.

 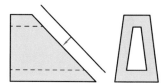

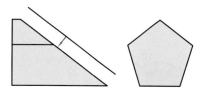

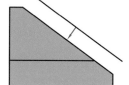

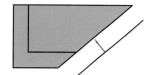

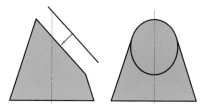

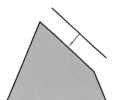

예제 9 —— 보조 투상도 완성하기 ——————————

● 그림을 보고 보조 투상도를 완성해 보자.

 ①

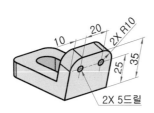

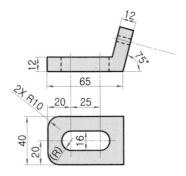

 ②

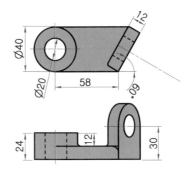

 ③

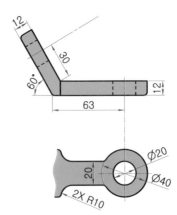

② 부분 투상도

그림의 일부를 도시하는 것으로 충분한 경우에는 그 필요한 부분만을 부분 투상도로 나타낸다. 이 경우에는 생략한 부분의 경계를 파단선으로 나타낸다.

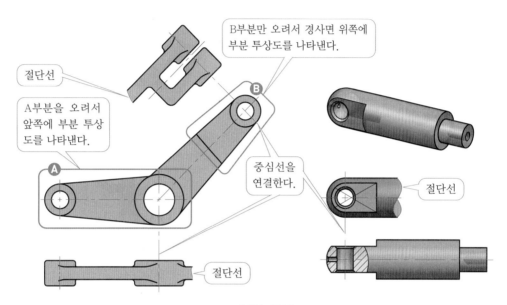

부분 투상도

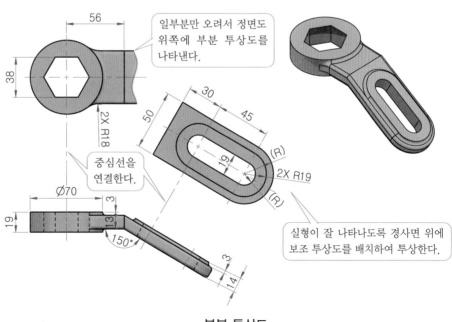

부분 투상도

정면도를 중심으로 형상의 일부를 도시하는 것으로 충분한 경우에는 그 필요한 부분만을 부분 투상도로 나타낸다.

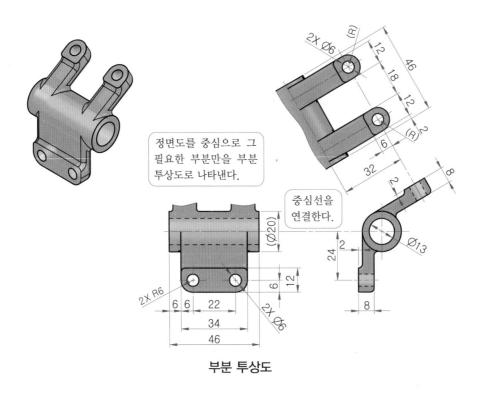

정면도를 중심으로 그 필요한 부분만을 부분 투상도로 나타낸다.

중심선을 연결한다.

부분 투상도

③ 회전 투상도

투상면이 어떤 각도를 가지고 있기 때문에 실제 모양을 표시하지 못할 경우에는 그 부분을 회전하여 실제 모양을 나타낼 수 있다.

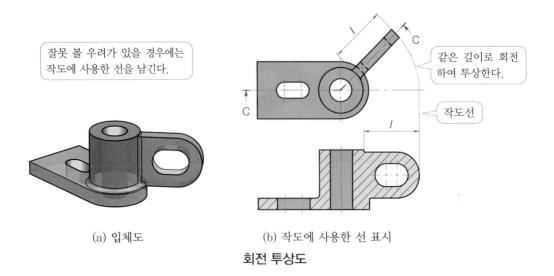

잘못 볼 우려가 있을 경우에는 작도에 사용한 선을 남긴다.

같은 길이로 회전하여 투상한다.

작도선

(a) 입체도   (b) 작도에 사용한 선 표시

회전 투상도

④ 국부 투상도

물체의 구멍, 홈 등 국부만의 투상으로 충분한 경우에는 필요한 부분만 도시하고, 투상 관계를 나타내기 위해 중심선을 연결하는 것을 원칙으로 한다.

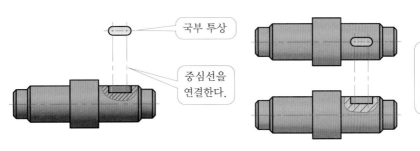

국부 투상 / 중심선을 연결한다.

키 홈 부분을 투상 하기 위해 평면도 를 그리면 비능률 적이다.

국부 투상도(키 홈)

예시 | KS 규격을 축의 국부 투상도에 적용

잘못 그린 도면 : 키 홈 부분을 투상하기 위해 평면도를 그리면 비능률적이며, 정면도를 길이 방향으로 단면해도 의미가 없고 형상만 더욱 복잡하다.

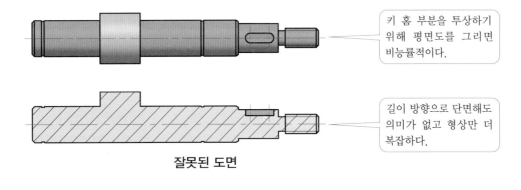

키 홈 부분을 투상하기 위해 평면도를 그리면 비능률적이다.

길이 방향으로 단면해도 의미가 없고 형상만 더 복잡하다.

잘못된 도면

올바르게 그린 국부 투상도 : 키 홈 부분만 국부 투상한다.

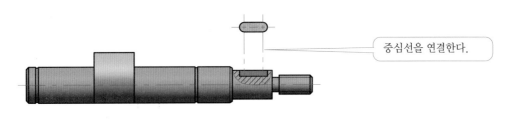

중심선을 연결한다.

⑤ 부분 확대도

특정 부분의 모양이 작은 경우 상세하게 그리거나 치수 기입을 할 수 없을 때는 자세하게 나타내고 싶은 부분을 가는 실선으로 에워싸고 영문 대문자로 나타냄과 동시에 해당 부분을 다른 공간에 확대하여 그리고, 영문 대문자와 척도를 기입한다.

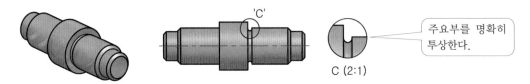

주요부를 명확히 투상한다.

C (2:1)

부분 확대도

> **참고**
>
> • 치수 기입 : 실제 치수로 기입한다.
> • 확대도 : 확대한 그림의 척도를 나타낼 필요가 없는 경우에는 척도 대신 확대도라고 표시하여도 된다.

⑥ 대칭 도형 생략도

전체 모양을 나타내지 않아도 알아보기 쉬운 경우에는 대칭의 한쪽을 생략할 수 있다. 물체의 형상이 반드시 대칭이어야 하며, 대칭 도형을 생략할 경우 투상도의 $\frac{1}{2}$ 또는 $\frac{1}{4}$ 만을 투상하고 다른 투상도가 있는 쪽은 생략한다.

㈎ 도형이 대칭 형식인 경우 대칭 중심선의 한쪽 도형만 그리고, 중심선 양 끝에는 대칭 도시 기호(짧은 2개의 나란한 가는 실선)를 그린다. (그림 b)

㈏ 대칭 도시 기호를 생략할 경우 대칭 중심선을 기준으로 한쪽 도형을 중심선이 조금 넘는 부분까지 그린다. 이때 대칭 도시 기호를 생략할 수 있다. (그림 c)

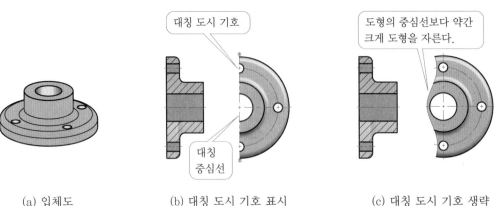

대칭 도시 기호

도형의 중심선보다 약간 크게 도형을 자른다.

대칭 중심선

(a) 입체도   (b) 대칭 도시 기호 표시   (c) 대칭 도시 기호 생략

대칭 도형 생략도

⑦ **특정 부분의 투상법**

제품의 일부분에 특정한 모양을 갖는 물체는 되도록 그 부분이 그림 위쪽에 표시되도록 하는 것이 좋다.

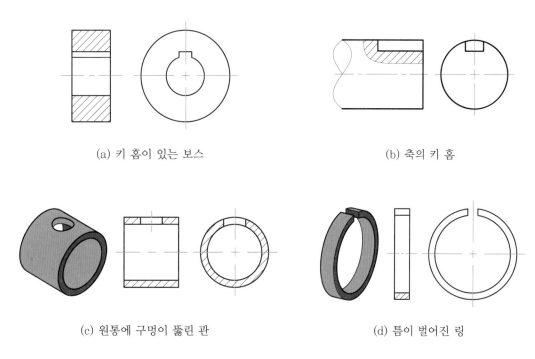

(a) 키 홈이 있는 보스   (b) 축의 키 홈

(c) 원통에 구멍이 뚫린 관   (d) 틈이 벌어진 링

특정 부분의 투상법

⑧ **2개의 면이 교차하는 부분의 투상법**

㈎ 리브 등을 표시하는 선의 끝부분은 그림 (a)와 같이 직선 그대로 그린다. 관련 있는 둥글기의 반지름이 다른 경우에는 그림 (b), (c)와 같이 끝부분을 안쪽이나 바깥쪽으로 구부려서 그린다.

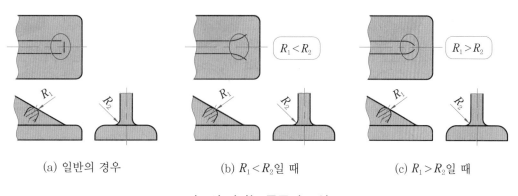

(a) 일반의 경우   (b) $R_1 < R_2$일 때   (c) $R_1 > R_2$일 때

리브와 만나는 둥글기 모양

(내) 교차하는 부분에 라운드가 없을 때는 교차선의 위치에 굵은 실선으로 표시하고, 라운
드가 있을 때는 교차하는 부분에 약간의 간격을 두고 굵은 실선으로 표시한다.

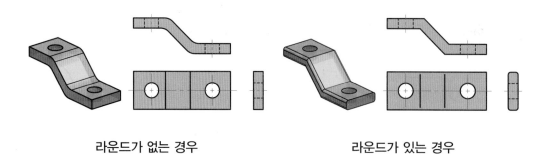

라운드가 없는 경우   라운드가 있는 경우

⑨ **원통끼리 만날 때 곡면이 교차하는 부분의 투상법**

원통과 작은 원통이 만날 때 곡면과 곡면 또는 곡면과 평면이 교차하는 부분의 선(상관
선)은 원통 지름의 치수 차가 클 때는 간략하게 직선으로 나타내며, 치수 차가 비슷할 때는
원호로 나타낸다.

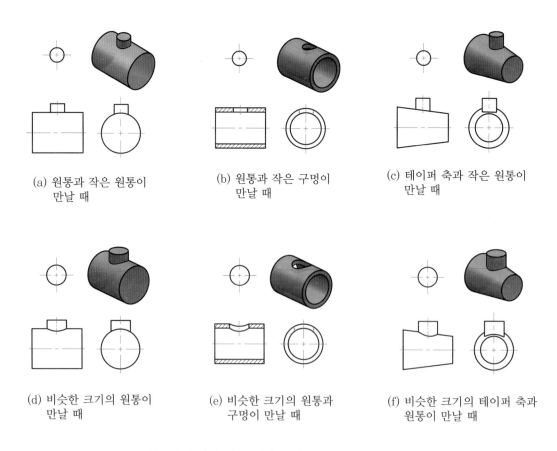

(a) 원통과 작은 원통이
    만날 때

(b) 원통과 작은 구멍이
    만날 때

(c) 테이퍼 축과 작은 원통이
    만날 때

(d) 비슷한 크기의 원통이
    만날 때

(e) 비슷한 크기의 원통과
    구멍이 만날 때

(f) 비슷한 크기의 테이퍼 축과
    원통이 만날 때

원통끼리 만날 때 곡면이 교차하는 부분의 투상법

⑩ 가공 무늬의 투상법

제품의 손잡이 등 미끄럼 방지를 위해 널링 가공을 하며, 이 부분의 특징을 외형선의 일부분에 그려서 표시하는 경우에는 다음과 같이 그린다. 널링은 소성 가공한 것이다.

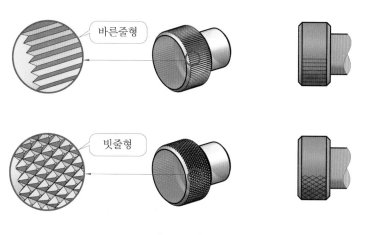

가공 무늬의 투상법

⑪ 인접 부분, 가공 전후의 모양 도시법

인접 부분이나 가공 전과 가공 후의 모양 등을 참고로 그릴 경우에는 다음과 같이 가상선으로 그린다.

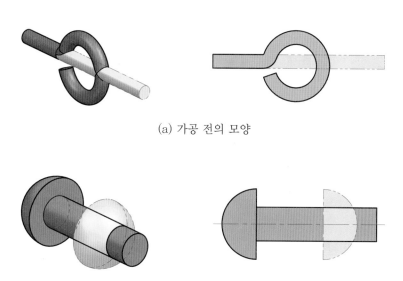

(a) 가공 전의 모양

(b) 가공 후의 모양

인접 부분, 가공 전과 가공 후의 모양 도시법

2 단면도

1 단면도의 원리 및 표시 방법

(1) 단면도의 원리

① 단면도의 정의

물체의 보이지 않는 안쪽 부분이 간단하면 숨은선으로 나타낼 수 있지만 복잡하면 알아보기 어렵다. 따라서 안쪽 부분을 알기 쉽게 나타내기 위해 절단면을 설치하고 부품의 내부가 보이도록 투상하는 것을 **단면도**라 한다.

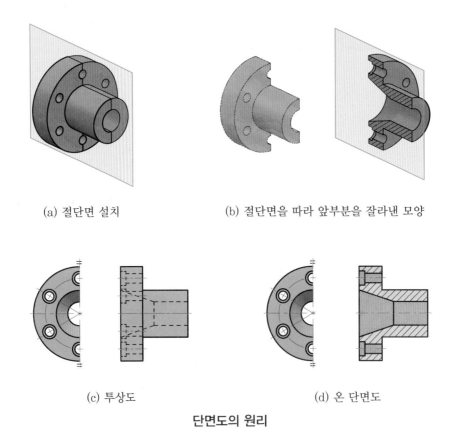

(a) 절단면 설치   (b) 절단면을 따라 앞부분을 잘라낸 모양

(c) 투상도   (d) 온 단면도

단면도의 원리

② 단면도의 일반 원칙

(개) 단면도는 원칙적으로 중심선에서 절단한 면을 단면으로 표시한다.

(내) 단면은 해칭 또는 스머징을 한다.

(대) 절단선을 기입하지 않는 경우에는 물체의 형상이 반드시 대칭이어야 한다.

㈜ 절단선은 가는 1점 쇄선으로 그린다.

㈜ 투상 방향과 같은 방향으로 화살표를 그리고, 단면 A-A와 같이 알파벳 대문자로 표기한다.

㈜ 숨은선은 되도록 단면도에 표시하지 않는다.

(2) 단면도의 표시 방법

① 절단면의 표시

㈜ 투상도에서 가상의 절단면은 일반적으로 물체의 중심선을 따라 절단한 면으로 나타낸다.

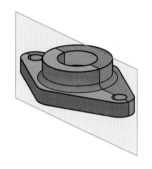
(a) 절단면의 설치

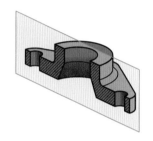
(b) 중심선을 따라 절단한 모양

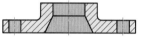
(c) 절단선 생략

중심선을 따라 절단한 경우

㈜ 절단면이 1개 이상인 경우 절단면의 위치 및 절단선의 한계 표시에 사용하는 선은 양 끝부분 및 방향이 변하는 부분에 굵게 표시하며, 절단선은 가는 1점 쇄선으로 그린다.

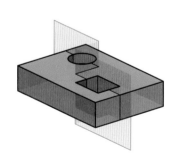
(a) 절단면의 설치

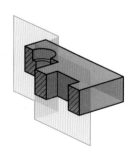
(b) 절단면이 1개 이상일 때 절단 모양

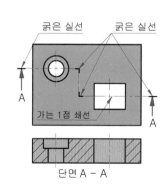
(c) 절단선 표시

절단면이 1개 이상인 경우

② **해칭 및 스머징**

해칭은 단면을 구별하기 위해 외형선의 안쪽 절단면에 가는 실선으로 2~3mm 간격의
경사선을 그린 것이며, 스머징은 해칭 자리에 색칠을 하는 것을 말한다.

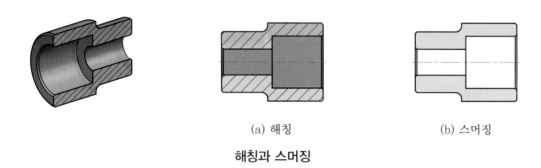

(a) 해칭   (b) 스머징

해칭과 스머징

③ **두께가 얇은 부분의 단면도**

개스킷, 박판, 양철판, 형강 등의 제품처럼 두께가 얇은 부분의 단면은 1개의 아주 굵은
실선으로 그린다.

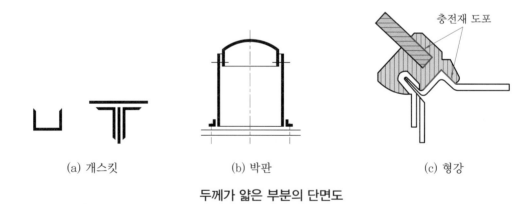

(a) 개스킷   (b) 박판   (c) 형강

두께가 얇은 부분의 단면도

④ 단면 시 절단선 및 숨은선의 처리

절단면에 나타내는 내부 모양의 단면도는 되도록 숨은선을 생략하고 외형선으로 그린다.

 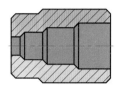 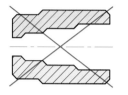

(a) 바른 단면도   (b) 틀린 단면도

절단면의 숨은선 처리

2 단면도의 종류

단면도는 제품의 형상에 따라 여러 가지 절단면으로 나눌 수 있다. 단면도에는 온 단면도, 한쪽 단면도, 부분 단면도, 회전 도시 단면도, 조합에 의한 단면도 등이 있다.

(1) 온 단면도

① 원칙적으로 제품의 모양을 가장 좋게 나타낼 수 있도록 절단면을 정하여 그린다. 다음과 같은 경우에는 절단선을 기입하지 않는다.

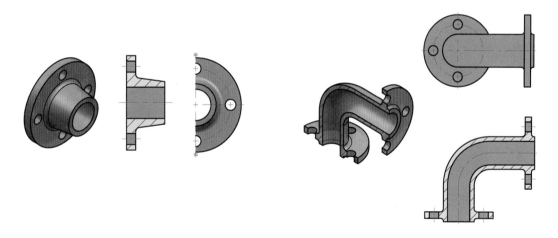

절단선과 위치를 기입하지 않는 온 단면도

참고

절단선을 기입하지 않는 경우에는 물체의 형상이 반드시 대칭이어야 한다.

투상도

온 단면도

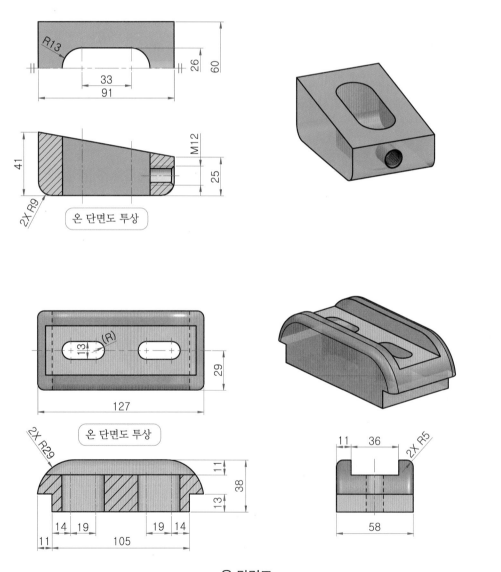

온 단면도

② 필요한 경우에는 특정 부분의 모양을 잘 나타낼 수 있도록 절단면을 정하여 그리는 것이 좋다. 이 경우는 다음 그림처럼 절단선에 의해 절단 위치를 나타낸다.

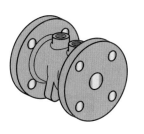
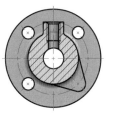

단면 B-B

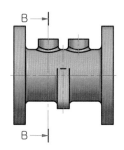

절단선과 위치를 기입한 온 단면도

단면 B-B

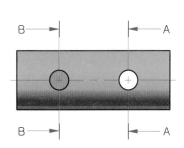

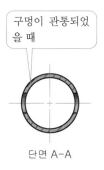

단면 A-A

절단선이 중심이 아닌 곳에서 절단한 면으로 표시하는 단면도

예시 | KS 규격을 커버 온 단면도에 적용

물체의 중심선을 기준으로 절단하고 절단면을 투상하므로 명확히 투상할 수 있다.

입체도   온 단면도

예시 | KS 규격을 편심 구동 장치의 본체 단면도에 적용

온 단면도의 단면 위치와 방향은 투상에 필요한 부분 형상을 투상한다.

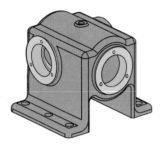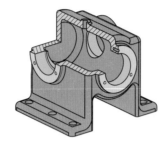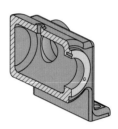

입체도

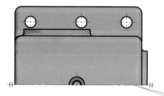

단면의 위치와 방향은
투상에 필요한 부분의
형상을 투상한다.

대칭 생략도

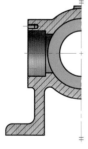

단면 D-D

온 단면도의 대칭 생략도

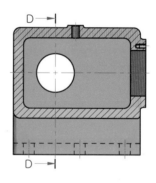

온 단면도

(2) 한쪽 단면도

좌우상하 각각 대칭인 물체의 중심선을 기준으로 내부 모양과 외부 모양을 동시에 표시하는 방법으로 그리는 투상도로, 한쪽 단면도를 반 단면도라고도 한다.

단, 물체의 형상이 반드시 대칭이어야 한다.

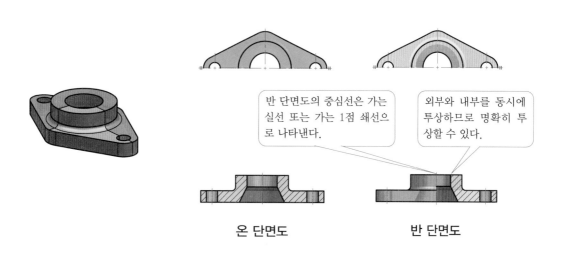

> 반 단면도의 중심선은 가는 실선 또는 가는 1점 쇄선으로 나타낸다.

> 외부와 내부를 동시에 투상하므로 명확히 투상할 수 있다.

온 단면도   반 단면도

예시 | KS 규격을 샤프트 서포트 베이스 단면도에 적용

온 단면도와 반 단면도로 투상하여 내부와 외부를 명확히 투상한다.

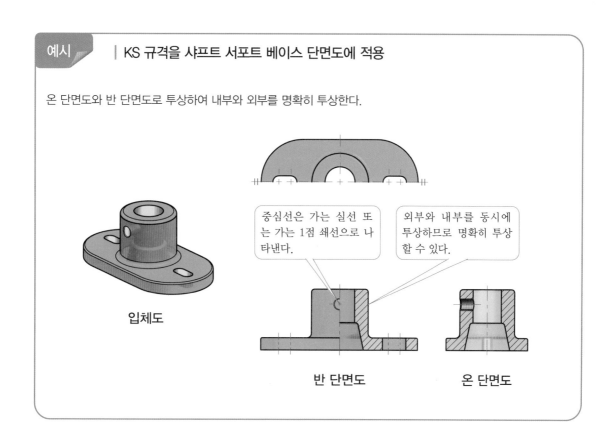

> 중심선은 가는 실선 또는 가는 1점 쇄선으로 나타낸다.

> 외부와 내부를 동시에 투상하므로 명확히 투상할 수 있다.

입체도   반 단면도   온 단면도

(3) 부분 단면도

　부분 단면도는 물체의 필요로 하는 요소의 일부분만을 부분 절단하여 부분적인 내부 구조를 나타내는 투상도로, 다음 그림과 같이 파단선을 그어서 단면 부분의 경계를 나타낸다.
　대칭, 비대칭에 관계 없이 사용한다.

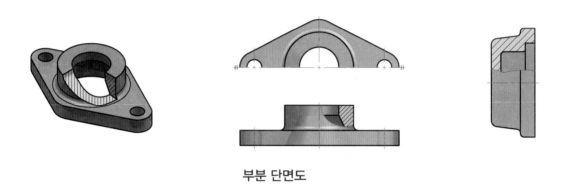

부분 단면도

① 축의 부분 단면도로 키 홈의 필요한 부분을 절단하여 내부 구조를 명확히 투상한다.

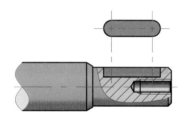

축의 부분 단면도

> **참고**
>
> **부분 단면도**
> • 단면 투상기법 중에서 부분 단면도가 가장 자유롭게 사용된다.
> • 부분 단면도로 단면한 부위는 불규칙한 파단선(가는 실선)으로 경계를 표시하며 대칭, 비대칭에 관계없이 사용한다.

② 볼트 구멍 등 물체의 필요한 부분을 절단하여 부분 단면도로 부분적인 내부 구조를 명확
　히 투상한다.

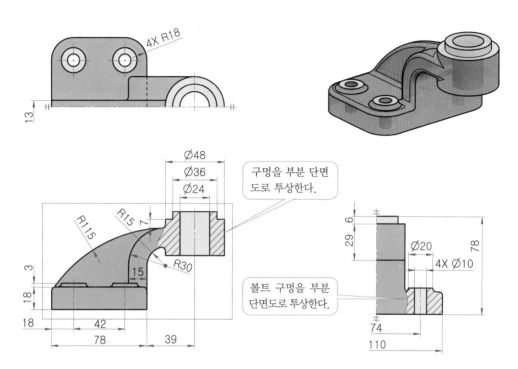

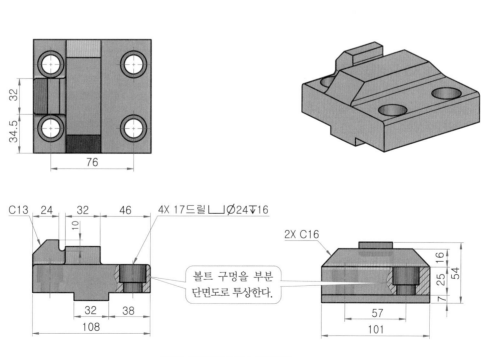

볼트 구멍의 부분 단면도

(4) 회전 도시 단면도

일반 투상법으로 나타내기 어려운 도형은 수직으로 절단한 단면을 90° 회전하여 표시한다.

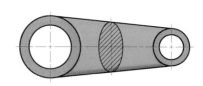

암의 회전 도시 단면도

① 절단할 곳의 전후를 끊어서 그 사이에 그린다. (그림 a)
② 절단선의 연장선 위에 그린다. (그림 b)
③ 도형 내의 절단한 곳에 겹쳐서 가는 실선을 사용하여 그린다. (그림 c)

(a) 전후를 끊어서 도시   (b) 연장선 위에 도시   (c) 도형 내의 절단한 곳에 도시

회전 도시 단면도

예시 | KS 규격을 회전 도시 단면도에 적용

회전 단면으로 리브의 두께를 투상하기 위해 물체의 절단면을 그 자리에서 90° 회전시켜 투상한다.

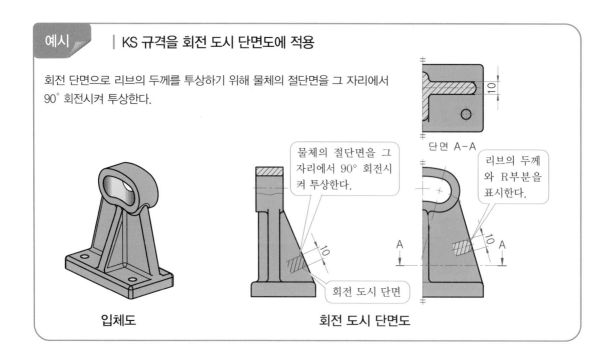

물체의 절단면을 그 자리에서 90° 회전시켜 투상한다.

단면 A-A

리브의 두께와 R부분을 표시한다.

회전 도시 단면

입체도   회전 도시 단면도

(5) 조합에 의한 단면도

2개 이상의 절단면에 의한 단면도를 조합하여 도시하는 단면도에는 계단 단면도, 구부러진 관의 단면도, 조합 단면도 등이 있다.

① 계단 단면도

절단면이 투상면에 평행하거나 수직이 되도록 계단 형태로 절단하여 나타낸 것을 계단 단면도라 한다. 수직 절단면의 선은 나타내지 않으며, 절단한 위치는 절단선으로 표시한다.

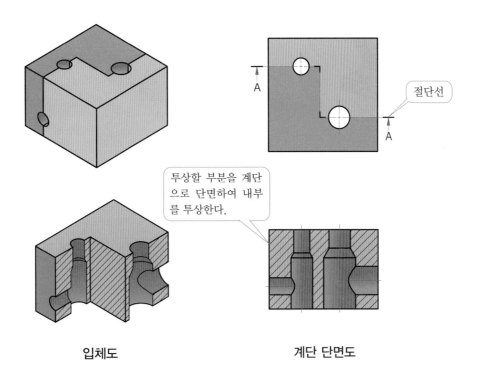

투상할 부분을 계단으로 단면하여 내부를 투상한다.

| 입체도 | 계단 단면도 |

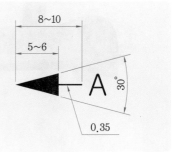

참고

단면도 화살표
- 단면도 화살표는 오른쪽 그림과 같은 크기를 사용한다.
- 보는 방향으로 방향이 향하도록 하며, 문자는 수평 방향을 향해 알파벳 대문자로 나타낸다.

단면도는 2개 이상의 평행한 평면에서 절단한 단면도의 필요한 부분만 합성시켜 나타낼 수 있다. 이 경우 절단선으로 절단 위치를 나타내고 조합에 의한 단면도라는 것을 나타내기 위해 2개의 절단선이 임의의 위치에서 이어지게 한다.

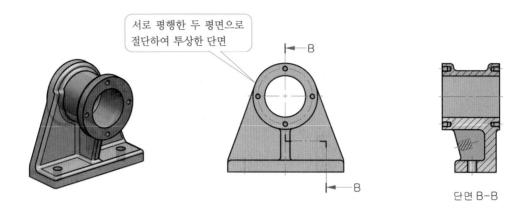

서로 평행한 두 평면으로 절단하여 투상

② **구부러진 관의 단면도**

구부러진 관 등의 단면을 표시하는 경우 구부러진 중심선을 따라 절단하여 내부를 명확히 투상할 수 있으며, 전체 길이를 나타낸다.

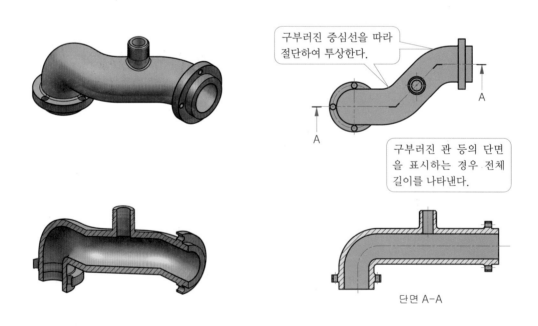

구부러진 중심선을 따라 절단하여 투상

③ 조합 단면도

단면도는 필요에 따라 2개 이상의 절단면에 의한 단면도를 조합하여 표시한다.

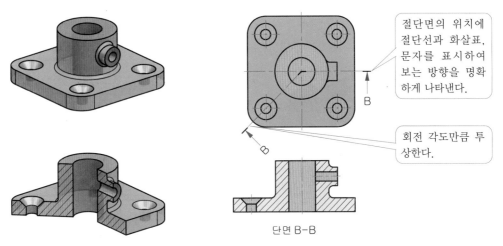

절단면의 위치에 절단선과 화살표, 문자를 표시하여 보는 방향을 명확하게 나타낸다.

단면 B-B

회전 각도만큼 투상한다.

조합 단면도

예시 | KS 규격을 회전 도시 단면도와 조합 단면도에 적용

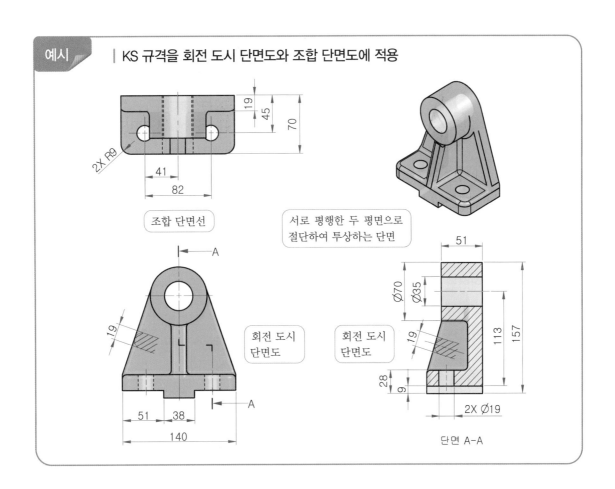

조합 단면선

서로 평행한 두 평면으로 절단하여 투상하는 단면

회전 도시 단면도

회전 도시 단면도

단면 A-A

④ 다수의 단면도 도시

㈎ 복잡한 형상의 대상물을 표시하는 경우 다수의 단면도로 그린다.

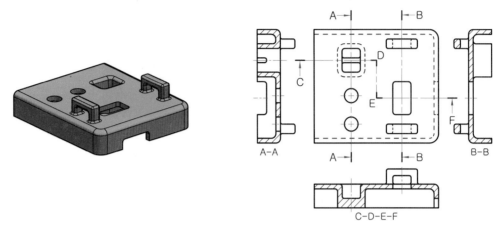

다수의 단면에 의한 단면도

㈏ 다수의 단면 모양의 단면도를 그릴 때는 절단선의 연상선상에 단면도를 그린다.

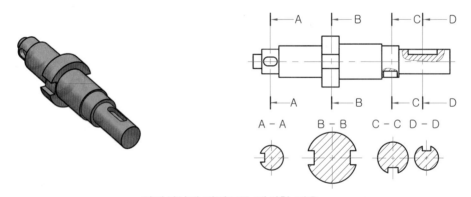

연장선상에 단면도를 배치한 경우

㈐ 하나로 이어진 단면도는 치수 기입과 도면의 이해에 편리하도록 투상 방향에 맞춰 주 중심선상에 배치한다.

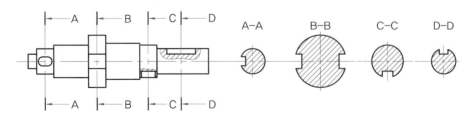

주 중심선상에 단면도를 배치한 경우

(6) 길이 방향으로 절단하지 않는 부품

길이 방향으로 단면을 해도 별 의미가 없거나 절단하여 도시하면 오히려 이해가 되지 않는 부품은 길이 방향으로 단면하지 않는다.

① 전체를 절단하면 안 되는 부품

축, 스핀들, 볼트, 너트, 와셔, 멈춤 나사, 작은 나사, 키, 코터, 핀(테이퍼 핀, 평행 핀, 분할 핀), 리벳, 밸브 등

② 특정한 일부분을 절단하면 안 되는 부품

리브류, 암류(기어, 핸들, 벨트 풀리, 헬리컬 기어, 차륜 등의 암), 이 종류(기어, 스프로킷, 임펠러의 날개) 등

예시 │ 전체를 절단하면 안 되는 부품

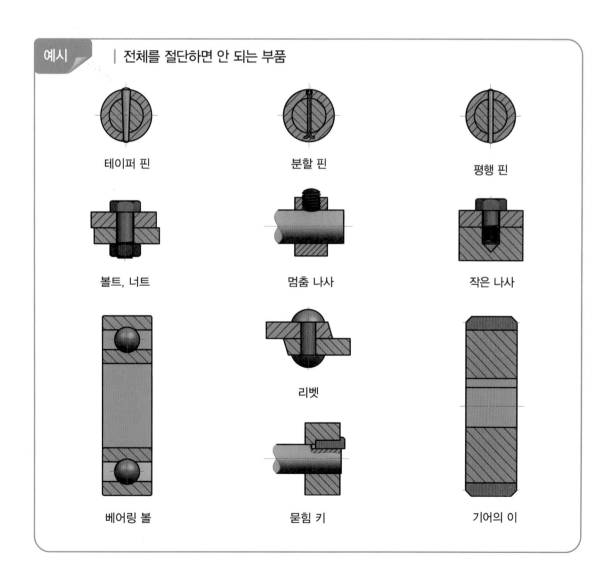

테이퍼 핀	분할 핀	평행 핀
볼트, 너트	멈춤 나사	작은 나사
베어링 볼	리벳 / 묻힘 키	기어의 이

예제10 — 단면도 그리기 —

● 다음 입체도를 보고 제3각법으로 투상해 보자. (① 온 단면도, ② 한쪽 단면도, ③ 회전 도시 단면도)

①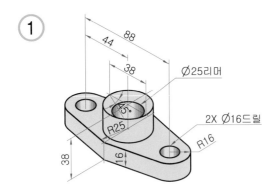

②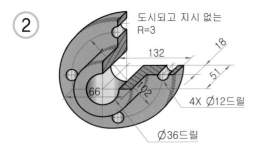

③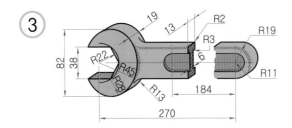

CHAPTER

4

치수 기입하기

1 치수(KS A ISO 10209, KS B ISO 129 –1)

제도에서 치수는 제품을 제작할 때 가공의 기준이 되는 중요한 요소이며, 이는 가공 품질과 직결되므로 매우 중요하다. 또한 도면에서 치수는 부품이나 구조물의 위치와 크기(size)를 나타내는 정보를 제공한다.

따라서 도면에 치수가 표시되어 있을 때, 그것이 위치와 관련된 치수인지 크기와 관련된 치수인지 구분하여 도면을 분석하는 습관을 기르면 도면을 쉽게 해석할 수 있는 능력을 기를 수 있다.

1 치수 기입의 원리(KS B ISO 129–1)

치수는 크기 치수, 자세 치수, 위치 치수로 나눌 수 있으며, 그 종류와 위치는 다음 그림과 같다.

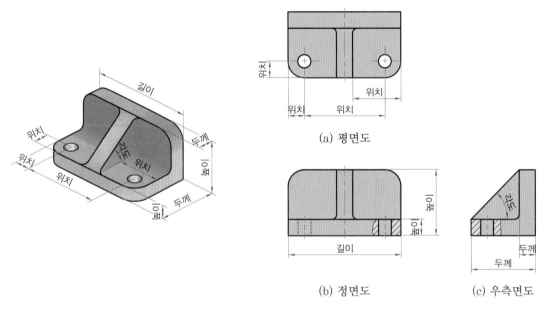

치수의 종류와 위치

> **참고**
>
> • 크기 치수 : 길이, 두께, 높이
> • 자세 치수 : 각도
> • 위치 치수 : 가로, 세로

2 치수 기입 요소

① **치수선** : 치수선은 형체의 크기나 범위를 나타내며, 일반적으로 2개의 치수 보조선 사이에 기입한다.

② **숫자와 문자** : 형체의 위치와 크기를 나타내는 수치와 문자이다.

③ **단말 기호** : 단말 기호는 일반적으로 치수선 끝에 붙이는 화살표, 짧은 사선, 점 등을 말한다.

④ **치수 보조선** : 형체나 중심선의 연장을 나타내는 선이다.

⑤ **지시선** : 치수, 가공법 등을 기입하기 위해 그림에서 밖으로 끌어낸 가는 실선으로, 단말 기호를 사용하여 기입한다.

⑥ **기준선** : 이 교재에서는 치수 기입선을 말한다.

⑦ **기점 기호** : 누진 치수 기입법을 사용할 때나 좌표를 기입할 때, 치수 기입의 기준점을 나타내는 기호이며, 작은 원으로 표시한다.

⑧ **치수 보조 기호** : ϕ, R 등과 같이 치수의 성격을 규정하는 기호이다.

⑨ **주서** : 도면에 그리지 못한 부분이나 반복되는 지시 사항 등을 간단하고 명료하게 기입한 것이다.

⑩ **인출선** : 인출선은 기호, 치수, 가공법, 주의사항 등을 기입하기 위해 그림 밖으로 끌어낸 선이다.

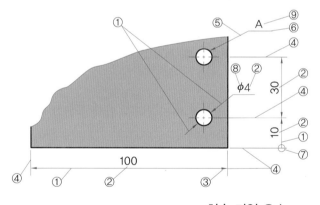

식별 부호

① 치수선
② 공칭 치수값
③ 단말 기호
　(여기서는 화살표)
④ 치수 보조선
⑤ 지시선
⑥ 기준선(치수 기입선)
⑦ 기점 기호
⑧ 치수 보조 기호
⑨ 참조 문자

치수 기입 요소

3 치수 기입의 원칙

KS B 0001과 KS B ISO 129-1에서는 도면에 사용되는 치수 기입 방법에 대해 구체적으로 규정하고 있으며, 도면을 작성할 때는 이 기준에 따라 치수를 정확하게 기입해야 한다.

치수를 기입할 때는 다음과 같은 기본적인 원칙을 따르는 것이 중요하다.

① 대상물의 기능, 제작, 조립 등을 종합적으로 고려하여 도면 해석에 필요한 모든 치수를 빠짐없이 기입해야 하며, 도면이 여러 방식으로 해석되지 않도록 명확하고 일관되게 기입하는 것이 중요하다.

② 대상물의 크기, 자세 및 위치를 가장 명확하게 나타내기 위해 필요한 치수를 충분히 기입해야 한다.

③ 각각의 치수는 치수선, 치수 보조선, 치수값, 그리고 필요한 경우 보조 기호를 함께 사용하여 기입하는 것이 원칙이다. 단, 필요에 따라 이해를 돕기 위해 보조 치수를 추가로 사용할 수도 있다.

④ 치수는 가능하면 주 투상도에 집중하여 기입해야 한다. 또한 치수는 아래 그림과 같이 관련 형체의 형태와 구조를 가장 명확하게 나타낼 수 있는 주 투상도 또는 단면도에 기입해야 한다.

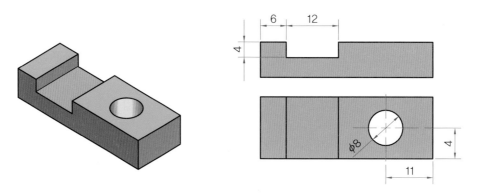

주 투상도와 단면도에 치수를 기입한 예시

⑤ 치수는 작업자가 계산해서 구할 필요가 없도록 빠짐없이 기입해야 한다.

⑥ 가공 또는 조립 시 기준이 되는 형체(데이텀)가 있는 경우에는 그림과 같이 해당 형체를 기준으로 하여 일관된 치수를 기입한다.

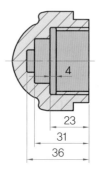

데이텀이 있는 치수 기입

⑦ 치수는 되도록 아래 그림과 같이 동일한 공정의 레벨에 따라 같은 레벨의 치수끼리 모아서 배열을 분리하여 기입함으로써 가독성을 향상시키도록 한다. 그리고 큰 치수는 바깥쪽으로 배치하고, 작은 치수는 안쪽으로 배치하여 치수선이 불필요하게 겹치는 것을 피해야 한다.

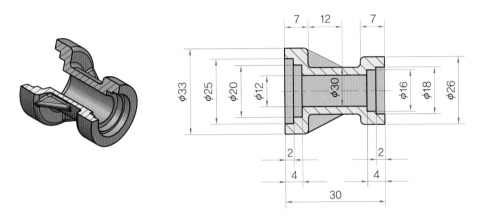

동일 레벨끼리 배열을 분리하는 치수 기입

⑧ 관련 치수는 한곳에 모아서 기입한다.

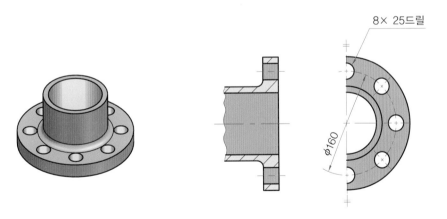

연관 치수끼리 모아서 하는 치수 기입

⑨ 일반적으로 원호 부분의 치수는 원호가 180° 이내일 때는 반지름으로 표시하고 180°를 초과할 때는 지름으로 표시한다. 그러나 다음 그림과 같이 원호가 180° 이내이더라도 기능상 또는 가공상 동일한 원호임을 표시할 필요가 있는 경우에는 예외적으로 지름 치수로 기입한다.

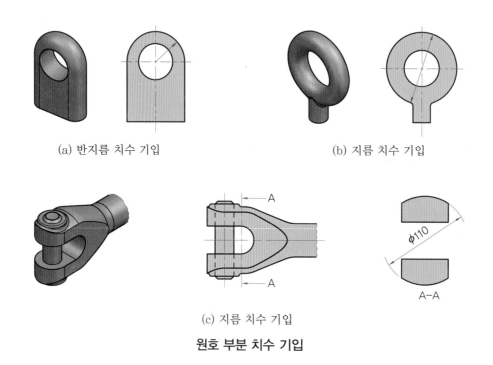

(a) 반지름 치수 기입   (b) 지름 치수 기입

(c) 지름 치수 기입

원호 부분 치수 기입

⑩ 치수를 중복해서 기입하는 것은 원칙적으로 피해야 한다. 그러나 경우에 따라 중복 치수를 기입하는 것이 도면을 보다 쉽게 이해하는 데 도움이 되는 경우에는 예외적으로 허용될 수 있다. 이때 중복되는 치수에는 앞에 검은 점을 표시하여 중복임을 명확히 나타내고, 도면의 주기 사항으로 기입한다.

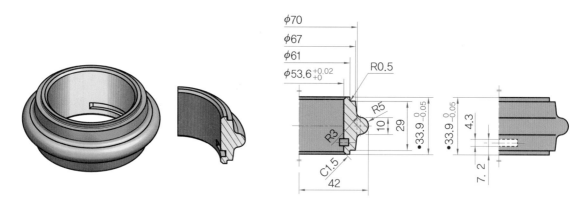

중복 치수 기입의 예시

⑪ 치수값은 십진수를 사용하고 소수점은 마침표를 사용해야 한다.
⑫ 모든 치수, 그림 기호 및 주석은 치수선 위에 기입하고, 도면의 아래부터 읽도록 기입해야 한다.

⑬ 치수만으로 제품의 요구 사항을 정의하기 부족한 경우, 공차나 표면 텍스처(texture) 요구 사항 등을 함께 이용할 수 있다.

4 치수의 종류

제도에서 사용하는 치수는 가공이 완료된 상태의 치수를 말하며, 치수(dimension), 참고 치수(reference dimension), 이론적 치수(TED 또는 기본 치수(basic dimension))가 있다.

(1) 치수

치수는 제작에 사용되는 치수로서 관리(control)되는 치수, 즉 가공이 이루어지는 치수를 말한다. 소재 치수는 주물 공장이나 단조 공장에서 생산된 상태의 치수를 말하며, 반제품 치수라고도 한다.

소재 치수는 일반적으로 기계적인 후가공이 필요한 반제품 상태의 치수이므로 후가공을 위한 가공 여유를 포함한다.

(2) 참고 치수

참고 치수는 제작과는 아무런 관련이 없으며, 단지 참고용으로 표시된 치수에 불과하다. 이는 이전 공정에서 이미 맞춰진 치수이거나 다른 치수로부터 자동으로 도출되는 치수를 의미하며, 이러한 치수는 단순한 확인 용도로만 사용된다. 따라서 참고 치수는 검사의 대상이 아니며, 공차를 적용해서는 안 된다.

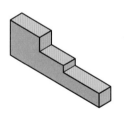

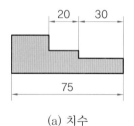

(a) 치수

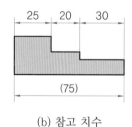

(b) 참고 치수

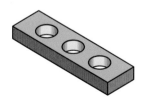

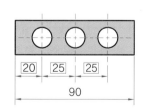

(c) 이론상 정확한 치수

치수의 종류

(3) 이론상 정확한 치수(Theoretically Exact Dimension)

앞의 그림 (c)는 이론상 정확한 치수를 나타낸다. 이론상 정확한 치수는 이론적 치수 또는 기본 치수라고도 하며, 기하 공차의 위치도 공차에서 기하 공차를 해석할 때만 주로 사용되는 치수이다.

이 치수는 일반적인 공차와 관련이 없고 영향을 받지 않는 치수를 말하며, 사각형 틀에 넣어서 나타낸다(KS A ISO 1101).

2 치수 기입 방법의 적용

1 치수와 치수선 기입 방법(KS B 0001, KS B ISO 129-1)

① 치수 기입은 과하거나 부족하지 않게 한다.

아래 그림과 같이 동일한 내용의 치수를 반복해서 기입해야 할 경우에는 가독성을 높이기 위해 치수를 지그재그로 표기하여(스태그링, staggering) 해석이 용이하도록 하는 것이 바람직하다.

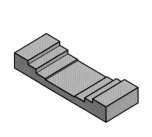
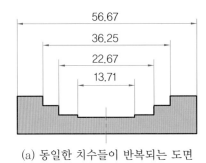
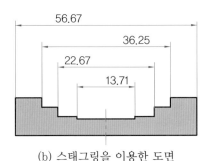

(a) 동일한 치수들이 반복되는 도면   (b) 스태그링을 이용한 도면

동일한 치수의 반복 기입과 지그재그 표기

② 제작 방법은 기입하지 않는다.

도면에 치수를 기입할 때는 특별한 경우를 제외하고, 일반적으로 제작 방법을 함께 기입하지 않는 것이 원칙이다. 단, 가공에 있어 특별한 지시나 주의가 필요한 경우에는 예외적으로 해당 가공 방법을 도면에 명시할 수 있다.

③ 실선에 기입한다.

치수는 외형선, 즉 실선에서 추출하는 것이 원칙이다. 그러나 부득이하게 숨은선에서 치수를 추출해야 하는 경우에는 단면을 이용하여 실선으로 처리한 뒤 치수를 기입하는 방식으로 표현한다.

④ **형체의 외부에 기입한다.**

　치수는 형체의 외부에 배치하도록 기입해야 한다. 구멍과 관련된 치수를 제외하고 형체의 안쪽에 치수를 기입하면 내측 형체 치수로 오해할 수 있으므로 안쪽에 기입하는 것을 피해야 한다.

　또한 치수가 형체에서 지나치게 먼 위치에 기입되면 도면의 배치 효율이 떨어지고, 도면을 해석하는 데 불편을 줄 수 있다. 따라서 치수는 외형선에서 너무 멀리 떨어지지 않도록 적절한 위치에 기입해야 한다.

⑤ **가능한 범위에서 작은 글씨를 사용한다.**

　치수를 기입할 때 지나치게 큰 글씨를 사용하지 않는다. 글자의 크기는 도면의 크기에 따라 정해지지만, 대부분 문자 높이 3.5의 글자 크기를 사용한다.

⑥ **치수를 기입할 때 형체가 직각일 경우 90°는 생략한다(KS B ISO 2768-1).**

⑦ **연속 치수와 관련 치수는 일직선상에 기입한다.**

　치수가 인접하여 연속하는 경우에는 일직선상에 모아서 기입하는 것이 좋다. 관련 부분의 치수는 일직선 형태로 기입하여 가독성을 높인다.

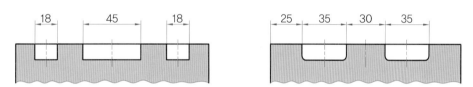

일직선상에 기입한 치수

⑧ **단차가 있는 형체의 치수 기입 방법**

　단차가 있는 형체의 치수를 기입할 때는 직렬 치수를 이용하거나 그림과 같이 누진 치수를 이용하여 기입한다.

　누진 치수를 이용하는 경우에는 한쪽 형체에는 기점 기호를 기입하고 다른 쪽 형체에는 화살표를 기입한다.

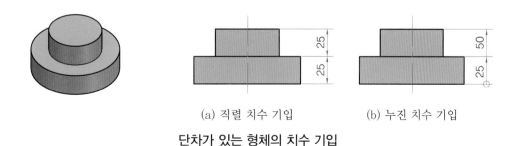

(a) 직렬 치수 기입　　　　(b) 누진 치수 기입

단차가 있는 형체의 치수 기입

⑨ **좁은 공간에서의 치수 기입 방법**

　좁은 공간에서의 치수 기입은 부분 확대도를 이용하거나 다음 방법 중 하나를 선택한다.

　㈎ 지시선을 사선으로 긋고 치수를 기입한다. 이때 지시선 인출 측(지시선을 **빼낸** 부분) 끝부분에는 아무것도 붙이지 않는다.

　㈏ 좁아서 치수를 기입하기 힘든 공간에서는 그림 (a), (b)의 치수 1.5와 같이 치수선을 연장하여 선 위쪽에 치수를 기입한다.

　㈐ 치수 보조선 사이의 간격이 좁아 화살표를 삽입하기 어려울 때는 치수 표시의 혼란을 방지하기 위해 화살표 대신 사선이나 검은 점을 이용한다.

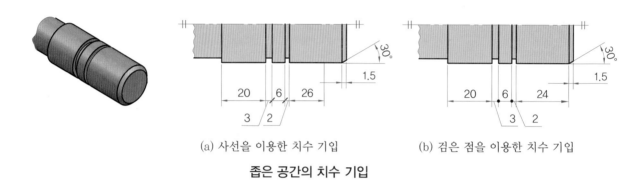

　　　　　(a) 사선을 이용한 치수 기입　　　　　(b) 검은 점을 이용한 치수 기입

좁은 공간의 치수 기입

⑩ 내부 형체에 대한 치수선과 외부 형체에 대한 치수선은 서로 구분하여 각각의 치수군을 분리해서 정리한다.

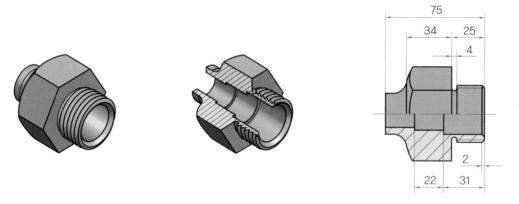

내부 형체와 외부 형체에 대한 치수선의 분리된 치수 기입

⑪ 여러 형체나 대상물이 근접하게 나타나는 곳에는 관련 치수끼리 치수군으로 묶어서 분리한다. 치수는 가능한 한 윤곽선 안에 배치하지 않아야 하며, 음영 형태로 치수를 기입하는 일은 되도록 피해야 한다.

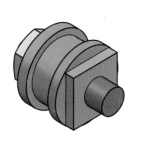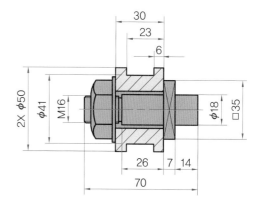

여러 형체나 대상물에는 관련 치수끼리 분리된 치수 기입

⑫ 원형 형체의 치수선은 중심을 지나도록 하고, 경사진 형태로 기입한다. 이때 다른 선과 교차하여 선이 깨지지 않도록 해야 하며, 중심선과 외형선은 치수선으로 사용하지 않도록 한다.

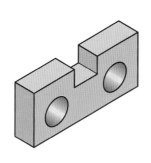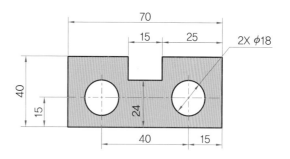

원형 형체의 치수선은 중심을 지나고 경사진 형태로 기입

> **참고**
> - 형태(形態) : 사물의 생김새나 모양
> - 형체(形體) : 물건의 생김새나 그 바탕이 되는 몸

⑬ 다음과 같은 경우에는 치수선을 완전하게 끝까지 그리지 않고 생략해도 좋다.
　㈎ 지름의 치수를 기입할 때
　㈏ 대칭 형체의 일부만 투상도나 단면도로 그리는 경우
　㈐ 치수를 기입할 때 기준 형체가 없거나 표시할 필요가 없는 경우
　㈑ 간략한 누진 치수를 이용하여 기입하는 경우

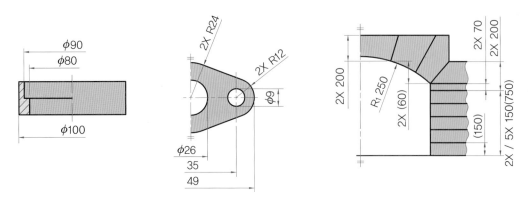

(a) 지름의 치수를 기입할 때   (b) 대칭 형체의 일부만 그리는 경우

치수선을 완전하게 끝까지 그리지 않고 생략하는 경우

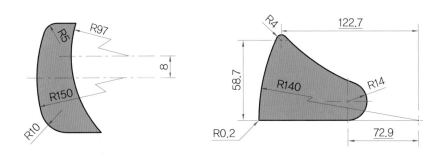

치수를 기입할 때 기준 형체가 없거나 표시할 필요가 없는 경우

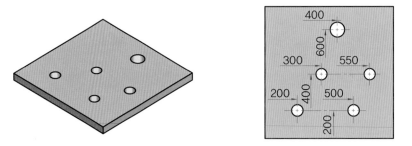

간략한 누진 치수를 이용한 경우

⑭ **대칭도면에서 중심선보다 길게 연장하는 치수선 기입 방법**

   (개) 대칭도면에서 대칭 중심선의 한쪽만 나타내는 경우에는 그림과 같이 치수선은 중심선을 넘어서 적절한 길이로 연장하여 기입한다.

   (내) 도면 해석에서 오해의 소지가 있을 경우에는 치수선을 중심선 너머까지 연장하지 않고, 중심선 내에서 명확하게 기입한다.

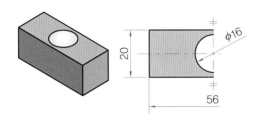  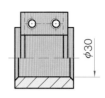

대칭 도형의 한쪽 화살표로 치수 지시

 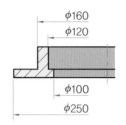

중심선을 넘지 않도록 치수 기입

⑮ **치수선의 배치 방법**

치수선은 기입한 선과 길이, 각도를 측정하는 방향과 평행하게 기입해야 한다.

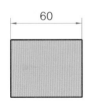   

(a) 변의 길이 치수   (b) 현의 길이 치수   (c) 호의 길이 치수   (d) 각도 치수

길이와 각도의 치수 기입

⑯ 각도를 기입하는 치수선은 각도를 구성하는 두 변 사이에 원호 형태로 기입하거나 치수 보조선의 연장선을 중심으로 양변 또는 연장선 사이에 원호 형태로 기입한다.

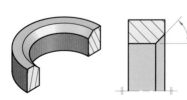 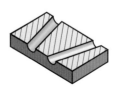 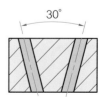

각도 치수선 기입

⑰ **테이퍼 형체와 두 평면 사이의 각도 치수선 기입 방법**

　각도를 기입하는 치수선은 그림 (a)와 같이 마주보는 테이퍼 표면의 모선이 이루는 각 또는 그림 (b)와 같이 형체의 두 평면이 이루는 각 사이에 치수선을 원호 형태로 그려 각도를 표시한다.

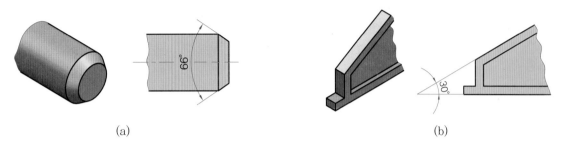

(a)　　　　　　　　　　　　　　　　(b)

테이퍼와 두 평면 사이의 각도 치수선 기입

⑱ **단말 기호**

　㈎ 화살표　　　　　　　　　㈏ 짧은 사선(그림 e, f)

　㈐ 점(그림 g)　　　　　　　㈑ 기점 기호(그림 h)

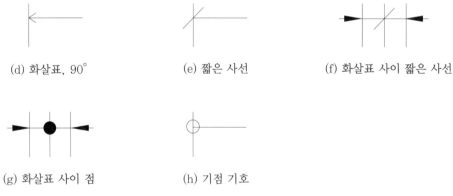

(a) 화살표, 30° 폐쇄용, 채움　(b) 화살표, 30° 폐쇄용, 채우지 않음　(c) 화살표, 30° 개방형

(d) 화살표, 90°　　　　(e) 짧은 사선　　　　(f) 화살표 사이 짧은 사선

(g) 화살표 사이 점　　　　(h) 기점 기호

단말 기호의 종류

> **참고**
>
> 단말 기호 중 기점 기호는 일반적으로 누진 치수 기입의 기준점이나 좌표 치수 기입의 기준점에 사용한다.

2 치수 보조선 기입 방법(KS B ISO 129-1)

① 치수 보조선은 실선으로 그려야 한다. 치수 보조선은 투상도 사이에 그리지 않고 해칭 방향과 평행하게 그리지도 않는다.

② 치수 보조선은 치수선을 지나 연장되도록 그리며, 치수선 두께의 8배 정도로 연장하여 그린다.

③ 치수 보조선은 대응하는 형체의 길이에 수직이 되도록 그린다.

④ 원형 형체에서 치수 보조선은 형체 모양이 연속되도록 그려야 한다.

⑤ 형체와 치수 보조선의 시작점 사이에는 그림 (b)와 같이 선 두께의 8배에 해당하는 틈새를 허용한다.

 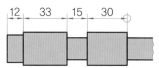 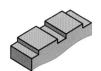 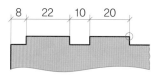

(a) 치수선 너머로 선 두께의 8배 허용　　　　　(b) 선 두께의 8배 틈새 허용

대응하는 형체의 길이에 수직으로 치수 기입

⑥ 치수 보조선은 경우에 따라 사선으로 그릴 수 있으나 다른 치수 보조선과 서로 평행이 되도록 해야 한다.

⑦ 치수 보조선을 기입할 때 외형선의 투상 윤곽 교차는 그림 (b)와 같이 교차점을 지나 선 두께의 약 8배로 연장선을 그린다.

 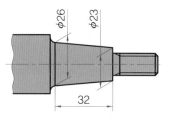 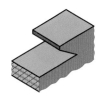 

(a) 각도를 가진 치수 보조선　　　　　(b) 외형선의 윤곽 교차 연장선 기입

경사진 치수 보조선을 사용한 치수 기입

⑧ 치수 보조선의 연속성이 명확할 경우 중간에 끊을 수 있다.

　㉮ 천이(transition)의 투상 윤곽과 유사한 형체의 경우 그림 (a)와 같이 치수 보조선은 투상선 사이의 교점에 기입한다.

(나) 치수 보조선의 연속성이 명확하게 나타나는 경우 그림 (b), (c)와 같이 끊어서 표시할 수 있다.

(다) 치수는 어떤 경우에도 다른 선과 교차하지 않아야 한다. 부득이한 경우에는 그림 (b), (c)와 같이 치수 보조선을 자르고 기입한다.

(라) 각도 치수를 기입할 때 치수 보조선은 각도를 명확히 나타낼 수 있도록 연장선으로 표시한다.

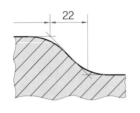
(a) 치수 보조선 교점 적용

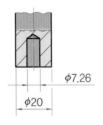
(b) 치수 보조선을 잘라서 기입

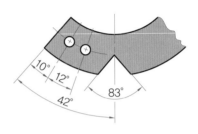
(c) 각도 치수 기입에서 치수 보조선

치수 보조선의 중간 끊기

⑨ 반복 형체를 그릴 경우에는 개별 치수 기입 방법 대신, 다소 불분명할 수는 있지만 공통 치수 보조선을 사용할 수 있다. 이 경우 반복 형체 치수 기입 방법인 'n× '의 형식을 사용할 수 있다.

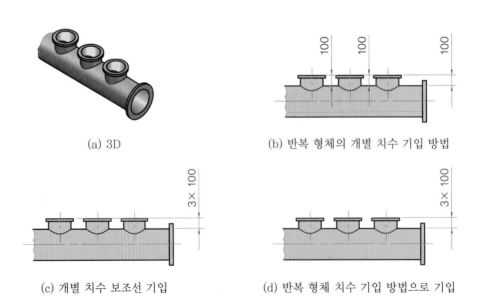
(a) 3D

(b) 반복 형체의 개별 치수 기입 방법

(c) 개별 치수 보조선 기입

(d) 반복 형체 치수 기입 방법으로 기입

반복 형체의 치수 기입 방법

3 치수 수치 기입 방법(KS B 0001, KS B ISO 129-1)

① 선과 길이의 치수 기입

선과 길이의 치수 수치는 보통 mm 단위로 기입하고 단위 기호는 붙이지 않는다.

② 각도의 치수 기입

(개) 각도 치수의 수치는 일반적으로 도(°) 단위를 사용하고 필요시 분, 초 단위를 병행할 수 있다.

⑩ 90°, 7°24′35″

(내) 각도 치수를 rad 단위로 기입할 때는 단위 기호인 rad을 붙여서 기입한다.

⑩ 0.62rad, $\dfrac{\pi}{2}$ rad

(대) 소수점이 들어가는 치수는 소수점이 들어가는 숫자 사이를 적당히 띄우거나 중간에 소수점을 삽입한다. 그리고 치수 숫자를 기입할 때는 자릿수가 많아도 쉼표를 사용하지 않고 대신 숫자 사이를 띄운다.

⑩ 123.45, 14.00, 22 320

(래) 수직 방향의 치수선에 대해서는 도면 아래쪽에서 읽을 수 있도록 기입하고, 수평 방향의 치수선에 대해서는 오른쪽에서부터 읽을 수 있도록 기입한다. 경사 방향의 치수선에 대해서도 이에 준한다. 치수 수치는 치수선 중앙에서 위쪽으로 약간 올라간 곳에 기입한다.

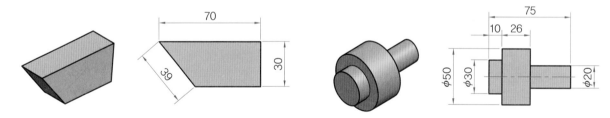

(a) 수평 방향 및 수직 방향 치수 기입

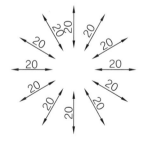

(b) 선과 길이 치수 기입 방향의 보기

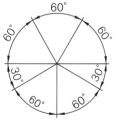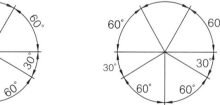

(c) 각도 치수 기입 방향의 보기

치수를 기입하는 방향

③ 30° 이하의 각에서 치수 기입

30° 이하의 각에서는 치수선을 기입하지 않으며, 이때 치수도 각도를 이루는 부분에 기입하지 않는다.

그림 (a)와 같이 수직선에 대하여 왼쪽 아래로 30° 이하의 각도를 이루는 부분(빗금 친 부분)에는 치수를 기입하지 않도록 한다. 그러나 문자를 도형 내에 기입해야 할 경우에는 혼동되지 않도록 그림 (b)나 (c)와 같이 기입한다.

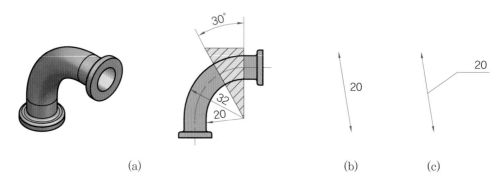

30° 이하의 각에서 치수선을 기입하지 않을 때의 치수 기입

④ 다른 선으로 분할되는 위치의 치수 기입

다른 선에 의해 치수선이 분할되는 경우에는 치수선이 분할되지 않는 위치에 치수를 기입한다.

⑤ 치수가 다른 선에 겹치는 경우의 치수 기입

치수가 다른 선에 겹치는 경우에는 그림 (b)와 같이 지시선을 사용하여 기입한다.

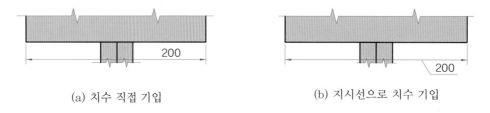

(a) 치수 직접 기입   (b) 지시선으로 치수 기입

치수가 다른 선에 겹치는 경우의 치수 기입

⑥ 교차하는 부분의 치수 기입

치수선이 교차하는 경우에는 치수선이 교차하지 않은 위치에 치수를 기입한다.

⑦ 중심선 방향으로 나란한 치수 기입

지름 크기가 나란해서 치수 보조선이 대칭 중심선 방향으로 나란한 경우에는 각 치수선을 가능한 같은 간격으로 하고 작은 치수를 안쪽에, 큰 치수를 바깥쪽에 모아서 기입한다.

그러나 치수선의 간격이 좁은 경우에는 치수 수치를 대칭 중심선의 양쪽에 번갈아 기입하는 스태그링을 이용하여 가독성을 향상시킨다.

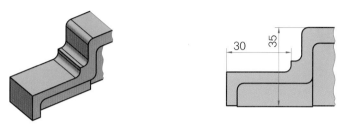

(a) 치수선이 교차하는 경우

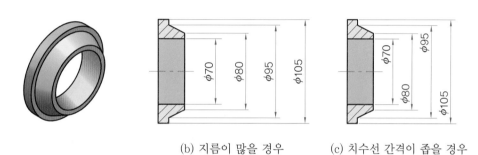

(b) 지름이 많을 경우   (c) 치수선 간격이 좁을 경우

중심선 방향으로 나란한 치수 기입

⑧ 긴 치수선에 치수 기입

치수선이 너무 길어 중앙에 치수를 기입하면 치수를 읽기 어려운 경우에는 치수를 알아보기 쉽게 하기 위해 치수선의 한쪽 끝 단말 기호 근처로 치우쳐 기입한다.

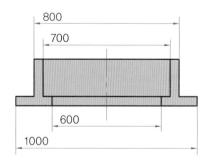

긴 치수선에 치수 기입

⑨ 치수 대신 문자 기입

치수 수치 대신 문자 기호를 이용할 수 있다. 이 경우에는 그림 (a), (b)와 같이 수치를 별도로 기입해야 한다.

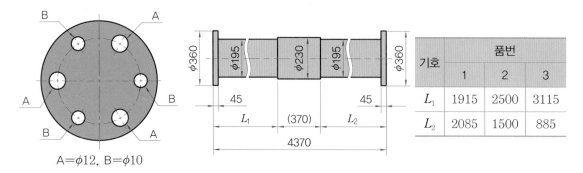

(a) 문자 기호로 치수 기입

(b) 표 형식 치수 기입

치수 대신 문자 기호를 기입할 경우

4 표 치수 기입(KS B ISO 129-1)

표 치수 기입 방법은 공통 형체나 조립체의 일련의 변수를 표 형식으로 기입하는 것을 말한다. 다음은 부품군에 사용하는 표 치수 기입 방법을 나타낸 예시이다.

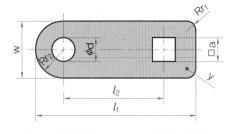

기호 \ 품번	1	2	3
a	12	16	20
d	10	16	20
l_1	100	120	140
l_2	50	64	78
r_1	6	6	8
r_2	16	20	24
w	32	40	48
y	4	6	8

기호 \ 품번	1	2	3
a	□12	□16	□20
d	$\phi10$	$\phi16$	$\phi20$
l_1	100	120	140
l_2	50	64	78
r_1	6	6	8
r_2	R16	R20	R24
w	32	40	48
y	t=4	t=6	t=8

(a) 그림에 기호 표기

(b) 표에 기호 표기

표 치수 기입

3 치수의 배치(KS B 0001, KS B ISO 129-1)

치수의 배치는 직렬 치수 기입법, 병렬 치수 기입법, 누진 치수 기입법, 좌표 치수 기입법의 직교 좌표 기입법, 극 좌표 기입법, 복합 치수 기입법 등이 있다. 각 치수를 배치할 때는 다음과 같은 방법을 따라야 한다.

1 직렬 치수 기입법

직렬 치수 기입법은 직렬로 치수를 기입하는 방법으로, 공차가 누적될 우려가 있다. 따라서 개별 치수에 주어진 치수 공차가 누적되어도 되는 경우에 한하여 사용할 수 있다.

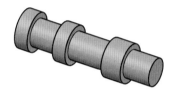
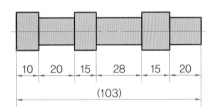

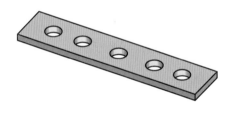
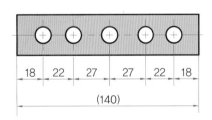

직렬 치수 기입

직렬 치수로 기입할 때 누적 공차값 구하기

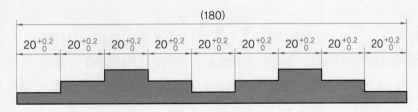

2 병렬 치수 기입법

병렬 치수 기입법은 병렬로 치수를 기입하는 방법으로, 개별 치수 공차가 다른 치수 공차에 영향을 미치지 않는다는 장점이 있다.

병렬 치수 기입법에서 공통 부분의 치수 보조선의 위치는 기능, 가공 등의 조건을 고려하여 기준이 될 수 있는 위치를 선택해야 한다.

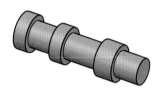

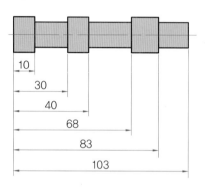

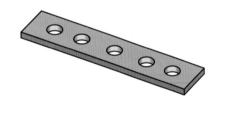

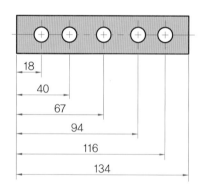

병렬 치수 기입

3 누진 치수 기입법

누진 치수 기입법은 치수 공차에 대하여 병렬 치수 기입법과 같은 의미를 가지면서 하나의 형체에서 다른 형체로 연결되는 하나의 연속된 치수선을 사용하여 간편하게 기입하는 방법이다.

치수의 기준점은 기준점 기호(O)를 기입하고 다른 쪽은 화살표로 나타낸다. 치수는 치수 보조선에 나란히 기입하거나 화살표 근처의 치수선 위쪽에 기입한다.

누진 치수는 각도 치수와 반지름 치수에도 사용할 수 있으며, 그림과 같이 치수선의 화살표 근처에 기입한다.

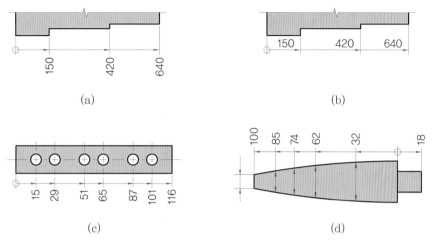

(a)   (b)

(c)   (d)

누진 치수 기입

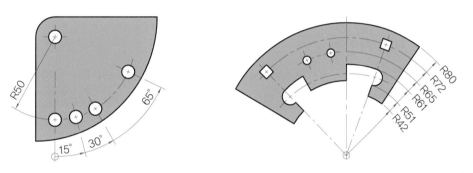

각도와 반지름 치수의 누진 치수 기입

4 직교 좌표 치수 기입법

직교 좌표 치수 기입법은 기준점에서 직각 방향의 선형 치수로 정의되는 직교 좌표를 이용하여 구멍의 위치, 크기 등의 치수를 나타내는 방법이다.

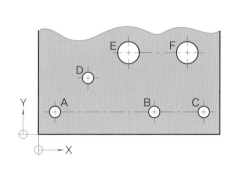

구분	X	Y	ϕ
A	20	20	13.5
B	140	20	13.5
C	200	20	13.5
D	60	60	13.5
E	100	90	26
F	180	90	26

직교 좌표 치수 기입법

다음 표에 정의된 X 및 Y의 좌푯값은 기준점(원점)으로부터의 치수를 나타낸다. 이때 기준점은 표준 구멍 혹은 대상물의 모서리나 코너 등 기능 또는 가공 조건을 고려하여 선택해야 한다. 직교 좌표를 이용하여 형체의 교점을 나타내면 다음과 같다.

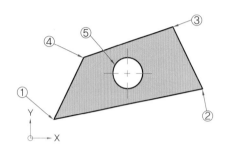

구분	X	Y	d
1	10	10	−
2	60	20	−
3	50	40	−
4	20	30	−
5	35	25	φ10

직교 좌표를 이용하는 교점 치수 기입

5 극 좌표 치수 기입법

극 좌표 치수 기입법은 반지름 및 각도의 기준점에서 치수를 나타내는 방법이다. 극 좌표는 항상 극축을 기준으로 반시계 방향(CCW)의 화살표를 사용하여 나타낸다. 치수 지시 지점은 그림 (a)와 같이 90° 교차된 가는 실선으로 기입한다. 캠의 윤곽 등의 치수를 극 좌표를 이용하여 나타내면 그림 (b)와 같다.

(a) 극 좌표 치수 기입

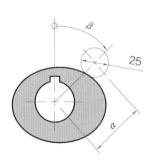

β	α	β	α
0°	50	230°	75
20°	52.5	260°	70
40°	57	280°	65
60°	63.5	300°	59.5
80°	70	320°	55
100°	74.5	340°	52
120~210°	76	−	−

(b) 캠의 윤곽 등의 극 좌표 치수 기입

극 좌표 치수 기입법

6 복합 치수 기입법

복합 치수 기입법은 두 가지 이상의 치수 기입 방법을 도면에 복합적으로 사용하는 것으로, 다음 그림은 누진 치수와 단일 치수를 혼합하여 도면에 사용한 경우를 나타낸다.

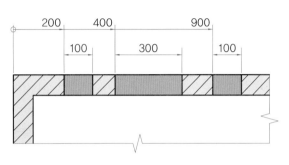

누진 치수와 단일 치수 혼합

그림 (a)는 직렬 치수, 병렬 치수, 단일 치수를 혼합하여 도면에 사용하는 경우를 나타내며, 그림 (b)는 병렬 치수, 누진 치수, 단일 치수를 혼합하여 도면에 사용하는 경우를 나타낸다.

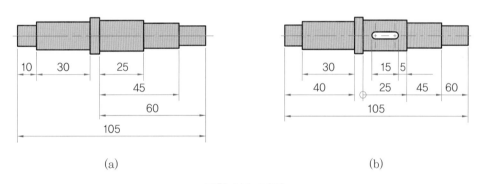

(a)   (b)

복합 치수 기입

4 여러 가지 요소의 치수 기입

1 치수 보조 기호의 종류(KS B ISO 129 −1)

치수 보조 기호는 치수가 선형 길이의 크기가 아닌 경우에 주로 사용되며, 치수의 성격을 규정하는 중요한 기호이다. 한국산업표준에서 규정한 치수 보조 기호의 종류와 설명은 다음 표와 같다.

치수 보조 기호

기호	설명	관련 성질
∅	지름	지름으로 묘사한 원통 형체나 원 형체
R	반지름	반지름으로 묘사한 원통 형체나 원 형체
CR	제어 반지름	직선부와 반지름의 곡선 부분이 매끄럽게 연결되는 반지름
S∅	구의 지름	지름으로 묘사한 구 형체
SR	구의 반지름	반지름으로 묘사한 구 형체
⌒	원호 길이	비평평 형체의 곡률 치수(예 원호 길이)
□	정사각형	각 변의 치수로 묘사한 4개의 동일 각도와 동일 변인 사각 형체
C	45°의 모따기	45° 모따기 치수 표기
t=	두께(얇은 대상물)	두께로 정의한 2개의 오프셋 형체
⏷	깊이	구멍이나 내부 형체의 깊이
⊔	자리 파기(원통형 카운터 보어)	지름과 깊이로 묘사한 편평한 바닥의 원통형 구멍
∨	카운터 싱크	지름과 각도로 표시하는 원주 모따기
↔	사이	참조 문자와 연결하여 사용되는 제한 영역 범위의 지시
◯→	전개 길이	벤딩이나 포밍 이전의 형체 길이

> **참고**
>
> **벤딩과 포밍**
> - 벤딩 : 판, 강관 등의 제품을 열간(금속 등을 재결정 온도보다 높은 온도로 처리함) 또는 상온에서 구부려 영구 변형하는 작업
> - 포밍 : 성형 작업

2 지름 기호 'φ' 표시 방법

(1) 원형 단면 지름 기호 표시

단면으로 도시하는 경우에는 단면이 원형인지 아닌지 알 수 없다. 이런 경우 지름 기호 'φ'를 사용하면 원형 단면임을 알 수 있으며, φ는 치수 앞에 붙여서 사용한다.

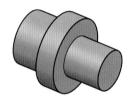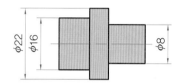

(a) 지름의 표시

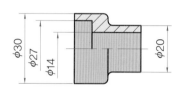

(b) 좌우 및 안과 밖의 지름 치수 기입

원형 단면 기입법

(2) 원호의 지름 기호 표시

180°가 넘는 원호 또는 원형 도형은 지름 기호 'φ'를 사용해야 한다. 아래 그림과 같은 단면의 형상에서는 반지름으로 표시할 것인지 지름으로 표시할 것인지 명확하게 구분해야 한다.

(3) 180°가 넘는 원호 또는 원형 도형의 지름 기호 표시

180°보다 큰 호는 지름 치수로 표시하는 것이 일반적이다. 이때 지름을 지시하는 치수선을 하나의 화살표로 나타낼 경우에는 치수선이 반드시 원의 중심을 통과하여 초과하도록 그려야 한다.

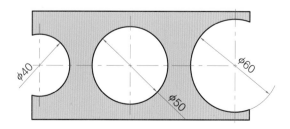

원형의 지름 치수 기입

(4) 지시선을 사용한 지름 기호 표시

지시선을 사용하여 지름 기호를 나타내는 방법은 아래 그림 (a)와 같다.

(5) 원형으로 도시되지 않은 원형 단면에 지름 기호 표시

대상으로 하는 부분의 단면이 원형일 때 원형으로 도시하지 않고 원형임을 나타내고자 하는 경우에는 그림 (b)와 같이 지름 기호를 치수 수치 앞에 붙인다.

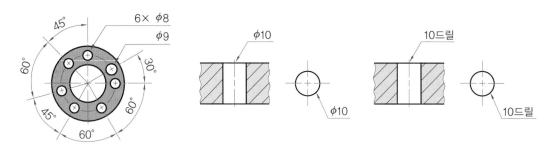

(a) 지시선으로 지름 기입   (b) 원형 단면으로 도시되지 않은 원형 단면에 지름 기호 기입

원형 단면 지름 기입

(6) 연속된 좁은 공간의 지름 기호 표시

지름이 각각 다른 원통이 연속되어 있는 경우 치수 기입 공간이 부족할 때는 치수 보조선을 사용하지 않고 한쪽만 치수선과 연장선, 화살표를 사용하고 원통임을 표시하기 위해 치수 앞에 'ϕ'를 붙인다.

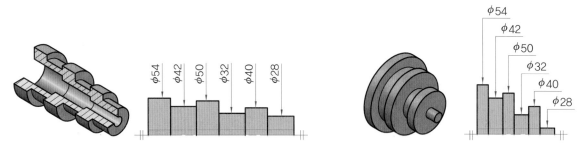

(a) 축과 직각 방향 화살표로 지름 기호 기입   (b) 치수선을 직각으로 지름 기호 기입

짧은 연속 원통의 치수 기입

> **참고**
>
> **연속적인 원호의 치수 기입**
> 연속적으로 원호의 치수를 기입할 경우에는 원호의 중심으로부터 방사형으로 그린 치수 보조선에 치수선을 맞춘다.

③ 반지름 기호 'R' 표시 방법

(1) 원호의 반지름 치수 'R' 기입과 생략

원호의 반지름 치수를 표시하고자 하는 경우에는 그림 (a)와 같이 반지름 기호 'R'을 수치 앞에 치수와 같은 크기로 기입한다.

그림 (b)와 같이 반지름을 나타내는 치수선을 원호의 중심까지 긋는 경우에는 반지름 기호 R을 생략할 수 있다.

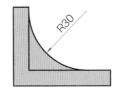

(a) 반지름 치수 기입   (b) 반지름 치수의 R 생략

반지름 치수 기입

(2) 반지름 중심의 치수 위치

그림과 같이 반지름 중심이 인접 형체의 기하 형상에 있지 않은 경우에는 그 위치를 정의하는 데 필요한 치수를 기입해야 한다.

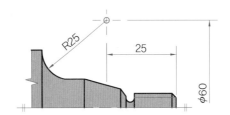

반지름 중심 위치의 치수 기입

(3) 호의 반지름 표시

호의 반지름을 나타내는 치수선에는 그림 (a), (b)와 같이 원호 쪽에만 화살표를 붙이고 중심 쪽에는 붙이지 않는다.

만약 화살표 및 치수를 입력할 공간이 없는 경우에는 그림 (c)와 (d)를 참조하여 적절한 방식으로 기입한다.

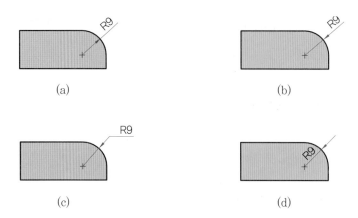

(a)   (b)

(c)   (d)

호의 반지름 기호 기입 방법

(4) 반지름 치수를 위한 중심점 표시

그림과 같이 호의 반지름을 표시하기 위하여 중심 위치를 나타내는 경우에는 중심점의 위치를 실선의 십자(+) 또는 1mm 이하의 검은 점으로 기입한다.

반지름 치수를 위한 중심점 기입

(5) 동일 중심을 갖는 반지름 치수 기입

그림과 같이 중심이 같은 반지름 치수는 길이 치수와 마찬가지로 누진 치수 기입법을 이용하여 기입할 수 있다.

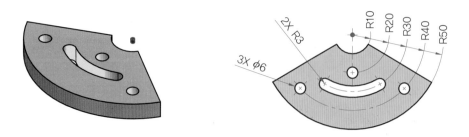

동일 중심을 갖는 반지름 치수 기입

(6) 성형 형상의 반지름 표시

실제 형상을 표시하지 않는 투상 도형에 실제 반지름을 표시하는 경우에는 치수 숫자 앞에 '실 R' 문자 기호를 사용하고, 전개 상태의 반지름을 표시하는 경우에는 '전개 R'의 문자 기호를 수치 앞에 기입한다.

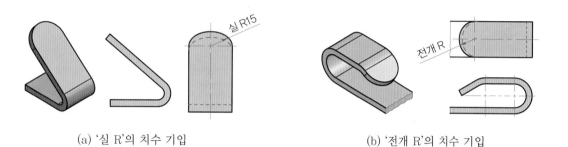

(a) '실 R'의 치수 기입   (b) '전개 R'의 치수 기입

성형 형상의 반지름 치수 기입

(7) 반원형 형체의 반지름 표시

평행선으로 이어진 반원 형체의 반지름이 다른 치수로부터 유도될 수 있는 경우 그림 (a)와 같이 화살표와 기호 R로 지시할 수 있으며, 기호 R은 R(8)로 지시할 수 있다.

또한 그림 (b)와 같이 반지름의 중심 위치에 대한 치수를 규정하고 반지름값을 직접 규정함으로써 지시할 수도 있다.

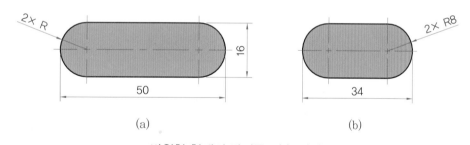

(a)   (b)

반원형 형체의 반지름 치수 기입

(8) 반지름의 연결 표시

2개 이상의 같은 크기를 가진 반지름에 대한 치수선은 그림과 같이 연결한 형태로 기입해도 좋다.

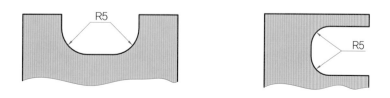

같은 크기의 반지름 연결

4 제어 반지름 기호 'CR' 표시 방법

모서리의 둥글기, 코너의 둥글기 등에 제어 반지름을 요구하는 경우에는 그림과 같이 반지름 수치 앞에 'CR'을 기입한다.

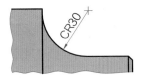 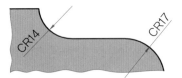

제어 반지름 기호 'CR' 표시

5 구의 지름 기호 'Sϕ'와 구의 반지름 기호 'SR' 표시 방법

(1) 구의 지름 기호 'Sϕ'와 구의 반지름 기호 'SR' 기입

구의 지름 치수를 기입할 때는 그 치수 앞에 구의 기호 'Sϕ'를, 구의 반지름 치수를 기입할 때는 구의 반지름 기호 'SR'을 치수값 앞에 표시한다.

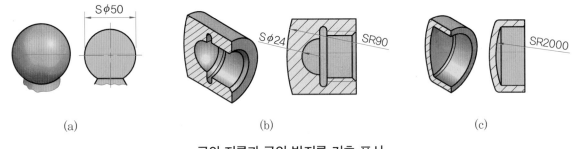

(a)   (b)   (c)

구의 지름과 구의 반지름 기호 표시

(2) 구의 반지름 치수가 다른 치수로부터 유도될 경우의 'SR' 표시

구의 반지름이 다른 치수로부터 유도되는 경우에는 반지름을 나타내는 치수선 및 수치를 생략하고 'SR'만 기입한다.

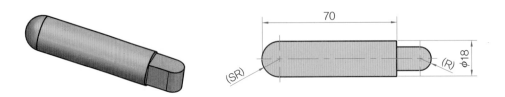

치수선과 수치를 생략하는 'SR' 표시

6 원호와 현의 길이 표시 방법

(1) 원호의 길이 표시

① 원호의 경우 현에 직각으로 치수 보조선을 긋고, 그 원호와 동심의 원호를 치수선으로 하여 치수 수치 앞에 원호 기호를 붙인다.

② 원호의 사잇각이 90° 이하인 경우에는 치수 보조선을 각의 2등분선에 평행하게 기입해야 한다.

③ 각각 원호의 치수는 자체의 치수 보조선으로 표시해야 한다.

(2) 현의 길이 표시

① 현의 길이는 현에 직각으로 치수 보조선을 긋고 현에 평행한 치수선을 사용하여 기입하는 것이 원칙이다.

② 원호의 길이나 현의 길이를 기입할 경우에는 치수 보조선이 호의 중심을 향하도록 해야 한다.

(3) 각도 치수 기입

각도 치수를 기입할 경우에는 외형선을 연장하여 치수 보조선을 긋고 원호의 현 치수 기입 방법과 같이 치수선을 그려 치수 수치 뒤에 각도 기호를 붙인다.

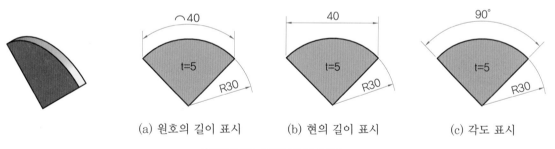

(a) 원호의 길이 표시　　　(b) 현의 길이 표시　　　(c) 각도 표시

원호와 현, 각도 표시 비교

참고

원호의 길이 표시

- 기존에는 원호 기호를 치수 수치 위에 표기했으나 원호 기호를 치수 수치 앞에 표기하는 것으로 개정되었다.
- 연속적으로 원호의 치수를 기입할 경우에는 원호의 중심으로부터 방사형으로 그린 치수 보조선에 치수선을 맞춘다.

7 정사각형 변의 기호 표시 방법

① 정사각형 형체가 투상면에 사각형으로 나타나거나 투상면에 직각인 경우에는 그림과
같이 반드시 정사각형 기호를 기입한다.

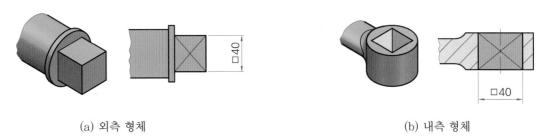

(a) 외측 형체   (b) 내측 형체

정사각형 기호 기입 방법

② 도면에서 단면을 정사각형으로 그리지 않고 정사각형임을 나타낼 경우 그 변의 길이를
나타내는 치수 앞에 정사각형의 한 변을 나타내는 기호 '□'를 기입한다.

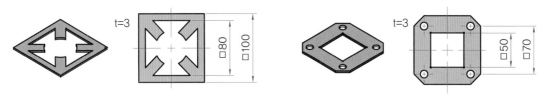

(a) 정사각형 기호 치수 기입   (b) 원호 중심이 정사각형인 치수 기입

정사각형 치수 기입

③ 정사각형의 양면에 동일한 공차가 적용되는 경우에는 정사각형의 한 면만 치수를 기입
해도 좋다.

④ 정사각형을 정면에서 보았을 때처럼 정사각형이 그림에 나타나는 경우에는 정사각형
기호를 생략할 수 있다. 그러나 양변의 치수는 반드시 기입해야 한다.

(a) 기호 표시 방법   (b) 기호 생략

정사각형 기호 기입 방법과 생략의 비교

8 모따기 표시 방법

(1) 외부 모따기 표시

① 모따기는 부품의 모서리나 구석을 동그랗게 깎거나 구멍에 축이 끼워지기 쉽도록 양쪽 모서리를 깎는 것을 말한다.

② 모따기 각도가 45°가 아닌 외부 모따기는 그림 (a), (b)와 같이 일반 치수 기입 방법으로 기입한다.

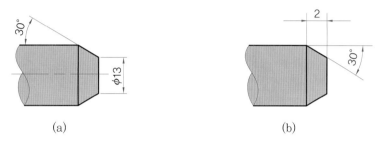

(a)   (b)

45°가 아닌 모따기 기입

(2) 45° 외부 모따기 기입

① 45° 외부 모따기의 경우에는 그림 (a), (b)와 같이 모따기 치수 수치 × 45°를 사용하여 기입한다.

② 45° 외부 모따기의 경우 그림과 같이 보조 기호 'C'를 치수 앞에 기입한다.

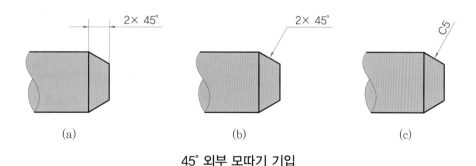

(a)   (b)   (c)

45° 외부 모따기 기입

> **참고**
>
> 모따기 기호 'C'는 ISO와 ASME에서 사용하지 않는다. 따라서 해외 도면에 사용할 수 없으므로 주의해야 한다.

(3) 내부 모따기 기입

모따기 각도가 45°가 아닌 내부 모따기는 일반 치수 기입 방법으로 기입한다.

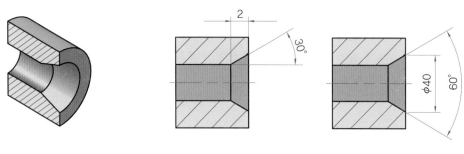

내부 모따기 기입

(4) 45° 내부 모따기 기입

45° 내부 모따기의 경우에는 아래 그림과 같이 기입한다.

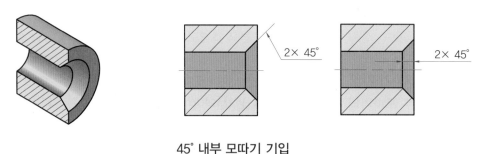

45° 내부 모따기 기입

9 곡선 표시 방법

(1) 원호로 구성되는 곡선의 치수 표시

원호로 구성되는 곡선의 치수는 일반적으로 이들 원호의 반지름과 그 중심 또는 원호 접선의 위치로 표시한다.

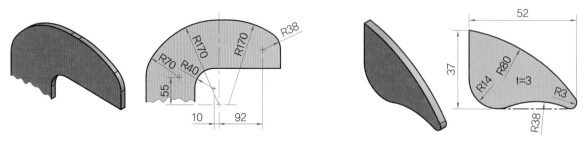

(a) 중심 위치로 표시   (b) 원호 접선의 위치로 표시

원호로 구성되는 곡선의 치수 표시

(2) 원호로 구성되지 않은 곡선의 치수 표시

원호로 구성되지 않은 곡선의 치수는 곡선상의 임의의 점에 대한 좌표 치수로 표시해야 한다. 이 방법은 원호로 구성된 곡선의 경우에도 사용할 수 있다.

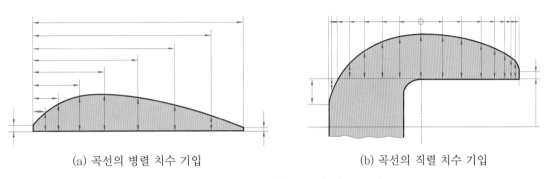

    (a) 곡선의 병렬 치수 기입   (b) 곡선의 직렬 치수 기입

원호로 구성되지 않은 곡선의 치수 기입

🔟 두께 표시 방법

(1) 두께를 나타내는 기호 사용

부품의 두께는 't=' 기호를 사용해서 나타낸다. 그림과 같이 두께를 지시하는 형체에 한 점으로 끝나는 지시선을 그려 그 위에 두께 치수를 기입한다.

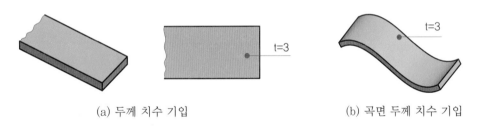

    (a) 두께 치수 기입   (b) 곡면 두께 치수 기입

두께를 나타내는 기호 사용

(2) 보기 쉬운 위치에 두께 기호 기입

판의 주 투상도에 그 두께 치수를 기입하는 경우에는 그 도면의 부근 또는 그림에서 잘 보이는 위치에 치수 수치 앞에 두께를 나타내는 기호 't='를 기입한다.

보기 쉬운 위치에 두께 기호 기입

11 얇은 두께 치수 기입 방법

(1) 얇은 두께 부분의 치수 기입

얇은 두께 부분에 치수를 기입할 때는 그림과 같이 얇은 두께로 치수선을 그리면 선이 겹쳐지므로 아주 굵은 선으로 그린다. 또한 이 경우 단면을 나타내는 아주 굵은 선을 따라 판의 내측 치수 또는 판의 외측 치수를 나타낼 수 있도록 되도록 짧고 가는 실선을 그리고, 여기에 치수선의 단말 기호를 닿게 한다.

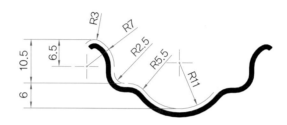

얇은 두께 부분에 대한 치수 기입

(2) 얇은 두께의 내측 치수 기입

얇은 두께를 가진 재료의 내측을 나타내는 치수를 표시할 때는 그림과 같이 치수 앞에 'int'를 기입해도 좋다.

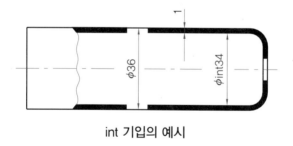

int 기입의 예시

(3) 강관의 치수 기입

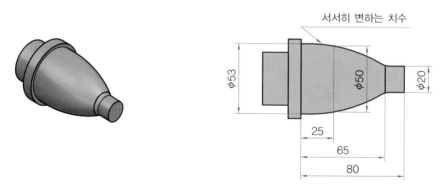

서서히 변하는 치수 기입의 예시

제관품의 형체를 서서히 증가 또는 감소시켜("서서히 변하는 치수"라 한다.) 어떤 치수가
되도록 지시하는 요구가 있는 경우에는 앞의 그림과 같이 대상이 되는 형체에서 지시선을 끌
어내 참조선의 상단에 "서서히 변하는 치수"라고 기입한다.

12 얇은 부품의 표면 지시자 기호 기입 방법

① 얇은 부품을 나타내는 데 표면 지시자 기호가 필요하며, 표면 지시자 기호는 표면에 치
수 기입함을 지시하기 위한 단면을 표시하는 굵은 선에 덧붙여야 한다. 이 기호는 치수
나 모형이 아닌 표면을 표시하는 짧은 선분으로 구성된다. 표면 지시자 기호가 2개의
짧은 선분으로 구성될 때 치수는 중간 표면에 적용한다.

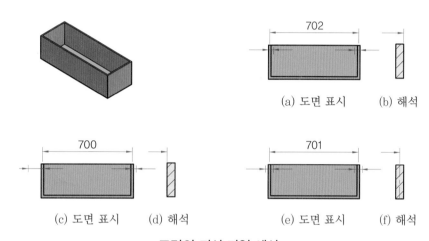

표면의 지시 기입 예시

② 표면 지시자 기호를 굽은 표면에 기입할 경우에는 그림과 같이 전체 표면에 적용하고,
덧붙인 개별 형체에는 적용하지 않는다.

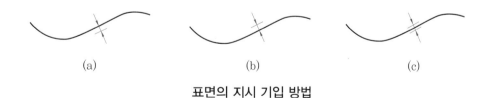

표면의 지시 기입 방법

참고

얇은 부품의 표면 지시자 기호 기입
• 얇은 부품을 도면에 표시할 때에는 KS A ISO 128-50에 따라 치수를 기입한다.
• 부품은 표면 지시자 기호가 표기된 표면에만 적용하고 그 외의 표면에는 적용하지 않는다.

13 구멍의 치수 기입 방법

(1) 가공 방법에 따른 구멍의 호칭과 기준 치수로 구멍의 치수 기입

여러 가지 구멍(드릴 구멍, 펀칭 구멍, 코어 구멍 등)의 가공 방법에 대한 구분을 할 필요가 있는 경우에는 구멍의 호칭 치수 또는 기준 치수로 기입하고, 가공 방법의 구분을 규격에 따라 기입한다.

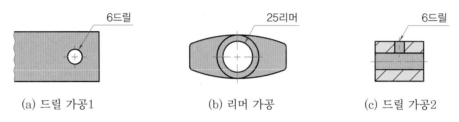

(a) 드릴 가공1   (b) 리머 가공   (c) 드릴 가공2

가공 방법에 따른 구멍의 호칭과 기준 치수로 기입

(2) 구멍 가공 방법의 간략 표시로 기입

① 구멍 가공 방법의 간략 표시를 이용하여 구멍의 가공 방법을 표시해 보면 다음 그림과 같다.

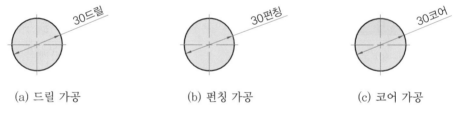

(a) 드릴 가공   (b) 펀칭 가공   (c) 코어 가공

간략 표시를 이용한 구멍 가공 기입

② 구멍의 가공 방법에 대한 간략 표시를 정리하면 다음 표와 같다.

구멍 가공 방법 간략 표시

가공 방법	간략 지시
생주물(주조한 그대로)	코어
프레스 펀칭	펀칭
드릴로 구멍 뚫기	드릴
리머 다듬질	리머

주) 리머 : 제품에 뚫어 놓은 드릴 구멍을 정확한 수치로 넓히고 내면을 다듬질하는 공구

(3) 구멍의 깊이 치수 기입

① 구멍의 깊이를 표시할 때는 구멍의 지름을 나타내는 치수 다음에 깊이를 나타내는 기호 ▽를 쓰고, 깊이에 대한 수치를 기입한다.

② 그림 (a)는 드릴 구멍의 치수를 기입한 것으로, 구멍의 지름 다음에 ▽ 기호 뒤의 수치는 구멍의 깊이를 나타낸다.

③ 그림 (b)는 나사 구멍의 치수를 기입한 것으로, 나사의 지름 × 나사의 피치 다음에 ▽ 기호 뒤의 수치는 완전 나사부 깊이를 나타낸다.

④ 그림 (c)는 관통된 구멍의 치수를 기입한 것으로, 관통된 구멍은 깊이를 별도로 표시하지 않는다.

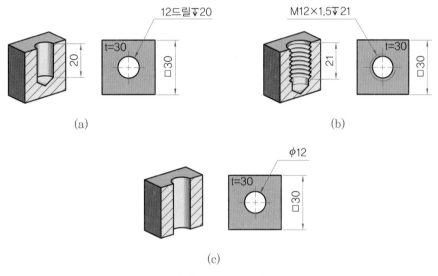

구멍의 깊이 치수 기입

참고

- 나사의 피치 : 나사의 요철 중 바깥으로 튀어나온 곳을 산이라고 하는데 이 산과 산 사이의 축 방향의 거리
- 완전 나사부 : 나사의 산봉우리와 골 밑 모양의 양쪽 모두 완전한 산형으로 이루어지는 나사부

---

14 자리 파기 기입 방법

(1) 자리 파기(⌴) 치수 기입

자리 파기와 깊은 자리 파기를 표시할 때는 구멍 지름 치수 뒤에 자리 파기 보조 기호 ⌴와 지름 치수, 깊이 기호 ▽를 기입한다.

일반적으로 비교적 얕은 정도의 경우에도 깊이를 기입한다.

(2) 볼트 머리가 잠기는 깊은 자리 파기 치수 기입

볼트 머리를 잠기게 할 때 사용하는 깊은 자리 파기를 표시할 때는 그림과 같이 구멍 지름 치수 뒤에 자리 파기 보조 기호 ⊔와 지름 치수, 깊이 기호 ▽를 기입한다.

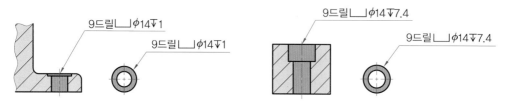

9드릴⊔φ14▽1
9드릴⊔φ14▽1

9드릴⊔φ14▽7.4
9드릴⊔φ14▽7.4

자리 파기 치수 기입

(3) 바닥 위에서 치수를 규제하는 자리 파기 치수 기입

깊은 자리 파기의 깊이를 치수로 나타내는 경우에는 구멍 지름 치수 뒤에 자리 파기 보조 기호 ⊔와 자리 파기의 깊이 치수를 기입한다.

9드릴⊔φ14

12.6

깊은 자리 파기와 바닥면 높이를 규제하는 지시

참고

자리 파기 치수 기입(KS규격 개정 전후 비교)
• 개정 전 : *9드릴, 14깊은 자리 파기 7.4*　　　• 개정 후 : 9드릴⊔φ14▽7.4
※ 산업 현장에서는 개정 전 규격도 많이 사용되고 있다.

---

15 카운터 싱크 기입 방법

(1) 카운터 싱크(∨) 기입

카운터 싱크를 표시할 때는 그림 (a)와 같이 원추형 구멍의 지름을 나타내는 치수 뒤에 카운터 싱크를 나타내는 기호 ∨와 카운터 싱크의 지름을 기입한다.

(2) 카운터 싱크의 깊이 기입

카운터 싱크 구멍의 깊이를 표시할 때는 그림 (b)와 같이 카운터 싱크의 개구각과 접시 머리 모양의 구멍 깊이를 치수로 기입한다.

(3) 원형 형상의 카운터 싱크 기입

원형 형상의 카운터 싱크를 표시할 때는 그림 (c)와 같이 기입한다.

(4) 카운터 싱크의 간략 기입 방법

카운터 싱크를 간략 기입할 때는 그림 (d)와 같이 카운터 싱크 구멍이 도시된 도면의 치수 선 위쪽 또는 그 연장선에 카운터 싱크 구멍 입구 지름 다음에 기호 '×'와 카운터 싱크 구멍 이 뚫린 각도를 기입한다.

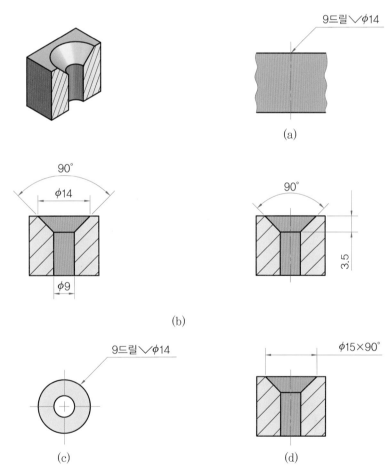

카운터 싱크 기입 방법

16 긴 원통의 구멍 치수 기입 방법

긴 원통의 구멍 치수는 구멍의 기능 또는 가공 방법에 따라 다음과 같은 방법 중에서 한 가지를 선택하여 기입한다.

(1) 긴 원통 구멍의 길이 및 폭으로 기입

긴 원통 구멍의 길이 및 폭을 그림 (a)와 같이 기입하는 경우에는 양 측의 형체가 원호임을 나타내기 위하여 (R)을 기입한다.

(2) 평면 형체의 길이와 폭으로 기입

긴 원통의 평행한 평면 형체 부분의 길이와 폭을 그림 (b)와 같이 기입하는 경우에는 양 측의 형체가 원호임을 나타내기 위하여 (R)을 기입한다.

(3) 구멍의 회전축 선의 이동 거리와 구멍 지름으로 기입

긴 원통 구멍 치수를 구멍의 중심(회전축 선) 이동 거리와 구멍의 지름으로 표시하는 경우에는 그림 (c)와 같이 구멍의 지름에 대한 치수를 1개만 기입한다.

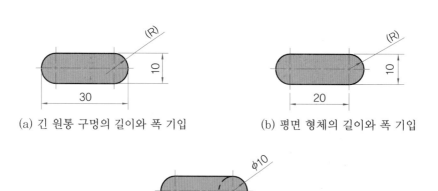

(a) 긴 원통 구멍의 길이와 폭 기입   (b) 평면 형체의 길이와 폭 기입

(c) 구멍 축선 이동 거리와 지름 기입

긴 원의 구멍과 홈의 치수 기입

17 키 홈 치수 기입

(1) 축의 키 홈 치수 기입

축의 키 홈 치수는 그림과 같이 키 홈의 너비, 깊이, 길이, 위치 및 끝부분을 나타내는 치수로 기입한다.

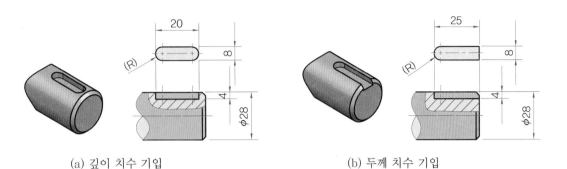

(a) 깊이 치수 기입   (b) 두께 치수 기입

축의 키 홈 치수 기입

(2) 구멍의 키 홈 치수 기입

① 구멍의 키 홈 치수는 키 홈의 너비 및 깊이를 나타내는 치수로 기입한다.

② 키 홈의 깊이는 그림 (a)와 같이 키 홈의 반대쪽 구멍의 지름면으로부터 키 홈면까지의 치수로 기입한다.

③ 키 홈 가공이 된 쪽 면으로부터 키 홈의 깊이를 기입하고자 할 때에는 그림 (b)와 같이 기입한다.

④ 경사 키 홈의 치수는 그림 (c)와 같이 구멍의 지름면으로부터 먼 쪽의 키 홈면까지의 치수를 키 홈이 깊은 쪽으로 기입한다.

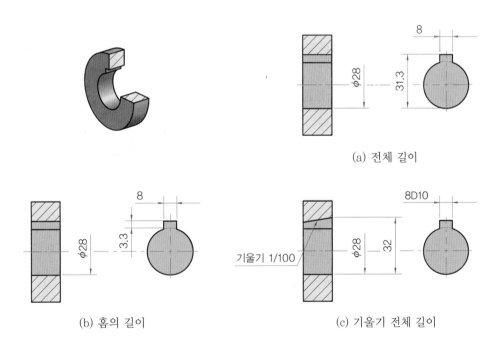

(a) 전체 길이

(b) 홈의 길이   (c) 기울기 전체 길이

구멍의 키 홈 치수 기입

18 가공 · 처리 범위 등의 기입 방법

도면에서 가공이나 표면 처리 방법 등을 기입할 때 범위를 한정해야 하는 경우에는 굵은 일점 쇄선을 사용하여 위치와 범위 치수, 가공이나 표면 처리 등 필요한 요구 사항을 기입한다.

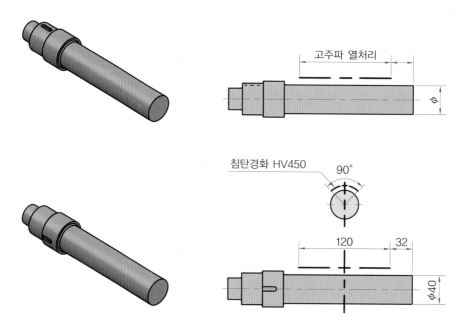

가공 · 처리 범위 등의 기입

가공이나 표면 처리를 범위에 따라 달리하는 이유는 생산비 절감이나 제품의 기능상 문제 때문이다. 이때 한정되는 특정 범위를 흔히 제한 영역이라고 한다. 제도상에서 제한 영역을 나타낼 때 평면 물체일 경우에는 해칭으로 표시한다.

① 평면 물체에서 제한 영역의 범위를 나타내기 위해 형상에 근거하여 필요한 치수를 기입 한다. 제한 영역의 외형선을 그린 후 해칭으로 영역을 강조하는 것이 좋다.

② 그림 (b)와 같이 도면에 제한 영역의 위치가 분명하게 나타날 경우 제한 영역의 치수를 기입할 필요는 없다.

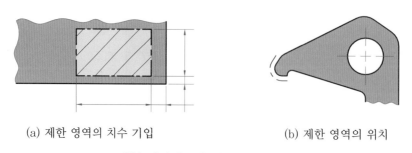

(a) 제한 영역의 치수 기입   (b) 제한 영역의 위치

제한 영역의 특수 가공 부분 표시

19 동일 형상의 치수 기입 방법

하나의 부품이 동일한 치수로 2개 이상인 경우에는 그중에서 하나만 치수를 기입하고, 치수를 기입하지 않는 부품에는 동일 치수임을 명시한다.

① 동일 형상 치수 기입법은 주로 T형 파이프 커플링, 밸브 몸통, 코크 등의 플랜지 등에 사용한다.

② 그림 (a)에서는 양쪽 부품이 동일한 치수를 가지고 있으므로 하나에만 치수를 기입하고 다른 하나에는 '플랜지 A와 동일'이라고 명시하였다.

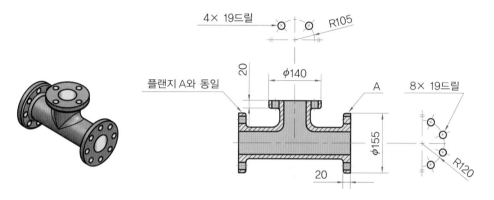

(a) 플랜지의 동일 형상의 치수 기입

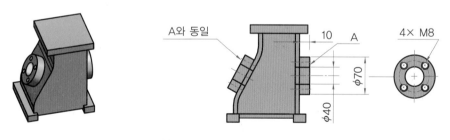

(b) 동일 형상의 치수 기입

플랜지면의 구멍 치수 기입

20 등간격 형체와 반복 형체의 치수 기입 방법

(1) 등간격 형체의 치수 기입

① 형체가 등간격이고 일정하게 정렬된 경우에는 치수를 단순화하여 기입한다.

② 반복된 선의 간격과 각도의 간격은 간격의 개수와 '×' 기호로 분리하여 기입한다. 이 경우 그림 (a)나 (b)와 같이 개수와 '×' 기호를 입력할 때는 사이에 여백을 두고 값을 기입한다.

③ 도면의 형체의 선 간격이나 각도 간격의 합은 보조 치수이다. 보조 치수의 전체 값은 괄호 속에 등호 다음 간격의 개수와 간격 치수를 곱해서 나온 값을 기입하는 형식으로 나타낸다.

④ 등각도 간격은 그림 (b)와 같이 기입한다.

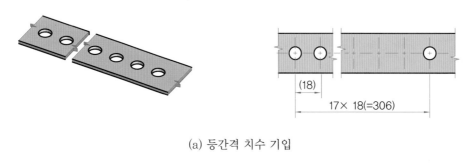

(a) 등간격 치수 기입

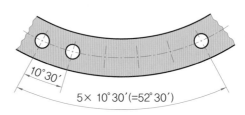

(b) 등각도 간격의 치수 기입

반복되는 등간격 형체 치수 기입

⑤ 일반적으로 원의 등간격 형체에서 각도 간격이 분명하고 혼동되지 않는 치수는 생략할 수 있다.

⑥ 원주상의 간격 치수는 치수와 형체의 개수를 사용하여 기입한다.

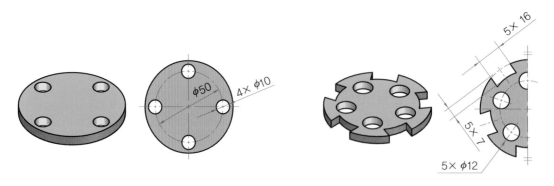

(a) 원에서 등간격 치수 생략   (b) 원주상 간격은 치수와 형체 개수를 사용하여 기입

원형 형체의 등간격 치수 기입

(2) 반복 형체의 치수 기입

① 명확성이 보장된 형체에서 같은 치수값을 가진 반복 형체의 치수는 그림과 같이 '×' 기호를 사용하여 나타낸다. 이런 경우 형체의 개수 다음에 '×' 기호를 기입한 후 여백을 두고 치수값을 기입한다.

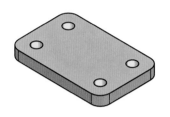 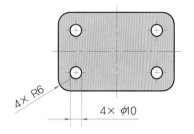

반복 형체의 치수 기입

② 반복 형체의 치수 기입 시 표 형식으로 기입할 수도 있다. 이 방법은 같은 치수값의 반복이나 긴 지시선을 긋는 것을 피하기 위한 것이다.

③ 기준 문자는 설명하기 위한 표나 비고에 연결하여 나타낼 수 있다.

④ 문자는 그림 (a)와 같이 지시선 위에 기입하거나 그림 (b)와 같이 지시선 없이 형체에 인접하게 기입해도 된다.

구멍	치수
A	$\phi 12$
B	$\phi 10$

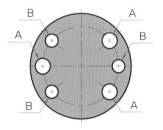

(a) 지시선 위에 기입

구멍	치수
A	$\phi 12$
B	$\phi 10$

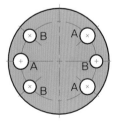

(b) 지시선 없이 기입

반복 형체의 표 형식 치수 기입

5   치수의 수정과 변경 및 부품 번호의 기입

1 치수의 수정과 변경

① 투상도의 일부분이 실제 치수와 비례하지 않을 때에는 그림 (a)와 같이 치수 아래쪽에 굵은 실선을 긋고 치수를 기입한다.

② 도면에서 도형의 일부분을 생략하거나 특별히 치수와 도형이 비례하지 않는 것을 표시할 필요가 없는 경우에는 그림 (b)와 같이 선을 생략한다.

③ 도면을 출도한 후 부품의 치수를 변경할 경우 변경한 곳에 적당한 기호를 표시하고 변경 전의 도형, 치수 등을 보존한다. 이때 변경 연월일, 이유 등을 기입한다.

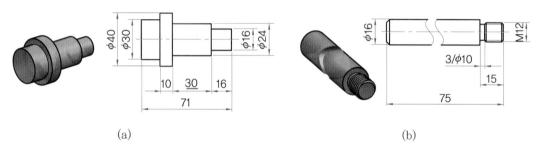

(a)   (b)

치수의 수정

2 부품 번호의 기입

① 부품 번호는 아라비아 숫자를 사용하는 것을 원칙으로 한다.

② 조립도 속의 부품에 대해 별도의 제작도가 있을 때에는 그림과 같이 부품 번호 대신 그 도면 번호를 기입한다.

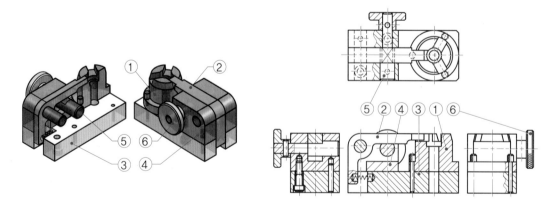

부품 번호의 기입

 예제11 — 정투상도에 치수 기입하기

● 입체도의 정면도를 선택하여 제3각법으로 정면도, 평면도, 우측면도를 그리고 치수를 기입해 보자.

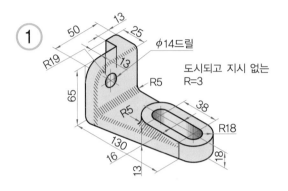

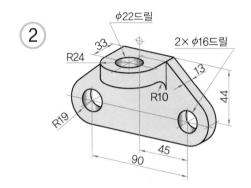

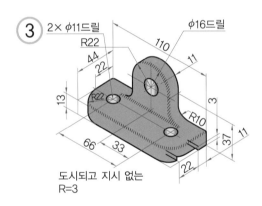

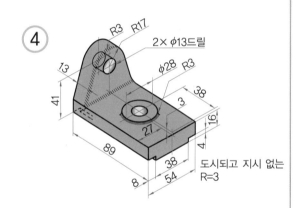

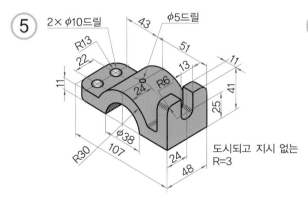

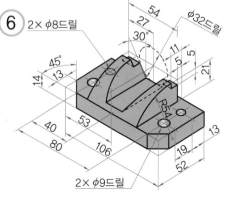

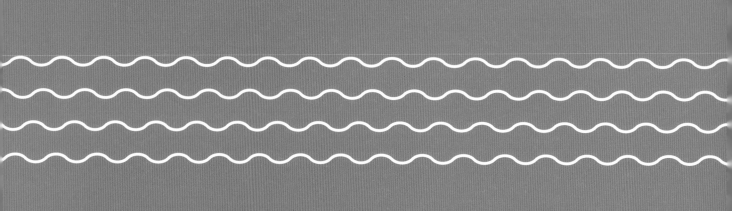

5

표면 거칠기와
표면의 결

1 표면 거칠기(KS B ISO 4287)

부품 가공 시 절삭 공구의 날이나 숫돌 입자에 의해 제품의 표면에 생긴 가공 흔적이나 가공 무늬로 형성된 요철(凹凸)을 **표면 거칠기**라 한다.

1 프로파일 용어

(1) 일반 용어

① 프로파일 필터

프로파일을 장파와 단파로 분리하는 필터를 프로파일 필터라 한다. 거칠기, 파상도, 1차 프로파일을 측정하는 기기에 사용되는 필터에는 λs, λc, λf의 3가지가 있다.

② 거칠기 프로파일

프로파일 필터 λc로 장파 성분을 억제하여 1차 프로파일로부터 유도한 프로파일이다.

③ 파상도 프로파일

프로파일 필터 λf를 이용하여 장파 성분을 억제하고 λc를 이용하여 단파 성분을 억제한 다음 λf와 λc를 1차 프로파일에 적용하여 유도한 프로파일이다.

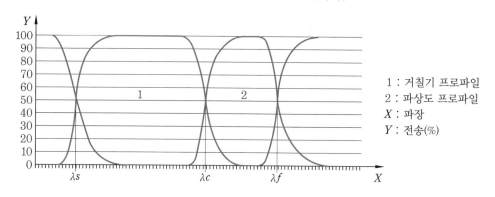

1 : 거칠기 프로파일
2 : 파상도 프로파일
X : 파장
Y : 전송(%)

거칠기와 파상도 프로파일의 전송 특성

> **참고**
> - 표면의 결 : 주로 기계 부품의 표면에 있어서 표면 거칠기, 제거 가공의 필요 여부, 절삭 공구의 날 끝에 의해 발생하는 줄무늬 방향, 표면 파상도 등을 말한다.
> - λs : 거칠기와 표면에 나타난 훨씬 더 짧은 파장 성분 사이의 교점을 정의하는 필터
> - λc : 거칠기와 파상도 성분 사이의 교차점을 정의하는 필터
> - λf : 파상도와 표면에 나타난 훨씬 더 긴 파장 성분 사이의 교차점을 정의하는 필터
> - 1차 프로파일 : 1차 프로파일 파라미터를 평가하는 근거가 된다. (KS B ISO 3274)

(2) 기하학적 형상 파라미터의 용어

① 프로파일 산과 골

X축과 프로파일 교차점의 인접한 2개의 점을 연결하는 평가된 프로파일의 바깥쪽 방향과 안쪽 방향으로 각각 향하는 부분이다.

② 프로파일 산 높이(Zp)와 골 깊이(Zv)

프로파일 산 높이는 X축과 프로파일 산의 최고점 간 거리이고, 골 깊이는 X축과 프로파일 골의 최저점 간 거리이다.

③ 프로파일 요소의 높이(Zt)와 요소의 폭(Xs)

프로파일 요소의 높이는 산 높이와 골 깊이의 합이고, 요소의 폭은 요소와 교차하는 X축 선분의 길이이다.

> **참고**
>
> • 평균 선 : 프로파일 필터 λ에 의해 억제된 장파 프로파일 성분에 해당하는 선
> • P, R, W−파라미터 : 1차 프로파일, 거칠기 프로파일, 파상도 프로파일에서 산출한 파라미터

2 표면 프로파일 파라미터

1 진폭 파라미터(산과 골)

① 진폭 파라미터의 최대 높이(Pz, Rz, Wz)

기준 길이 내에서 최대 프로파일 산 높이 Zp와 골 깊이 Zv의 합이다.

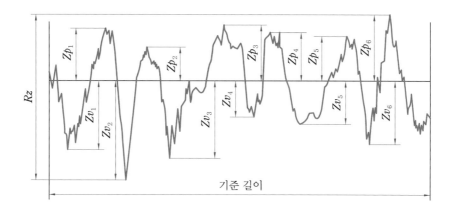

프로파일의 최대 높이(거칠기 프로파일의 예)

② 프로파일 요소의 평균 높이(Pc, Rc, Wc)

기준 길이 내에서 프로파일 요소의 높이 Zt의 평균값이다.

$$Pc,\ Rc,\ Wc = \frac{1}{m} \sum_{i=1}^{m} Zt_i$$

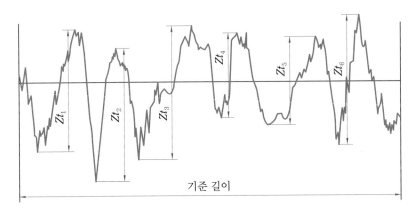

프로파일 요소의 평균 높이(거칠기 프로파일의 예)

2 진폭 파라미터(세로 좌표의 평균)

(1) 평가 프로파일의 산술평균 높이

기준 길이 내에서 절대 세로 좌푯값 $Z(X)$의 산술평균이다.

$$Pa,\ Ra,\ Wa = \frac{1}{l} \int_0^1 |Z(X)|\,dX$$

(2) 평가 프로파일의 제곱 평균 제곱근 높이

기준 길이 내에서 세로 좌푯값 $Z(X)$의 제곱 평균 제곱근값이다.

$$Pq,\ Rq,\ Wq = \sqrt{\frac{1}{l} \int_0^1 Z^2(X)\,dX}$$

(3) 평가 프로파일의 비대칭도(Psk, Rsk, Wsk)

기준 길이 내에서 세로 좌푯값 $Z(X)$의 평균 세제곱값과 Pq, Rq, Wq 각각의 세제곱의 몫이다.

$$Rsk = \frac{1}{Rq^3} \left[\frac{1}{lr} \int_0^{lr} Z^3(X)\,dX \right]$$

(4) 평가 프로파일 첨도(Rku, Rku, Wku)

기준 길이 내에서 세로 좌푯값 $Z(X)$의 평균 네제곱값과 Pq, Rq, Wq 각각의 4차의 몫이다.

$$Rku = \frac{1}{Rq^4}\left[\frac{1}{lr}\int_0^{lr} Z^4(X)dX\right]$$

> **참고**
>
> - $Pt \geq Pz : Rt \geq Rz : Wt \geq Wz$
> - 산술 평균 거칠기(Ra) : $Ra = \dfrac{1}{L}\int_0^1 |f(x)|dx$
> - 10점 평균 거칠기(Rz) : $Rz = \dfrac{1}{5}$ (5개 산의 합 − 5개 골의 합)
> - 최대 높이 거칠기는 $Rmax$로 표기하였으나 현재는 Ry로 표기한다.

3 간격 파라미터

(1) 단면 곡선 요소의 평균 너비(PSm, RSm, WSm)

기준 길이 내에서 단면 곡선 요소의 너비 Xs의 평균값이다.

$$PSm,\ RSm,\ WSm = \frac{1}{m}\sum_{i=1}^{m} Xs_i$$

파라미터 PSm, RSm, WSm은 높이와 간격을 구별해야 한다. 별도로 규정되지 않은 경우 기본 높이 구별은 Pz, Rz, Wz 각각의 10%, 기본 간격 구별은 기준 길이의 1%이어야 하며, 두 조건이 모두 충족되어야 한다.

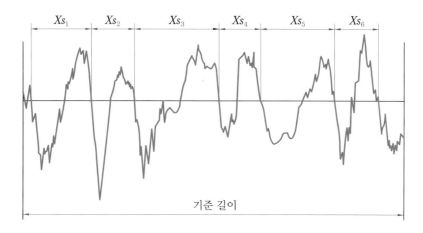

단면 곡선 요소의 너비

3 표면의 결 지시 방법 (KS A ISO 1302)

1 표면의 결 지시용 그림 기호

① 표면의 결을 지시하는 기호는 60°로 벌어진, 길이가 다른 2개의 직선을 투상도의 외형선 이나 치수선에 붙여서 지시한다. (그림 a)

② 제거 가공해서는 안 된다는 것을 지시할 경우 기호에 내접하는 원을 부가한다. (그림 b)

③ 제거 가공이 필요하다는 것을 지시할 경우 면의 지시 기호 중 짧은 쪽의 꺾인선 끝에 가 로선을 부가한다. (그림 c)

④ 특별한 요구 사항을 지시할 경우 지시 기호의 긴 쪽 선 끝에 가로선을 부가한다. (그림 d)

표면의 결 지시용 그림 기호

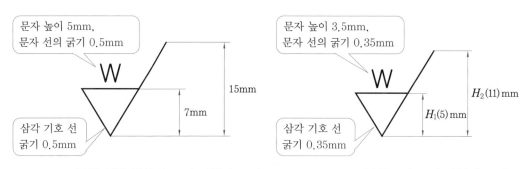

부품 식별 번호의 표면 거칠기 크기   부품도의 표면 거칠기 크기

그림 기호 및 부가적 지시의 치수 (KS B ISO1302) (단위 : mm)

문자 높이	2.5	3.5	5	7	10	14	20
문자와 기호의 선 굵기	2.5	0.35	0.5	0.7	1	1.4	2
삼각 기호의 높이(H_1)	3.5	5	7	10	14	20	28
다듬질 기호의 다리 높이(H_2)	8	11	15	21	30	42	60

2 도면에서의 표면 거칠기 기입 방법

(1) 도면 기입 방법

① 표면 거칠기 기호는 도면의 아래쪽 또는 오른쪽에서 읽을 수 있도록 기입한다.

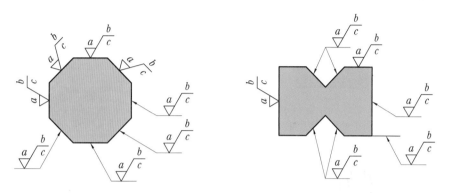

표면 거칠기 기호의 기입 방향

② 산술 평균 거칠기(Ra)의 값만 지시할 때는 도면의 아래쪽 또는 오른쪽에서 읽을 수 있도록 기입하지 않고 다음 그림과 같이 기입한다.

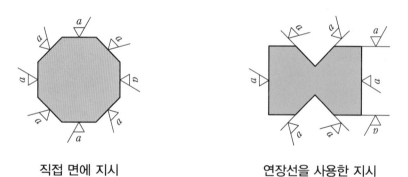

직접 면에 지시   연장선을 사용한 지시

③ 라운드 또는 모떼기에 면의 지시 기호를 기입할 때는 반지름 또는 모떼기를 나타내는 치수선을 연장한 지시선에 기입한다.

라운드 또는 모떼기에 대한 지시 기호의 기입

④ 둥근 구멍의 지름 치수 또는 지시선으로 호칭을 나타낼 때는 지름 치수 다음에 기입한다.

(2) 표면 거칠기 지시 방법

① 산술 평균 거칠기(Ra)로 지시하는 경우

㈎ 상한만 지시하는 경우 : 지시 기호의 위쪽이나 아래쪽에 기입한다.

㈏ 상한 및 하한을 지시하는 경우 : 상한을 위쪽에, 하한을 아래쪽에 기입한다.

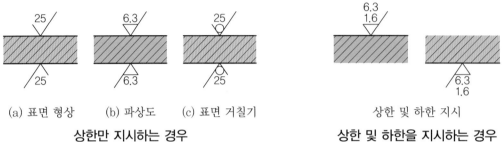

(a) 표면 형상   (b) 파상도   (c) 표면 거칠기   상한 및 하한 지시

상한만 지시하는 경우   **상한 및 하한을 지시하는 경우**

② 컷오프값 및 평가 길이로 지시하는 경우 : 지시 기호가 긴 쪽의 다리에 붙이는 가로선 아래에 표면 거칠기 지시값을 대응시키고 컷오프값, 평가 길이 순으로 기입한다.

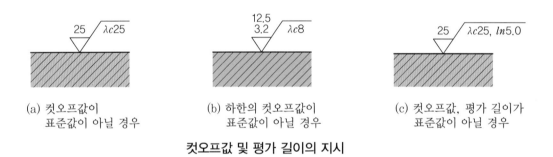

(a) 컷오프값이   (b) 하한의 컷오프값이   (c) 컷오프값, 평가 길이가
   표준값이 아닐 경우   표준값이 아닐 경우   표준값이 아닐 경우

컷오프값 및 평가 길이의 지시

③ 최대 높이 거칠기(Ry) 또는 10점 평균 거칠기(Rz)로 지시하는 경우

㈎ 최대 높이 거칠기로 지시하는 경우 : 지시 기호가 긴 쪽의 다리에 가로선을 붙이고, 그 아래쪽에 간략 기호와 함께 기입한다. 이때 최대 높이의 상한만 지시할 때는 그 값을, 상한과 하한을 지시할 때는 상한~하한을 기입한다.

㈏ 10점 평균 거칠기로 지시하는 경우 : 표면 거칠기의 지시값 아래쪽에 기입한다.

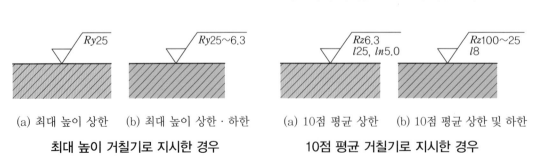

(a) 최대 높이 상한   (b) 최대 높이 상한·하한   (a) 10점 평균 상한   (b) 10점 평균 상한 및 하한

최대 높이 거칠기로 지시한 경우   **10점 평균 거칠기로 지시한 경우**

3 표면 거칠기를 지시하는 방법

(1) 면의 지시 기호에 대한 각 지시 기호의 위치

표면의 결에 관한 지시 기호는 면의 지시 기호에 대하여 표면 거칠기의 값, 컷오프값 또는 기준 길이, 가공 방법, 줄무늬 방향의 기호, 표면 파상도 등을 그림에서 나타내는 위치에 배치하여 나타낸다.

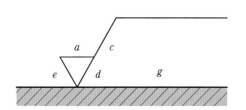 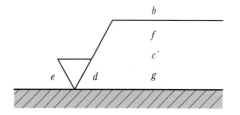

a : Ra의 값   b : 가공 방법
c : 컷오프값, 평가 길이   c´ : 기준 길이, 평가 길이
d : 줄무늬 방향의 기호   e : 다듬질 여유
f : Ra 이외의 파라미터   g : 표면 파상도(KS B 0610)

각 지시 기호의 기입 위치

(2) 표면 거칠기 기호 표시법

현장 실무 도면을 보면 삼각 기호의 다듬질 기호를 많이 볼 수 있다. 다듬질 기호 표기법은 다음과 같이 표면 거칠기 기호를 사용하고, 그 뜻은 부품 식별 번호 옆에 나란히 표기하며 투상도에는 투상도선이나 치수선에 표기한다.

$$\bigvee_{\bigcirc} = \bigvee_{\bigcirc}, \quad \overset{w}{\bigvee} = \overset{25}{\bigvee}, \quad \overset{x}{\bigvee} = \overset{6.3}{\bigvee}, \quad \overset{y}{\bigvee} = \overset{1.6}{\bigvee}, \quad \overset{z}{\bigvee} = \overset{0.4}{\bigvee}$$

표면 거칠기 및 다듬질 기호

참고

표면 거칠기는 주서에 반드시 표기하고, 지시값은 KA S ISO 1302에 따라 산술평균 거칠기(Ra) 중에서 선택하도록 한다.

(3) 특수한 요구 사항의 지시 방법

① 가공 방법

　제품 표면의 결을 얻기 위해 특정 가공 방법을 지시할 필요가 있는 경우에는 면의 지시 기호가 긴 쪽의 다리에 가로선을 추가하고, 그 위쪽에 문자 또는 KS B 0022에서 규정하는 기호로 기입한다.

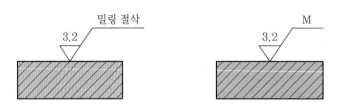

가공 방법 지시

가공 방법의 기호 (KS B 0107)

가공 방법	약호		가공 방법	약호	
	I	II		I	II
선반 가공	L	선삭	호닝 가공	GH	호닝
드릴 가공	D	드릴링	액체 호닝 가공	SPLH	액체 호닝
보링 머신 가공	B	보링	배럴 연마 가공	SPBR	배럴 연마
밀링 가공	M	밀링	버프 다듬질	SPBF	버핑
평삭(플레이닝) 가공	P	평삭	블라스트 다듬질	SB	블라스팅
형삭(셰이핑) 가공	SH	형삭	랩 다듬질	GL	래핑
브로칭 가공	BR	브로칭	줄 다듬질	FF	줄 다듬질
리머 가공	DR	리밍	스크레이퍼 다듬질	FS	스크레이핑
연삭 가공	G	연삭	페이퍼 다듬질	FCA	페이퍼 다듬질
벨트 연삭 가공	GBL	벨트 연삭	정밀 주조	CP	정밀 주조

② 줄무늬 방향

　줄무늬 방향을 지시할 때는 그림과 같이 기호를 면의 지시 기호 오른쪽에 기입한다. 그러나 기호로 분명히 정의되지 않는 표면의 줄무늬를 규정할때는 도면에 적당한 주서를 추가하여 지시한다.

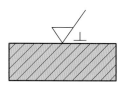

줄무늬 방향 지시

일반적인 표면의 줄무늬 방향 지시 그림 기호 (KS B 0107)

그림 기호	의미	그림
=	기호가 사용되는 투상면에 평행	커터의 줄무늬 방향
⊥	기호가 사용되는 투상면에 수직	커터의 줄무늬 방향
×	기호가 사용되는 투상면에 대해 2개의 경사면에 수직	커터의 줄무늬 방향
M	여러 방향	
C	기호가 적용되는 표면의 중심에 대해 대략 동심원 모양	
R	기호가 적용되는 표면의 중심에 대해 대략 반지름 방향	

Ra, Ry, Rz의 다듬질 기호 및 표면 거칠기 표시 방법과 가공법

Ra	Ry	Rz	표면 거칠기 번호	표면 거칠기 기호	다듬질 기호	가공법 및 적용 부위
0.013a	0.05s	0.05z				• 연삭, 래핑, 호닝, 버핑 등에 의한 가공으로 광택이 나며 거울 면처럼 깨끗한 초정밀 고급 가공면
0.025a	0.1s	0.1z	N1			
0.05a	0.2s	0.2z	N2	z▽	▽▽▽▽	• 기밀을 요하는 초정밀 부품
0.1a	0.4s	0.4z	N3			• 고급 다듬질로써 초정밀 부품 • 자동차 내연기관 실린더 접촉면, 게이지류,
0.2a	0.8s	0.8z	N4			정밀 스핀들, 베어링 볼, 롤러 외면 등
0.4a	1.6s	1.6z	N5			• 선반, 밀링, 리머, 연삭, 래핑 등의 가공으로 가공 흔적이 남지 않는 매끄럽고 정밀한 고급 가공면 • 끼워맞춤으로 고속 회전 운동이나 미끄럼 운동 및 직선 왕복을 하는 면(절삭)
0.8a	3.2s	3.2z	N6	y▽	▽▽▽	• 베어링과 축의 끼워맞춤 부분 • 오 링, 오일 실, 패킹 등의 끼워맞춤 부분 • 끼워맞춤 공차를 지정하는 부분 • 기준 면, 위치 결정용 핀 부분
1.6a	6.3s	6.3z	N7			• 슬라이딩하는 정밀 지그 위치의 결정면 • 열처리 및 연마되어 내마모성을 필요로 하는 미끄럼 마찰면
3.2a	12.5s	12.5z	N8			• 선반, 밀링, 드릴링 등의 가공으로 가공 흔적이 희미하게 남을 정도의 보통 가공면
6.3a	25s	25z	N9	x▽	▽▽	• 부품과 부품이 끼워맞춤만 하고 미끄럼 운동은 하지 않는 고정된 부품면으로 가공한 면 • 본체와 커버의 끼워맞춤부, 키 등
12.5a	50s	50z	N10			• 선삭, 밀링, 드릴링 등 공작 기계 가공으로 가공 흔적이 남을 정도의 거친 가공 면
25a	100s	100z	N11	w▽	▽	• 끼워맞춤을 하지 않는 일반적인 가공면 • 볼트, 너트, 와셔 등 일반적인 조립면
50a	200s	200z	N12	▽	∼	• 주조(주물), 압연, 단조 등의 표면부 • 제거 가공해서는 안 되는 면 • 철판, 철골, 구조물 등

주) (1) 다듬질 기호는 삼각 기호(▽) 및 파형 기호(∼)로 한다.
 (2) 삼각 기호는 제거 가공을 하는 면에 사용하며, 파형 기호는 제거 가공을 하지 않는 면에 사용한다.

예제12 — 표면 거칠기 기입하기

● 도면을 보고, 가공과 기능에 관련된 표면 거칠기를 기입해 보자.

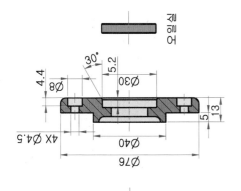

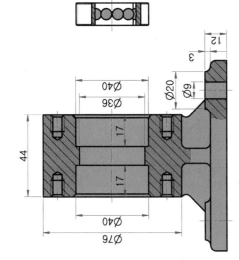

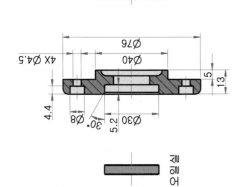

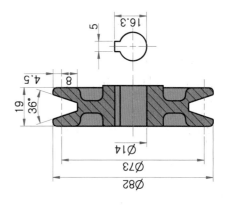

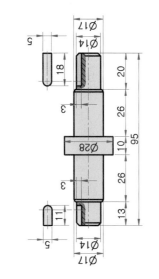

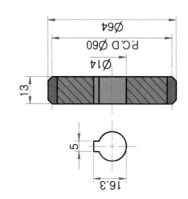

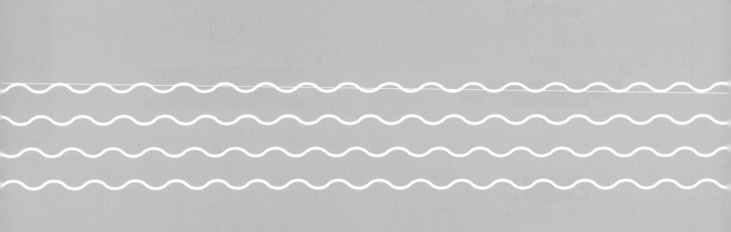

6

치수 공차와
끼워맞춤 공차

1   치수 공차 (KS B 0401)

치수 공차는 최대 허용 치수와 최소 허용 치수의 차, 설계 의도에 대한 부품 기능상 허용되는 치수의 오차 범위를 말한다.

1 치수 공차의 용어

(1) 기준 치수

위 치수 허용차 및 아래 치수 허용차를 적용하는 데 있어서 허용 한계 치수가 주어지는 기준이 되는 치수이다. 기준 치수는 정수 또는 소수이다.

⟨예⟩ $\phi 20 \pm 0.05$에서 $\phi 20$

(2) 실 치수

가공이 완료되어 제품을 실제로 측정한 치수이며 mm를 단위로 한다.

(3) 허용 한계 치수

허용할 수 있는 실 치수의 범위를 말하며, 허용 한계 치수에는 최대 허용 치수와 최소 허용 치수가 있다.

⟨예⟩ $\phi 20 \pm 0.05$에서 $0.05 + 0.05 = 0.1$

(4) 최대 허용 치수

허용할 수 있는 가장 큰 실 치수이다.

⟨예⟩ $\phi 20 \pm 0.05$에서 $20 + 0.05 = 20.5$

(5) 최소 허용 치수

허용할 수 있는 가장 작은 실 치수이다.

⟨예⟩ $\phi 20 \pm 0.05$에서 $20 - 0.05 = 19.05$

(6) 위 치수 허용차

최대 허용 치수와 기준 치수의 차를 말한다.

⟨예⟩ $\phi 20 \pm 0.05$에서 $+0.05$

(7) 아래 치수 허용차

최소 허용 치수와 기준 치수의 차를 말한다.

⟨예⟩ $\phi 20 \pm 0.05$에서 -0.05

(8) 치수 공차

최대 허용 치수와 최소 허용 치수의 차, 즉 위 치수 허용차와 아래 치수 허용차의 차를 말한다.

> **예** $\phi 20 \pm 0.05$에서 $20.05 - 19.95 = 0.1$ 또는 $+0.05 - (-0.05) = 0.1$

(9) 치수 차

어떤 치수(실 치수, 허용 한계 치수 등)와 그에 대응하는 기준 치수의 차를 말한다.

(10) 기준선

허용 한계 치수 또는 끼워맞춤을 지시할 때의 기준을 말하며, 치수 허용차의 기준이 된다.

(11) 구멍

주로 원통형의 내측 형체를 말하며 원형 단면이 아닌 내측 형체도 포함한다.

(12) 축

주로 원통형의 외측 형체를 말하며 원형 단면이 아닌 외측 형체도 포함한다.

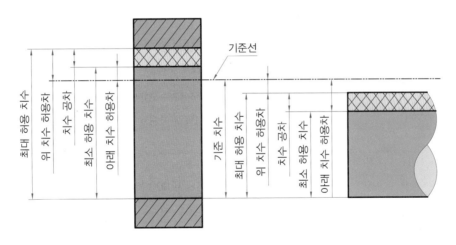

구멍과 축의 기준 치수와 치수 공차

2 기본 공차

(1) 공차 계열

기본 공차는 치수를 구분하여 공차를 적용하는 것으로, 각 구분에 대한 공차의 무리를 공차 계열이라고 한다.

(2) IT (International Tolerance)

① IT 기본 공차는 치수 공차와 끼워맞춤에 있어서 정해진 모든 치수 공차를 의미한다.

② 국제표준화기구(ISO) 공차 방식에 따라 IT 01, IT 0, IT 1, IT 2, …, IT 18의 20등급으로 나누는데 IT 01, IT 0은 사용 빈도가 적으며, 다음 표와 같이 적용한다.

③ 기준 치수가 클수록, IT 등급의 숫자가 높을수록 공차가 커진다.

IT 기본 공차의 적용

용도	게이지 제작 공차	끼워맞춤 공차	끼워맞춤 이외의 공차
구멍	IT 01~IT 5	IT 6~IT 10	IT 11~IT 18
축	IT 01~IT 4	IT 5~IT 9	IT 10~IT 18
가공 방법	래핑, 호닝, 초정밀 연삭	연삭, 리밍, 밀링, 정밀 선삭	압연, 압출, 프레스, 단조

IT 기본 공차의 수치 (KS B 0401)

치수 구분 (mm)		공차 등급(IT)													
		1	2	3	4	5	6	7	8	9	10	11	12	13	14
초과	이하	기본 공차의 수치(μm)											기본 공차의 수치(mm)		
–	3[1]	0.8	1.2	2	3	4	6	10	14	25	40	60	0.10	0.14	0.26
3	6	1	1.5	2.5	4	5	8	12	18	30	48	75	0.12	0.18	0.30
6	10	1	1.5	2.5	4	6	9	15	22	36	58	90	0.15	0.22	0.36
10	18	1.2	2	3	5	8	11	18	27	43	70	110	0.18	0.27	0.43
18	30	1.5	2.5	4	6	9	13	21	33	52	84	130	0.21	0.33	0.52
30	50	1.5	2.5	4	7	11	16	25	39	62	100	160	0.25	0.39	0.62
50	80	2	3	5	8	13	19	30	46	74	120	190	0.30	0.46	0.74
80	120	2.5	4	6	10	15	22	35	54	87	140	220	0.35	0.54	0.87
120	180	3.5	5	8	12	18	25	40	63	100	160	250	0.40	0.63	1.00
180	250	4.5	7	10	14	20	29	46	72	115	185	290	0.46	0.72	1.15
250	315	6	8	12	16	23	32	52	81	130	210	320	0.52	0.81	1.30
315	400	7	9	13	18	25	36	57	89	140	230	360	0.57	0.89	1.40

주) (1) 공차 등급 IT 14~IT 18은 기준 치수 1mm 이하에서는 적용하지 않는다.

(3) 구멍 및 축의 기초가 되는 치수 공차역의 위치

구멍의 기초가 되는 치수 허용차는 A부터 ZC까지 영문 대문자로 나타내고 축의 기초가 되는 치수 허용차는 a부터 zc까지 영문 소문자로 나타낸다.

이들 구멍과 축의 위치는 기준선을 중심으로 대칭이다.

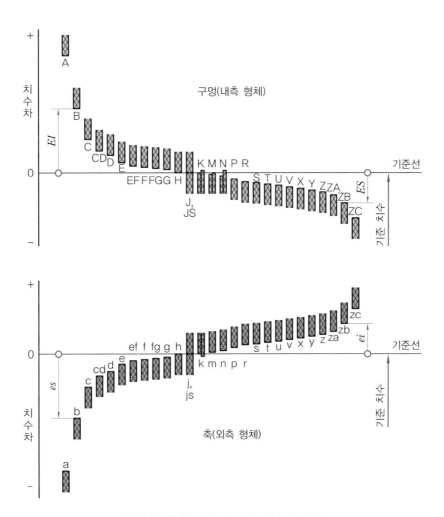

구멍 및 축의 기초가 되는 기호의 종류

(4) 공차역 클래스

공차역 위치의 기호에 따라 공차 등급을 나타내는 숫자를 계속하여 표시한다.

⬤ **예** 구멍의 경우 H7, 축의 경우 h7

(5) 치수 허용차

구멍과 축의 종류는 치수 허용차의 수치와 방향에 따라 결정되며 공차역의 위치를 나타낸다.

① **위 치수 허용차** : 구멍의 위 치수 허용차는 기호 ES에 따라, 축의 위 치수 허용차는 기호 es에 따라 앞의 그림과 같이 나타낸다.

> 위 치수 허용차 = 최대 허용 치수 − 기준 치수

② **아래 치수 허용차** : 구멍의 아래 치수 허용차는 기호 EI에 따라, 축의 아래 치수 허용차는 기호 ei에 따라 앞의 그림과 같이 나타낸다.

> 아래 치수 허용차 = 최소 허용 치수 − 기준 치수

(6) 치수의 허용 한계 표시

치수의 허용 한계는 치수 공차 기호 또는 치수 허용차의 값을 기준 치수에 표시한다.

예 32H7, 80js, 100g6, $100^{-0.012}_{-0.034}$

(7) 끼워맞춤의 표시

끼워맞춤은 구멍과 축의 공통 기준 치수에 구멍과 축의 치수 공차 기호를 표시한다.

예 52H7/g6, 52H7−g6 또는 $52\dfrac{H7}{g6}$

2 끼워맞춤 공차

끼워맞춤 공차는 구멍과 축의 조립 전 치수의 차에 생기며, 끼워맞춤에는 사용 목적과 기능에 따라 헐겁게 끼워지는 경우, 중간으로 끼워지는 경우, 억지로 끼워지는 경우가 있다.

1 끼워맞춤의 틈새와 죔새

(1) 틈새

구멍의 치수가 축의 치수보다 클 때 구멍과 축과의 치수의 차를 **틈새**라 한다.

① **최소 틈새** : 헐거운 끼워맞춤에서 구멍의 최소 허용 치수와 축의 최대 허용 치수의 차를 최소 틈새라 한다.

② **최대 틈새** : 헐거운 끼워맞춤 또는 중간 끼워맞춤에서 구멍의 최대 허용 치수와 축의 최소 허용 치수의 차를 최대 틈새라 한다.

끼워맞춤의 틈새

(2) 죔새

구멍의 치수가 축의 치수보다 작을 때 조립 전의 구멍과 축과의 치수의 차를 **죔새**라 한다.

① **최소 죔새** : 억지 끼워맞춤에서 조립 전의 구멍의 허용 치수와 축의 최소 허용 치수의 차를 최소 죔새라 한다.

② **최대 죔새** : 억지 끼워맞춤 또는 중간 끼워맞춤에서 조립 전의 구멍의 최소 허용 치수와 축의 최대 허용 치수의 차를 최대 죔새라 한다.

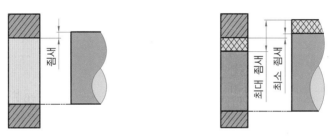

끼워맞춤의 죔새

2 끼워맞춤 상태에 따른 분류

(1) 헐거운 끼워맞춤

구멍과 축을 조립했을 때 구멍의 지름이 축의 지름보다 크면 틈새가 생겨 헐겁게 끼워맞춰지는데, 이를 **헐거운 끼워맞춤**이라 한다.

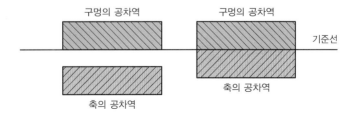

헐거운 끼워맞춤

(2) 억지 끼워맞춤

구멍과 축을 조립했을 때 주어진 허용 한계 치수 범위 내에서 구멍이 최소, 축이 최대일 때 죔새가 생겨 억지로 끼워맞춰지는데, 이를 **억지 끼워맞춤**이라 한다.

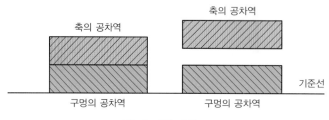

억지 끼워맞춤

(3) 중간 끼워맞춤

구멍과 축의 주어진 공차에 따라 틈새가 생길 수도 있고 죔새가 생길 수도 있도록 구멍과 축에 준 공차를 **중간 끼워맞춤**이라 한다.

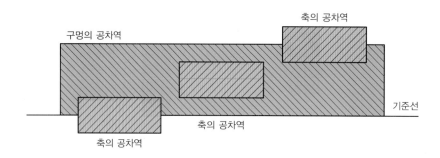

중간 끼워맞춤

3 상용하는 끼워맞춤

끼워맞춤은 구멍을 기준으로 할 것인지 축을 기준으로 할 것인지에 따라 구멍 기준식과 축 기준식으로 구분한다. 기준 치수는 500mm 이하에 적용한다.

(1) 구멍 기준 끼워맞춤

아래 치수 허용차가 0인 H등급의 구멍을 기준 구멍으로 하고, 이에 적합한 축을 선택하여 필요한 죔새나 틈새를 주는 끼워맞춤 방식이다. H6~H10의 5가지 구멍을 기준으로 한다.

상용하는 구멍 기준 끼워맞춤 (KS B 0401)

기준구멍	헐거운 끼워맞춤							중간 끼워맞춤			억지 끼워 맞춤						
H6						g5	h5	js5	k5	m5							
					f6	g6	h6	js6	k6	m6	n6(1)	p6(1)					
H7					f6	g7	h6	js6	k6	m6	n6	p6(1)	r6(1)	s6	t6	u6	x6
				e7	f7		h7	js7									
H8					f7		h7										
				e8	f8		h8										
			d9	e9													
H9			d8	e8			h8										
		c9	d9	e9			h9										
H10	b9	c9	d9														

주) (1) 이들의 끼워맞춤은 치수의 구분에 따라 예외가 생긴다.

(2) 축 기준 끼워맞춤

위 치수 허용차가 0인 h등급의 축을 기준으로 하고, 이에 적합한 구멍을 선택하여 죔새나 틈새를 주는 끼워맞춤 방식이다. h5~h9의 5가지 축을 기준으로 한다.

상용하는 축 기준 끼워맞춤 (KS B 0401)

기준축	헐거운 끼워맞춤							중간 끼워맞춤			억지 끼워 맞춤						
h5							H6	JS6	K6	M6	N6(1)	P6					
h6					F6	G6	H6	JS6	K6	M6	N6	P6(1)					
					F7	G7	H7	JS7	K7	M7	N7	P7(1)	R7	S7	T7	Y7	X7
h7				E7	F7		H7										
							H8										
h8			D8	E8			H8										
			D9	E9			H9										
h9			D8	E8			H8										
		C9	D9	E9			H9										
	B10	C10	D10														

주) (1) 이들의 끼워맞춤은 치수의 구분에 따라 예외가 생긴다.

3   공차의 표시 방법(KS B 0001)

1 길이 치수의 허용 한계 기입

(1) 기호에 의한 방법

① 기준 치수 뒤에 치수 허용차의 기호를 기입하여 그림 (a)와 같이 나타낸다.

② 기준 치수 뒤에 기호와 공차값을 동시에 기입하여 그림 (b)와 같이 나타낸다.

③ 기준 치수 뒤에 기호와 허용 한계 치수를 동시에 기입하여 그림 (c)와 같이 나타낸다.

(a) 기호만 기입하는 경우   (b) 기호와 공차값을 동시에 기입하는 경우   (c) 기호와 허용 한계 치수를 동시에 기입하는 경우

기호에 의한 방법

(2) 치수 허용차에 의한 방법

① 치수 허용차의 한계 편차는 아래 편차 위에 표시하거나 위 편차를 기입한 후 '/'로 분리하여 아래 편차를 기입한다.

② 두 편차 중 하나가 0일 때는 숫자 0을 기입한다.

③ 공차가 기준 치수에 대하여 대칭일 때 한계 편차는 '±' 부호의 뒤에 한 번만 기입한다.

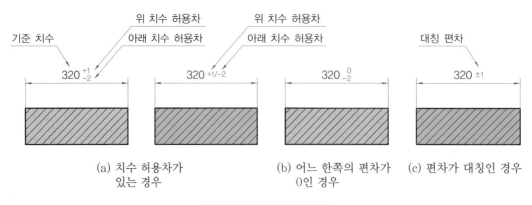

(a) 치수 허용차가 있는 경우   (b) 어느 한쪽의 편차가 0인 경우   (c) 편차가 대칭인 경우

치수 허용차에 의한 방법

4 치수 허용차(공차 치수)

1 구멍 기준 끼워맞춤 치수 허용차(KS B 0401)

(1) 헐거운 끼워맞춤

구멍 기준 ϕ60H7을 기준으로 할 때 헐거운 끼워맞춤에서 축 ϕ60g6의 치수 허용차(공차 치수)는 −0.01～−0.029이며, 구멍 ϕ60H7의 치수 허용차는 0～+0.03이다.

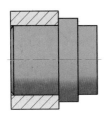 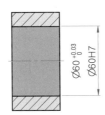 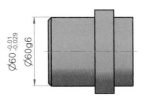

구멍 기준 헐거운 끼워맞춤 치수 허용차

(2) 중간 끼워맞춤

구멍 기준 ϕ60H7을 기준으로 할 때 중간 끼워맞춤에서 축 ϕ60js6의 치수 허용차(공차 치수)는 ±0.0095이며, 구멍 ϕ60H7의 치수 허용차는 0～+0.03이다.

 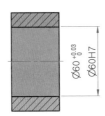 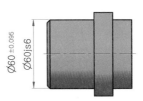

구멍 기준 중간 끼워맞춤 치수 허용차

> **참고**
>
> 산업 현장에서는 상용적으로 사용되는 끼워맞춤 공차 기입법보다 공차 치수 기입법이 더 많이 사용된다. 공차 값의 범위가 실질적인 허용차 값으로 산업 현장에서 측정용 게이지 또는 측정기로 특정하는 범위를 기입한다.

(3) 억지 끼워맞춤

구멍 기준 중 ϕ60H7을 기준으로 할 때 억지 끼워맞춤에서 축 ϕ60p6의 치수 허용차(공차 치수)는 +0.032~+0.051이며, 구멍 ϕ60H7의 치수 허용차는 0~+0.03이다.

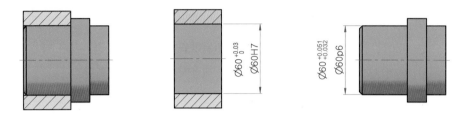

구멍 기준 억지 끼워맞춤 치수 허용차

참고

축과 구멍이 결합된 상태의 치수 기입법

지름이 ϕ35이고 구멍 H7과 축 g6의 헐거운 끼워맞춤일 때 공차 적용 방식은 ϕ35H7/g6으로 표기한다.

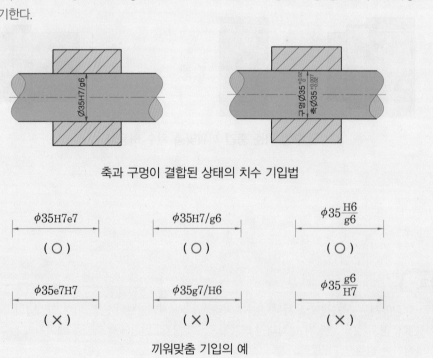

축과 구멍이 결합된 상태의 치수 기입법

ϕ35H7e7	ϕ35H7/g6	ϕ35$\frac{\text{H6}}{\text{g6}}$
(○)	(○)	(○)
ϕ35e7H7	ϕ35g7/H6	ϕ35$\frac{\text{g6}}{\text{H7}}$
(×)	(×)	(×)

끼워맞춤 기입의 예

예제13 ── 허용 한계치수 및 끼워맞춤 공차 기입하기

● 도면을 보고 기능에 관련된 허용 한계치수와 끼워맞춤 공차를 기입해 보자.

① 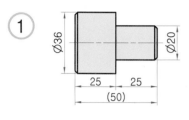　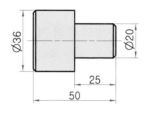　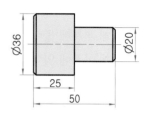

(a) 직렬 치수 기입　　　　(b) 병렬 치수 기입　　　　(c) 병렬 치수 기입

기능에 관련된 허용 한계치수 기입

② 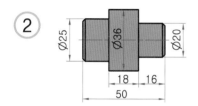　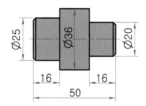　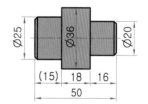

공차의 누적 허용 한계치수 기입

③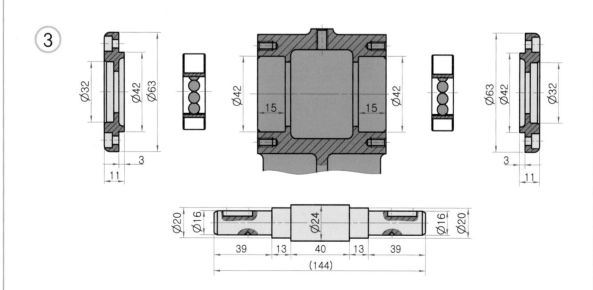

기능에 관련된 허용 한계치수와 끼워맞춤 공차 치수 기입

5   중심 거리 허용차 (KS B 0420)

1 적용 범위

중심 거리 허용차(이하 중심 거리의 허용차는 허용차라 칭한다.)는 다음과 같은 경우에 적용한다.

① 기계 부품에 뚫린 두 개의 구멍과 구멍의 중심 거리
② 기계 부품에 있어서 두 개의 축과 축의 중심 거리
③ 기계 부품에 가공된 홈과 홈의 중심 거리
④ 기계 부품에 있어서 구멍과 축, 구멍과 홈, 면과 구멍, 면과 축 또는 축과 홈의 중심 거리

여기서, 구멍, 축 및 홈은 그 중심선에 서로 평행하고, 구멍과 축은 원형 단면이며 테이퍼가 없고, 홈은 양 측면이 평행한 조건으로 한다.

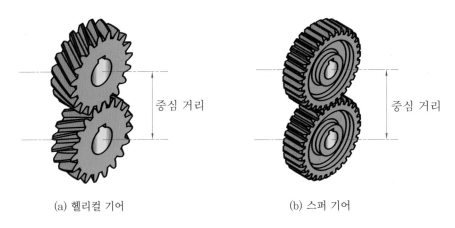

(a) 헬리컬 기어   (b) 스퍼 기어

축의 중심 거리

2 중심 거리

중심 거리는 구멍, 축 또는 홈의 중심선에 직각인 단면 내에서 중심부터 중심까지의 거리를 말한다.

3 등급

허용차의 등급은 1급~4급까지로 한다. 또, 0급을 참고로 표에 표시한다.

4 허용차

허용차의 수치는 다음 표에 따른다.

중심 거리 허용차　　　　(단위 : μm)

중심 거리의 구분(mm)		등급				
초과	이하	0급(참고)	1급	**2급**	3급	4급(mm)
–	3	±2	±3	±7	±20	±0.05
3	6	±3	±4	±9	±24	±0.06
6	10	±3	±5	±11	±29	±0.08
10	18	±4	±6	±14	±35	±0.09
18	30	±5	±7	±17	±42	±0.11
30	50	±6	±8	±20	±50	±0.13
50	80	±7	±10	±23	±60	±0.15
80	120	±8	±11	±27	±70	±0.18
120	180	±9	±13	±32	±80	±0.20
180	250	±10	±15	±36	±93	±0.23
250	315	±12	±16	±41	±105	±0.26
315	400	±13	±18	±45	±115	±0.29
400	500	±14	±20	±49	±125	±0.32
500	630	–	±22	±55	±140	±0.35
630	800	–	±25	±63	±160	±0.40
800	1000	–	±28	±70	±180	±0.45
1000	1250	–	±33	±83	±210	±0.53
1250	1600	–	±29	±98	±250	±0.63
1600	2000	–	±46	±120	±300	±0.75
2000	2500	–	±55	±140	±350	±0.88
2500	3150	–	±68	±170	±430	±1.05

주) 단위는 0~3급은 μm, 4급은 mm이다.

① 바닥면에서 구멍 축선까지의 중심 거리가 65일 때 50~80의 중심 거리 허용차 등급 2급을 적용하면 ±23μm이므로 중심 거리 공차는 65±0.023이다.

중심 거리 허용차　　　　(단위 : μm)

중심 거리의 구분(mm)		등급				
초과	이하	0급(참고)	1급	**2급**	3급	4급(mm)
–	3	±2	±3	±7	±20	±0.05
30	50	±6	±8	±20	±50	±0.13
50	80	±7	±10	±23	±60	±0.15
80	120	±8	±11	±27	±70	±0.18

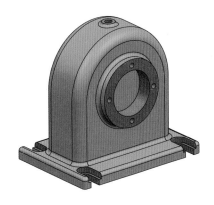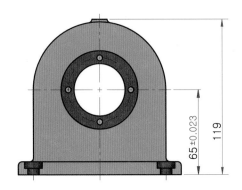

면에서 구멍의 축선까지의 중심 거리

② 구멍과 구멍의 축선까지의 중심 거리가 86.6일 때 80~120의 중심 거리 허용차 등급 2
급을 적용하면 ±27μm이므로 중심 거리 공차는 86.6±0.027이다.

중심 거리 허용차   (단위 : μm)

중심 거리의 구분(mm)		등급				
초과	이하	0급(참고)	1급	**2급**	3급	4급(mm)
–	3	±2	±3	±7	±20	±0.05
50	80	±7	±10	±23	±60	±0.15
80	120	±8	±11	±27	±70	±0.18
120	180	±9	±13	±32	±80	±0.20

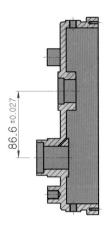

구멍과 구멍의 축선까지의 중심 거리

CHAPTER

7

기하 공차

1 기하 공차 도시 방법

1 기하 공차의 정의

기하학적 편차로, 기하학적 형상이 완전한 형태로부터 변화해도 좋은 범위를 **기하 공차**라 하며 KS A ISO 1101에 규정되어 있다. 기하 공차는 치수 공차와 달리 기하학적 정밀도가 요구되는 부분에만 적용한다. 또한 부품 간의 작동 및 호환성이 중요할 경우 또는 제품 제작과 검사의 일관성을 두기 위한 기준이 필요할 경우 주로 사용한다.

2 적용 범위

① 도면에 도시하는 대상물의 모양, 자세, 위치 편차 및 흔들림 허용값 등을 규제한다.
② 기하 공차는 기능상 요구, 호환성 등에 의거하여 불가결한 곳에만 지정하도록 한다.
③ 기하학적 기준이 되는 데이텀 없이 단독으로 기하 공차의 허용값이 정해지는 형체는 평면도, 진원도, 진직도, 원통도 등의 편차값을 적용할 수 있다.
④ 기하학적 기준이 되는 데이텀을 기준으로 허용값이 정해지는 형체는 평행도, 직각도, 경사도 등의 편차값을 적용할 수 있다.

3 공차역

기하 공차에 의해 규제되는 형체에 있어 그 형체가 기하학적으로 옳은 자세 또는 위치로부터 벗어나는 것이 허용되는 영역을 **공차역**이라 한다.

4 기하 공차를 지정할 때의 일반 사항

① 도면에 지정하는 대상물의 모양, 자세 및 위치 편차 그리고 흔들림의 허용값에 대해서는 원칙적으로 기하 공차에 의하여 도시한다.
② 형체에 지정한 치수의 허용 한계는 특별히 지시가 없는 한 기하 공차를 규제하지 않는다.
③ 기하 공차의 지시는 생산 방식, 측정 방법 또는 검사 방법을 특정한 것에 한정하지 않는다. 다만, 특정한 경우에는 별도로 지시한다.

5 공차역에 관한 일반 사항

공차붙이 형체가 포함되어 있어야 할 공차역은 다음을 따른다.
① 형체(점, 선, 축선, 면 또는 중심면)에 적용하는 기하 공차는 그 형체가 포함되어야 할 공차역을 정한다.

② 공차역이 원 또는 원통인 경우에는 공차값 앞에 ϕ를 붙이고, 공차역이 구인 경우에는 $S\phi$를 붙여서 나타내며, 원통도는 공차값 앞에 ϕ를 붙이지 않는다.

③ 공차붙이 형체에는 기능상의 이유로 2개 이상의 기하 공차를 지정할 수 있으며, 기하 공차 중 다른 종류의 기하 공차를 동시에 규제할 수 있다.

④ 공차붙이 형체는 공차역 내에 있어서 어떠한 모양 또는 자세라도 좋다. 단, 더욱 엄격한 공차역을 지정하여 규제할 경우 그 규제에 따른다.

⑤ 지정한 공차를 대상으로 하고 있는 형체의 전체 길이 또는 전체 면에 대하여 적용한다. 단, 그 공차를 적용하는 범위가 지정되어 있는 경우에는 그것에 따른다.

⑥ 관련 형체에 대해 지정한 기하 공차는 데이텀 형체 자체의 모양 편차를 지정하지 않으며, 필요에 따라 데이텀 형체에 모양 공차를 지시한다.

⑦ 공차의 종류와 공차값의 지시 방법에 의하여 공차역은 다음 표에 나타낸 공차역 중 어느 한 가지로 된다.

공차역과 공차값

공차역	공차값
원 안의 영역	원의 지름
2개의 동심원 사이의 영역	동심원 반지름의 차
2개의 등간격 선 또는 2개의 평행한 직선 사이에 끼인 영역	두 직선의 간격
구 안의 영역	구의 지름
원통 안의 영역	원통의 지름
2개의 동축의 원통 사이에 끼인 영역	동축 원통의 반지름 차
2개의 등거리 면 또는 2개의 평평한 사이에 끼인 영역	두 면 또는 두 평면의 간격
직육면체 안의 영역	직육면체의 각 변의 길이

참고

기하 공차 용어 (KS A ISO 1101)

• 공차역 : 하나 또는 여러 개의 기하학적으로 완전한 선이나 표면에 의해 제한되고, 선형 치수에 의해 특징지어지는 공간이다.

• 교차 평면 : 가공품의 추출 형체로부터 확정된 평면으로 추출 평면상의 선 또는 점을 식별한다.

• 자세 평면 : 가공품의 추출 형체로부터 확정된 평면으로 공차 영역의 자세를 식별한다.

• 방향 형체 : 가공품의 추출 형체로부터 확정된 형체로 공차 영역의 폭 방향을 식별한다.

• 복합 인접 형체 : 여러 개의 단일 형체로 구성된 형체로 틈이 없이 결합된 것이다.

• 집합 평면 : 가공품의 공칭 형체에서 확정된 평면으로 폐쇄된 복합 인접 형체이다.

• 이론상 정확한 치수(TED) : 제품의 기술 문서에서 표시된 치수로 공차에 영향을 받지 않으며, 그 값은 직사각형 틀 안에 나타낸다.

2 치수 공차와 기하 공차의 관계

다음 그림은 치수 공차만으로 규제된 핀과 구멍의 형상을 나타낸 것으로, 치수 공차만으로 조립되도록 공차가 주어져 있다.

구멍이 최소 $\phi 20$으로, 핀이 최대 $\phi 20$으로 부품이 제작되었을 때 치수상으로는 조립이 될 수 있으나, 형상이 다음 그림과 같을 경우 조립되는 조건은 다음과 같다.

① **구멍에 핀이 조립되는 조건** : 구멍 지름보다 핀 지름이 작아야 한다.
② **핀에 구멍이 조립되는 조건** : 핀 지름보다 구멍의 지름이 커야 한다.

그러므로 부품이 치수 공차에 맞게 제작되었다 하더라도 구멍과 핀의 형상에 따라 조립 관계가 결정된다.

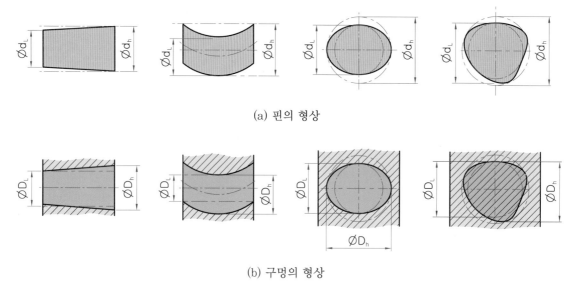

(a) 핀의 형상

(b) 구멍의 형상

치수 공차로 규제된 핀과 구멍의 형상

구멍의 형상이 얼마나 변형되었는지에 따라 조립되는 핀의 지름이 결정되며, 핀의 형상이 얼마나 변형되었는지에 따라 구멍의 지름이 결정된다.

따라서 구멍과 핀에 **치수 공차**와 **기하 공차**를 동시에 규제함으로써 형상에 따른 조립상의 문제를 해결할 수 있다.

3 │ 치수 공차만으로 규제된 형체 분석

1 진직한 형상

핀과 구멍에 치수 공차만으로 규제하는 경우 치수 공차로 규제된 핀과 구멍은 이상적인 진직한 형상으로 제작될 수 없다.

핀이 치수 공차만으로 규제되고 형상에 대한 규제가 없으면 그 형체는 휘어진 형상으로 제작될 수 있다. 이 경우 지름을 측정하면 주어진 치수 공차는 만족시킬 수 있지만 핀이 구멍에 조립될 때 핀의 형상에 따라 구멍의 지름이 달라질 수 있으므로 핀에 따라 구멍의 지름이 결정된다.

따라서 핀에 규제된 치수 공차를 만족시키는 부품으로 제작되더라도 조립 및 기능상 문제가 생길 수 있으므로 핀과 구멍이 정밀하게 조립되는 부품이라면 치수 공차와 함께 기하 공차로도 규제해야 한다.

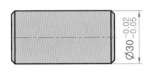 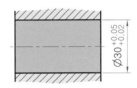 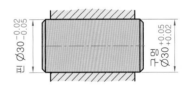

(a) 치수 공차로 규제된 핀과 구멍

 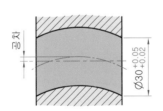 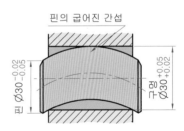

(b) 치수 공차로 규제된 변형 핀과 구멍

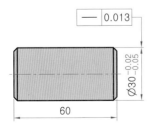 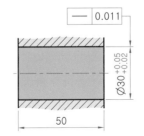 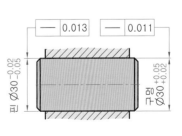

(c) 진직도 공차로 규제된 핀과 구멍

치수 공차와 기하 공차로 규제된 핀과 구멍

(1) 핀과 구멍의 형상에 따른 조립상태

핀과 구멍이 조립될 때 구멍의 최소 지름이 ϕ30.02이고 핀의 최대 지름이 ϕ29.98이면 빡빡한 조립상태가 된다. 핀과 구멍의 형상이 이상적이면 그림과 같이 조립될 수 있지만 핀과 구멍의 형상이 변형되었다면 조립이 될 수 없다.

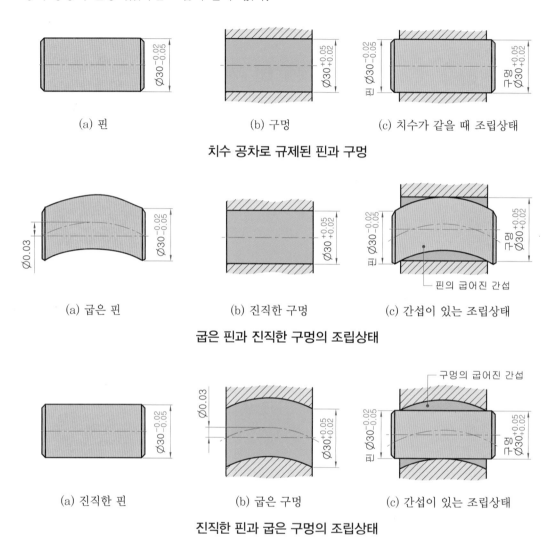

(a) 핀   (b) 구멍   (c) 치수가 같을 때 조립상태

치수 공차로 규제된 핀과 구멍

(a) 굽은 핀   (b) 진직한 구멍   (c) 간섭이 있는 조립상태

굽은 핀과 진직한 구멍의 조립상태

(a) 진직한 핀   (b) 굽은 구멍   (c) 간섭이 있는 조립상태

진직한 핀과 굽은 구멍의 조립상태

(2) 끼워맞춤과 기하 공차의 관계

핀과 구멍에 헐거운 끼워맞춤으로 치수 공차가 규제되어 있다면 구멍이 최소 ϕ30.02이고 핀이 최대 ϕ29.98일 경우 0.04만큼의 틈새가 있는 헐거운 끼워맞춤으로 조립이 된다(형상이 이상적일 때).

그러나 형상의 틈새가 0.04 이상 변형되면 빡빡하거나 조립이 되지 않을 수 있으므로 헐거운 끼워맞춤이 될 수 있도록 치수 공차와 기하 공차를 동시에 규제해야 한다.

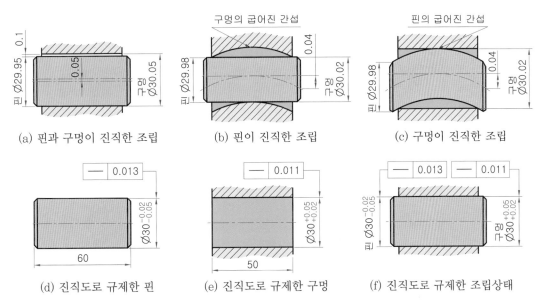

(a) 핀

(b) 구멍

(c) 핀과 구멍의 조립상태

핀의 최대 구멍의 최소 지름일 때 조립상태

(a) 핀과 구멍이 진직한 조립

(b) 핀이 진직한 조립

(c) 구멍이 진직한 조립

(d) 진직도로 규제한 핀

(e) 진직도로 규제한 구멍

(f) 진직도로 규제한 조립상태

끼워맞춤과 기하 공차로 규제한 핀과 구멍의 조립상태

2 동축 형체

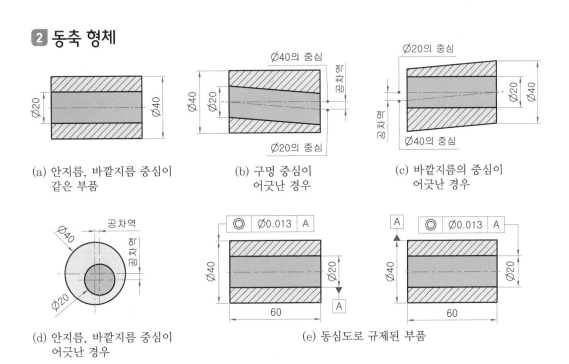

(a) 안지름, 바깥지름 중심이 같은 부품

(b) 구멍 중심이 어긋난 경우

(c) 바깥지름의 중심이 어긋난 경우

(d) 안지름, 바깥지름 중심이 어긋난 경우

(e) 동심도로 규제된 부품

Chapter

7

기하 공차

원통의 바깥지름과 구멍의 중심이 동축인 경우 $\phi 20$과 $\phi 40$에 치수 공차로 규제된 부품이 이상적인 동축으로 제작된다는 보장이 없다. $\phi 20$과 $\phi 40$의 중심은 어긋날 수 있지만 치수 공차는 만족시킬 수 있으므로 $\phi 20$과 $\phi 40$을 **치수 공차와 동심도로 동시에 규제**해야 한다.

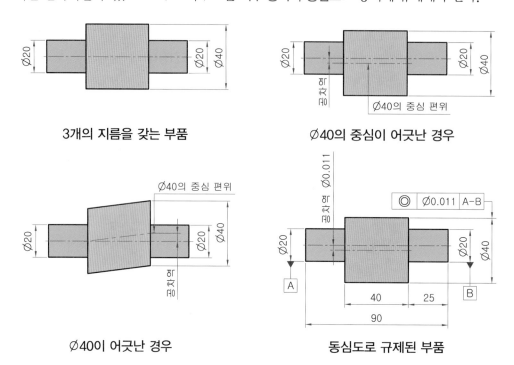

3개의 지름을 갖는 부품 $\phi 40$의 중심이 어긋난 경우

$\phi 40$이 어긋난 경우   동심도로 규제된 부품

3 직각에 관한 형체

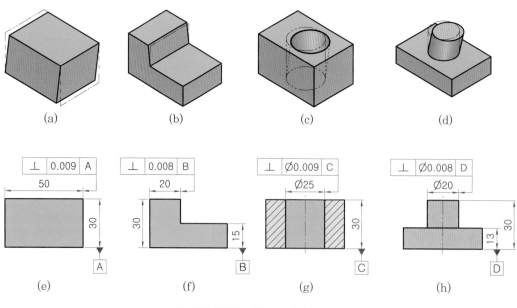

(a)   (b)   (c)   (d)

(e)   (f)   (g)   (h)

직각인 형체의 직각도 규제

　직각으로 된 형체는 일반적으로 90°에 대한 치수 공차로 규제하지 않는다. 도면에는 직각으로 그려져 있지만 이론적으로 정확한 직각으로 제작할 수 없으므로 이들 핀이 구멍과 조립되면 90°에 대한 각도의 기울어진 정도에 따라 조립 및 기능상 문제가 발생할 수 있다. 따라서 조립상태와 기능에 따라 **치수 공차와 직각도를 동시에 규제해야 한다.**

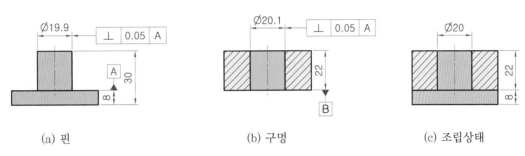

(a) 핀　　　　(b) 구멍　　　　(c) 조립상태

치수 공차로 규제된 핀과 구멍의 조립상태

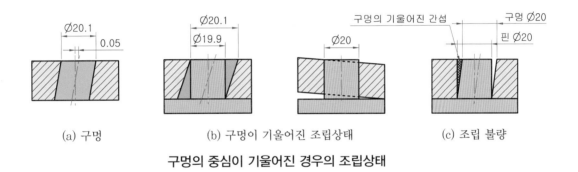

(a) 구멍　　(b) 구멍이 기울어진 조립상태　　(c) 조립 불량

구멍의 중심이 기울어진 경우의 조립상태

　구멍의 지름이 최소 ∅20일 경우 구멍이 0.1만큼 기울어졌을 때 여기에 조립되는 핀의 최소 지름은 ∅19.9이다.

　이때 핀의 지름이 ∅19.9보다 클 경우에는 **빡빡한 억지 끼워맞춤 또는 불완전한 조립 불량상태**가 된다.

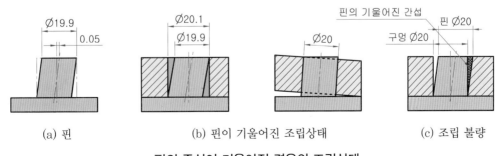

(a) 핀　　(b) 핀이 기울어진 조립상태　　(c) 조립 불량

핀의 중심이 기울어진 경우의 조립상태

4 평행한 형체

좌측면에서 구멍의 중심까지에 대한 치수와 구멍의 치수 공차로 규제된 경우 구멍 중심까지의 치수 25±0.1 범위 내에서 상한치수 25.1과 하한치수 24.9로 제작될 수 있다.

그림과 같이 구멍의 상한치수 φ26.1과 하한치수 φ25.9로 제작되었을 때 핀과 구멍이 치수 공차로 조립되는 경우 핀 지름이 φ25.9보다 크면 안 된다.

좌측면에서 구멍의 중심까지의 치수를 25±0으로 규제할 수 없으므로 25에 치수 공차를 주면 공차의 크기에 따라 핀 지름은 φ25.9 이하이어야 한다.

따라서 중요한 부품일 경우 좌측면을 기준으로 구멍 중심까지의 **치수 공차**와 **평행도**를 동시에 규제해야 한다.

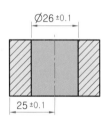

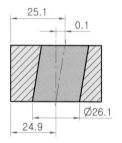

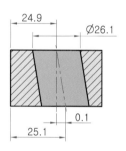

(a) 치수 공차로 규제된 상태   (b) 기울어진 구멍

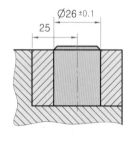

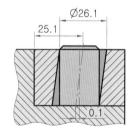

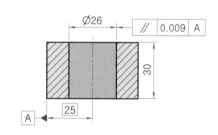

(c) 평행한 조립상태   (d) 구멍이 기울어진 조립상태   (e) 구멍이 평행도로 규제된 상태

구멍의 중심 위치를 평행도로 규제

5 위치를 갖는 형체

위치를 갖는 핀과 구멍이 조립되는 형체는 기울어지게 제작될 수 있으므로 조립이 될 수 있도록 치수를 결정해야 한다.

중요한 부품일 경우 도면의 **위치 공차**를 기준으로 구멍 중심까지의 **치수 공차**를 규제하면 원활하게 조립된다.

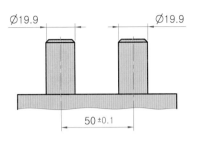

치수 공차로 규제된 핀

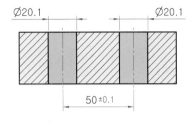

치수 공차로 규제된 구멍

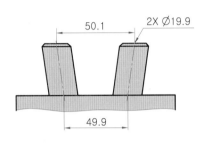

기울어진 핀

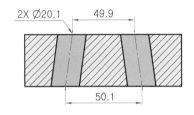

기울어진 구멍

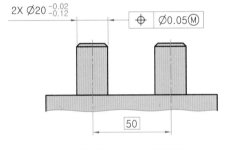

위치도로 규제된 핀

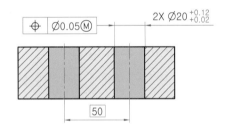

위치도로 규제된 구멍

　설명한 바와 같이 도면을 치수 공차만으로 지시하면 완전한 부품을 제작하기 어려우며 조립 및 기능상 문제가 발생한다. 따라서 부품을 제작하거나 조립할 경우 정확하고 정밀한 제품이 될 수 있도록 치수 공차나 표면 거칠기 등과 더불어 모양, 자세, 위치, 흔들림 기하 공차를 동시에 규제해야 한다.

참고

기하 공차 지시에 따른 장점
- 일률적인 설계
- 효율적인 검사 및 측정
- 생산 원가 절감, 생산성 증가
- 설계 치수 및 공차상 요구의 명확성
- 경제적이고 효율적인 생산
- 부품 상호간의 호환성 및 조립상태 보장

4   데이텀 도시 방법

1 데이텀

데이텀은 관련 형체의 자세, 위치, 흔들림 등의 편차를 정하기 위해 설정된 이론적으로 정확한 기하학적 기준이다. 이 기준이 점, 직선, 축 직선, 평면, 중심 평면인 경우에는 각각 데이텀 점, 데이텀 직선, 데이텀 축 직선, 데이텀 평면, 데이텀 중심 평면이라고 부른다.

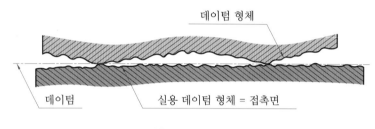

실용 데이텀 형체

2 데이텀 도시 방법

공차 붙임 형체에 관련하여 붙일 수 있는 데이텀은 문자 기호를 이용하여 나타낸다. 이때 대문자가 기입된 직사각형 틀과 데이텀 삼각 기호를 연결하여 나타낸다.

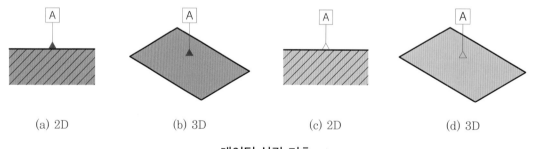

데이텀 삼각 기호

① **문자 기호를 갖는 데이텀 삼각 기호의 표시 방법**

㈎ 2D : 데이텀 삼각형은 그림 (a)와 같이 형체의 외형선이나 외형선의 연장선에 지시하고, 그림 (c)와 같이 표면에서 안을 채운 점으로 지시선을 그어 그 끝을 수평 기준선에 지시한다.

㈏ 3D : 그림 (b), (d)와 같이 대상 형체에 직접 지시하거나, 대상 형체에서 안을 채운 점으로 지시선을 그어 그 끝을 기준선과 수평으로 그은 선에 데이텀을 지시한다.

보이지 않는 형체일 때는 대상 형체에서 안을 채우지 않은 점으로 지시선을 그어 그 끝을 기준선과 수평으로 그은 선에 데이텀을 지시하거나, 형체의 경계와 확실히 분리되도록 지시한다.

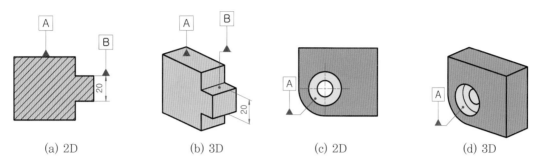

| (a) 2D | (b) 3D | (c) 2D | (d) 3D |

선 또는 표면에 데이텀 삼각 기호를 지시하는 경우

㈐ 데이텀이 치수 기입된 형체에 의해 정의된 축선, 중간면 또는 중간점일 때 치수선을 연장하여 데이텀 삼각 기호를 지시할 경우에는 그림 (a)~(h)와 같이 지시한다.

㈑ 화살표를 나타내기 위한 공간이 충분하지 않을 경우 그림 (c)~(h)와 같이 하나의 화살표를 데이텀 삼각형으로 대체한다.

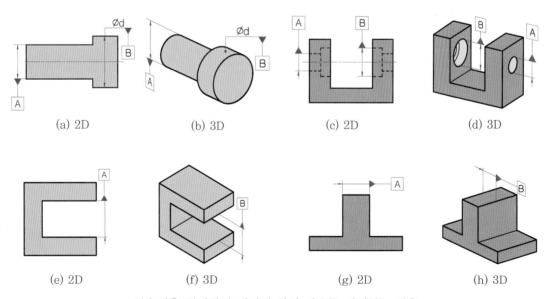

| (a) 2D | (b) 3D | (c) 2D | (d) 3D |

| (e) 2D | (f) 3D | (g) 2D | (h) 3D |

치수선을 연장하여 데이텀 삼각 기호를 지시하는 경우

참고

축선이 데이텀일 경우 데이텀을 축선, 치수 보조선의 어느 위치에 지시해도 좋다.

㈜ 데이텀을 형체의 제한된 부분에 적용하는 경우에는 그 부분에 굵은 일점 쇄선을 긋고
치수를 지시한다.

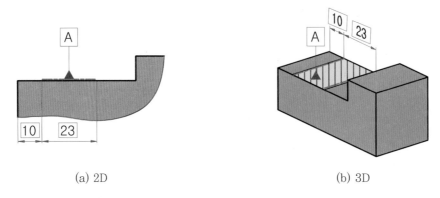

(a) 2D   (b) 3D

데이텀을 형체의 제한된 부분에 적용하는 경우

② **공차 지시 틀에 데이텀 문자 기호를 지시하는 방법**

㈎ 단일 형체에 설정한 데이텀은 그림 (a)와 같이 1개의 대문자를 사용한다.

㈏ 2개의 형체에 설정한 데이텀은 그림 (b)와 같이 하이픈(−)으로 연결된 2개의 대문자를
사용한다.

㈐ 데이텀의 우선순위를 정할 경우에는 그림 (c)와 같이 왼쪽에서 오른쪽으로의 순서로
기입한다.

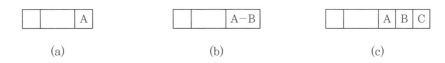

(a)   (b)   (c)

공차 지시 틀에 데이텀 문자 기호 지시

3 공차 지시 틀 기입 방법

① 요구사항은 2개 이상의 칸으로 나눈 직사각형 틀 안에 지시하며, 분할된 칸의 왼쪽에서
오른쪽으로의 순서로 지시한다.

㈎ 첫 번째 칸 : 기하학적 특성 기호를 나타낸다.

㈏ 두 번째 칸 : 공차값을 지시한다. 공차 영역이 폭 공차일 때는 공차값 앞에 ∅를 붙이
지 않으며, 원형이거나 원통형이면 공차값 앞에 ∅를 붙이고, 구형이면 S∅를 붙여
서 나타낸다.

㈐ 세 번째 칸과 다음 칸 : 필요에 따라 데이텀, 공통 데이텀 및 데이텀 시스템 체계를 식
별하는 문자를 나타낸다.

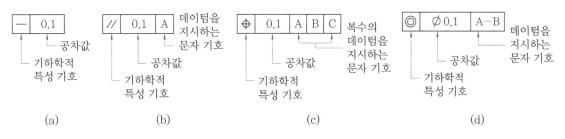

공차 지시 틀 기입 방법

② 공차를 2개 이상의 형체에 적용하는 경우에는 '×' 앞에 적용하는 형체의 수를 기입하여
공차 지시 틀의 위쪽 첫 번째 칸 위에 지시하고, 그 밖의 요구사항은 '×'로부터 한 칸을
띄우고 지시한다.

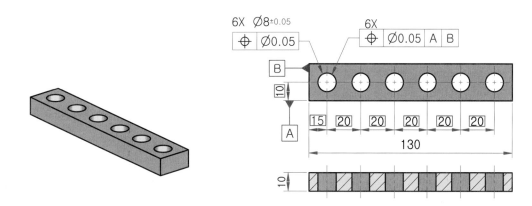

공차를 2개 이상의 형체에 적용하는 경우

③ 공차 영역 안에 있는 어떤 형체의 모양을 지시할 경우에는 공차 지시 틀
가까이에 지시한다.

④ 하나의 형체에 2개 이상의 기하학적 특성을 지시할 경우 공차 지시 틀 아래에 공차 지시
틀을 붙여서 지시한다.

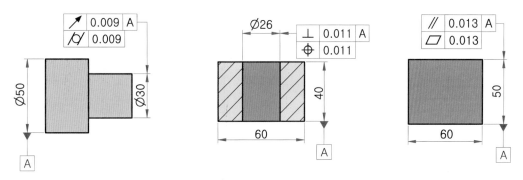

하나의 형체에 2개 이상의 기하학적 특성을 지시할 경우

4 형체에 공차 지시 틀을 도시하는 방법

① 제한되지 않는 한 기하학적 형상의 명세는 단일 완전 형체에 적용된다.

② 완전한 형체일 경우 공차 지시 틀에서 시작한 인출선 끝에 화살표를 붙인 지시선으로 공차가 지시된 형체에 연결한다.

　㉮ 형체의 외형선이나 외형선의 연장선에 인출선을 그어 지시한다.

　㉯ 인출선의 끝이 화살표이거나 인출선이 형체에 직접 또는 공차 영역 안에서 끝날 경우에는 안을 채운 점으로 나타낸다.

③ 기준선으로 공차 영역을 표시할 경우 그림 (c), (d)와 같이 수평으로 그은 인출선에 수직으로 긋고, 그 끝에 화살표를 붙인다.

④ 대상 형체에서 인출선의 끝은 안을 채운 점이고, 그 점이 가리키는 곳이 공차 영역이다.

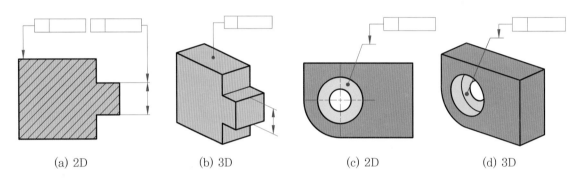

|(a) 2D|(b) 3D|(c) 2D|(d) 3D|

형체에 공차 지시 틀을 도시하는 방법

⑤ 중간 선, 중간 표면 또는 중간 점 중 어느 하나에 대해 공차 지시 틀을 도시할 경우에는 끌어 낸 치수 인출선에서 치수선의 화살표와 맞닿는 어느 쪽에 공차 지시 틀을 지시한다.

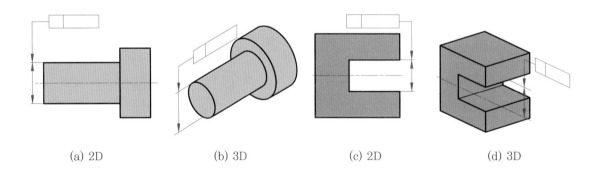

|(a) 2D|(b) 3D|(c) 2D|(d) 3D|

중간 선, 중간 표면에 공차 지시 틀을 도시하는 방법

5 기하 공차의 종류와 기호 (KS A ISO 1101)

기하 공차의 종류 및 기호

적용하는 형체	기하 공차의 종류		기호	공차 지시 틀	기하 공차의 특성
데이텀 없이 사용되는 단독 형체	모양 공차	진직도	—	─ 0.013 ─ φ0.013	공차값 앞에 ϕ를 붙여 지시하면 지름의 원통 공차역으로 제한되며, 평면(폭 공차)을 규제할 때에는 ϕ를 붙이지 않는다.
		평면도	▱	▱ 0.013	평면도는 평면상의 가로, 세로 방향(X, Y를 포함한 벡터값)의 진직도를 규제한다.
		진원도	○	○ 0.013	공차역은 반지름값이므로 공차값 앞에 ϕ를 붙이지 않는다.
		원통도	⌀̸	⌀̸ 0.011	원통면을 규제하므로 공차값 앞에 ϕ를 붙이지 않는다.
단독 또는 관련 형체		선의 윤곽도	⌒	⌒ 0.009 ⌒ 0.009 A	캠의 곡선과 같은 윤곽 곡선을 규제한다. 공차값 앞에 ϕ를 붙이지 않는다.
		면의 윤곽도	⌓	⌓ 0.009 ⌓ 0.009 A	캠의 곡면과 같은 윤곽 곡면을 규제한다. 공차값 앞에 ϕ를 붙이지 않는다.
데이텀을 기준으로 사용되는 관련 형체	자세 공차	평행도	∥	∥ 0.015 A ∥ φ0.015 A	공차역이 폭(평면) 공차일 때에는 공차값 앞에 ϕ를 붙이지 않고, 지름 공차일 때는 공차값 앞에 ϕ를 붙인다.
		직각도	⊥	⊥ 0.013 A ⊥ φ0.013 A	중간면을 제어할 때에는 직각도 공차값 앞에 ϕ를 붙이지 않고, 축 직선을 규제할 때는 지름 공차역이므로 공차값 앞에 ϕ를 붙인다.
		경사도	∠	∠ 0.011 A	이론적으로 정확한 각을 갖는 기하학적 직선이나 평면을 규제한다. 공차값 앞에 ϕ를 붙이지 않는다.
	위치 공차	위치도	⊕	⊕ 0.009 A B ⊕ φ0.009 A B	공차역이 폭(평면) 공차일 때에는 공차값 앞에 ϕ를 붙이지 않고, 지름 공차일 때는 공차값 앞에 ϕ를 붙인다.
		동심도 (동축도)	◎	◎ φ0.011 A	동심도 공차는 데이텀 기준에 대한 중심축 직선을 제어하게 되므로 공차값 앞에 ϕ를 붙인다.
		대칭도	⩵	⩵ 0.011 A	기능 또는 조립에 대칭이어야 하는 부분을 규제한다.
	흔들림 공차	원주 흔들림	↗	↗ 0.011 A	단면의 측정 평면이나 원통면을 규제하기 때문에 공차값 앞에 ϕ를 붙이지 않는다. 진원도, 진직도, 직각도, 동심도의 오차를 포함하는 복합 공차이다.
		온 흔들림	↗↗	↗↗ 0.011 A	

주) 모양 공차는 규제하는 형체가 단독 형체이므로 공차 지시 틀에 데이텀 문자 기호를 붙이지 않는다.

6 기하 공차의 정의

■ 진직도 공차(—)

진직도는 형체의 표면이나 축선의 허용 범위로부터 벗어난 크기를 말하며 평면, 원통면 등 표면에 적용할 수 있다. 진직도 공차는 지름 공차역으로 규제할 때는 공차 치수 앞에 ϕ를 붙이고, 평면(폭 공차)을 규제할 때는 ϕ를 붙이지 않는다.

공차역의 정의	지시방법 및 설명
공차역은 거리 t만큼 떨어진 2개의 평행한 직선 사이로 제한된다.  ª 임의의 거리	투상 평면(2D)의 위쪽 표면에서 임의로 추출된 선 또는 교차 평면 지시자에 의해 규정된(3D) 데이텀 평면 A는 0.1mm만큼 떨어진 2개의 평행한 직선 사이에 있어야 한다. 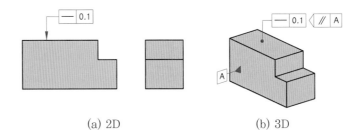 (a) 2D (b) 3D
공차역은 거리 t만큼 떨어진 2개의 평행한 평면에 의해 제한된다. 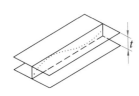	원통 표면에서 임의로 추출된 선이 0.1mm만큼 떨어진 2개의 평행한 평면 사이에 있어야 한다. 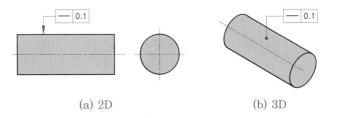 (a) 2D (b) 3D
공차값 앞에 ϕ를 붙여 지시하면 공차역은 지름 t의 원통으로 제한된다. 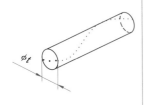	원통에서 추출된 축선은 지름 0.08mm인 원통 영역 안에 있어야 한다. 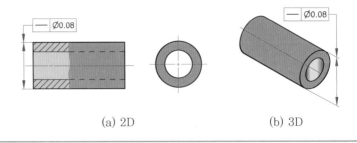 (a) 2D (b) 3D

Chapter

기하 공차

① 기하 공차의 모양 공차인 진직도는 단위 기능 길이 90의 경우, IT 5급 80~120을 적용하면 공차값이 15μm이므로 ─ | $\varnothing$0.015 | 로 표기한다.

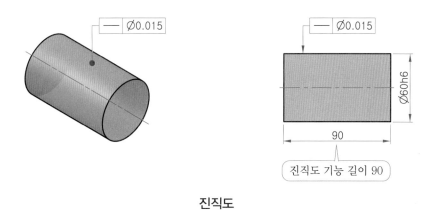

진직도

② 공차역이 15μm인 진직도는 단위 기능 길이 90의 경우, IT 5급 80~120을 적용하여 ─ | $\varnothing$0.015 | 로 표기한다.

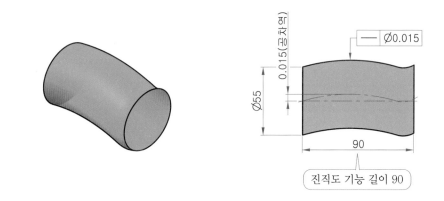

지름 공차의 진직도 공차역

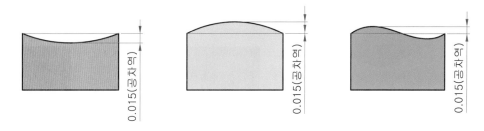

평탄한 표면의 진직도 공차역

기준 치수의 구분(mm)		공차 등급(IT)																	
		1	2	3	4	5	6	7	8	9	10	11	12	13	14	15	16	17	18
초과	이하	기본 공차의 수치(μm)											기본 공차의 수치(mm)						
50	80	2	3	5	8	13	19	30	46	74	120	190	0.30	0.46	0.74	1.20	1.90	3.00	4.60
80	120	2.5	4	6	10	15	22	35	54	87	140	220	0.35	0.54	0.87	1.40	2.20	3.50	5.40
120	180	3.5	5	8	12	18	25	40	63	100	160	250	0.40	0.63	1.00	1.60	2.50	4.00	6.30

2 평면도 공차(▱)

평면도는 모양 공차로 2차원 공간 평면의 허용 범위로부터 벗어난 크기를 말한다. 평면도의 기능 길이는 평면의 대각선(X, Y를 포함한 벡터값)으로 한다.

공차역의 정의	지시방법 및 설명
공차역은 거리 t만큼 떨어진 2개의 평행한 평면에 의해 제한된다.	추출된 표면이 0.08mm만큼 떨어진 2개의 평행한 평면 사이에 있어야 한다.

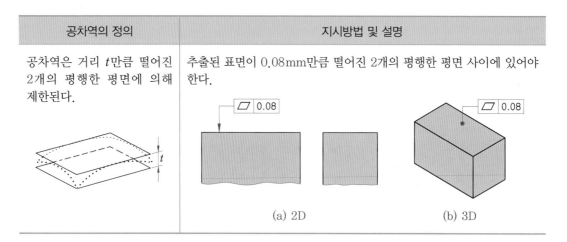

(a) 2D   (b) 3D

① 평면도는 단위 기능 길이 $80.62(=\sqrt{70^2 + 40^2})$의 경우, IT 5급 80~120을 적용하면 공차 값이 15μm이므로 ▱ 0.015 로 표기한다.

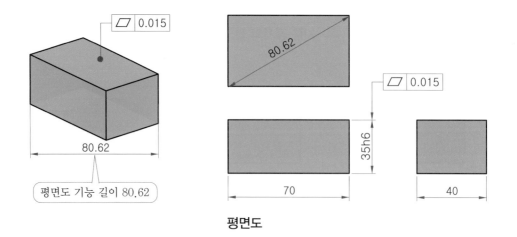

평면도

② **단위 평면도** : 단위 평면도는 진직도와 같이 단위 기준으로 평면을 규제할 수 있으며, 단위 평면도로 규제하면 한 곳에서 전체의 평면도 오차가 생기지 않게 된다. 규제되는 평면 부분은 사선을 그어 표시한다.

◉ 단위 평면도는 단위 기능 길이 35의 경우, IT 5급 30~50을 적용하면 공차값이 11μm이므로 아래 그림처럼 ▱ 0.011 또는 ▱ 0.011/35 로 표기한다.

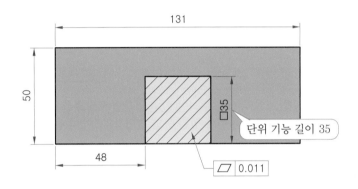

단위 평면도

기준 치수의 구분(mm)		공차 등급(IT)																	
		1	2	3	4	5	6	7	8	9	10	11	12	13	14	15	16	17	18
초과	이하	기본 공차의 수치(μm)											기본 공차의 수치(mm)						
30	50	1.5	2.5	4	7	**11**	16	25	39	62	100	160	0.25	0.39	0.62	1.00	1.60	2.50	3.90
50	80	2	3	5	8	13	19	30	46	74	120	190	0.30	0.46	0.74	1.20	1.90	3.00	4.60
80	120	2.5	4	6	10	**15**	22	35	54	87	140	220	0.35	0.54	0.87	1.40	2.20	3.50	5.40
120	180	3.5	5	8	12	18	25	40	63	100	160	250	0.40	0.63	1.00	1.60	2.50	4.00	6.30

③ 진원도 공차(○)

진원도는 모양 공차로 공통 원(이론적으로 정확한 원, 측정물의 원)의 중심점으로부터 진원 상태의 허용 범위에서 벗어난 크기를 말한다.

진원도 공차는 단면이 원형인 형체에 기입하고 형체 원형을 규제하며, 공차역은 반지름값이므로 공차값 앞에 φ를 붙이지 않는다.

진원도의 기능 길이는 φ(지름)으로 한다.

공차역의 정의	지시방법 및 설명
공차역은 대상을 축 직각 단면으로 하여 반지름이 *t*만큼 떨어진 동심원에 의해 제한된다. 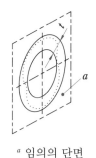 ᵃ 임의의 단면	원통 표면과 원뿔 표면에 대해 표면의 임의의 단면에서 추출된 바깥둘레 선은 동일 평면상에서 반지름이 0.03mm만큼 차이가 있는 2개의 동심원 사이에 있어야 한다. 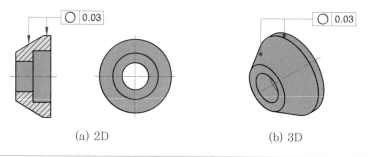 <center>(a) 2D (b) 3D</center> 원뿔 표면의 축에 수직인 임의의 단면에서 추출된 바깥둘레 선은 반지름이 0.1mm만큼 차이가 있는 동일 평면상의 2개의 동심원 사이에 있어야 한다. 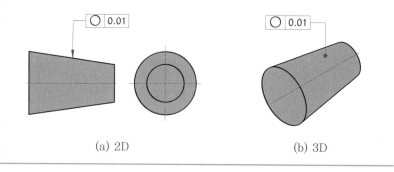 <center>(a) 2D (b) 3D</center>

① 기하 공차의 모양 공차인 진원도는 단위 기능 길이 $\phi52$의 경우, IT 5급 50~80을 적용하면 공차값이 13μm이므로 으로 표기한다.

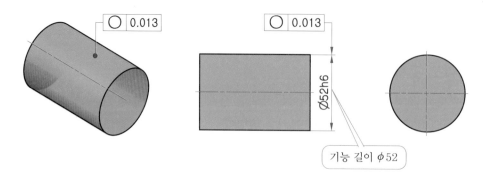

진원도

② 공차역이 13μm인 진원도는 단위 기능 길이 φ52의 경우, IT 5급 50~80을 적용하여 $\boxed{\bigcirc \;\; 0.013}$ 으로 표기한다.

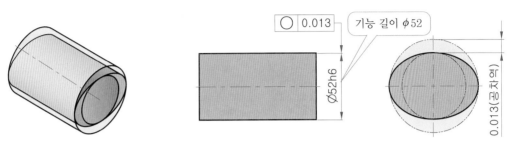

진원도 공차역

기준 치수의 구분(mm)		공차 등급(IT)																	
		1	2	3	4	5	6	7	8	9	10	11	12	13	14	15	16	17	18
초과	이하	기본 공차의 수치(μm)											기본 공차의 수치(mm)						
30	50	1.5	2.5	4	7	11	16	25	39	62	100	160	0.25	0.39	0.62	1.00	1.60	2.50	3.90
50	**80**	2	3	5	8	**13**	19	30	46	74	120	190	0.30	0.46	0.74	1.20	1.90	3.00	4.60
80	120	2.5	4	6	10	15	22	35	54	87	140	220	0.35	0.54	0.87	1.40	2.20	3.50	5.40

4 원통도 공차($\cancel{\phi}$)

원통도는 진직도, 평행도, 진원도의 복합 공차로, 규제하는 원통 형체의 모든 표면의 공통 축선으로부터 2개의 원통 표면까지 같은 거리에 있어야 하는 공차를 말한다.

원통도는 공차값 앞에 φ를 붙이지 않으며, 원통도의 기능 길이는 단 길이를 적용한다.

공차역의 정의	지시방법 및 설명
공차역은 반지름이 t 만큼 차이가 있는 동심 원통 사이에 의해 제한된다.	추출된 원통의 표면은 반지름이 0.1mm만큼 차이가 있는 2개의 동심원 사이 에 있어야 한다. (a) 2D (b) 3D

① 기하 공차의 모양 공차인 원통도는 단위 기능 길이 120(단 길이)의 경우, IT 5급 80~120 을 적용하면 공차값이 15μm이므로 ⊘ 0.015 으로 표기한다.

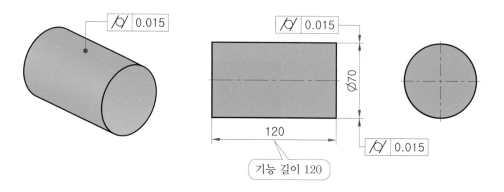

원통도

> **참고**
>
> 단 길이 5mm 이하는 측정 정밀도가 떨어져 원통도보다는 진원도로 규제하는 것이 좋다.

② 공차역이 15μm인 원통도는 단위 기능 길이 100(단 길이)의 경우, IT 5급 80~120을 적용 하여 ⊘ 0.015 으로 표기한다.

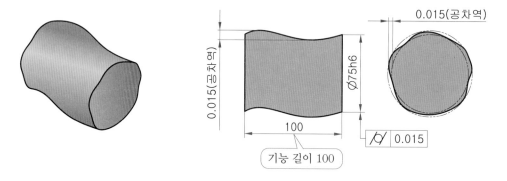

원통도 공차역

기준 치수의 구분(mm)		공차 등급(IT)																	
		1	2	3	4	5	6	7	8	9	10	11	12	13	14	15	16	17	18
초과	이하	기본 공차의 수치(μm)											기본 공차의 수치(mm)						
50	80	2	3	5	8	13	19	30	46	74	120	190	0.30	0.46	0.74	1.20	1.90	3.00	4.60
80	**120**	2.5	4	6	10	**15**	22	35	54	87	140	220	0.35	0.54	0.87	1.40	2.20	3.50	5.40
120	180	3.5	5	8	12	18	25	40	63	100	160	250	0.40	0.63	1.00	1.60	2.50	4.00	6.30

5 윤곽도 공차

다른 기하 공차로 규제하기에 난해한 원호의 조합 형상이나 운형자로 그린 것과 같은 불규칙한 곡선의 윤곽, 반지름이 다른 캠의 윤곽 등의 표면 윤곽에 허용 공차를 규제하는 방법을 윤곽도 공차라 한다.

(1) 데이텀에 관련 없는 선의 윤곽도 공차(⌒)

공차역의 정의	지시방법 및 설명
공차역은 지름 t의 원을 뒤덮듯 2개의 선에 의해 제한되고, 그 중심은 이론상 정확한 기하학적인 형상을 가진 선에 위치한다.	투상 평면에 평행한 각 단면에서 추출된 외형선은 지름 0.04mm인 원을 뒤덮듯 동일한 간격을 가진 2개의 선 사이에 있어야 한다. 각 부분에 교차 평면 지시 틀로 지시되어 있는 데이텀 평면 A에 평행한 각 단면에서 추출된 외형선이 지름 0.04mm의 원을 뒤덮듯 동일한 간격을 가진 2개의 선 사이에 있어야 한다.
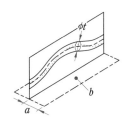 ᵃ 임의의 거리 ᵇ 평면과 수직인 평면	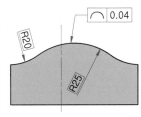 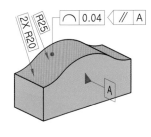 　　(a) 2D　　　　　　　　(b) 3D

> **참고**
>
> **윤곽도 공차의 규제 요구사항 표시**
> ① 기준 윤곽을 나타내는 투영도나 단면을 그린다.
> ② 윤곽에 대하여 기준 치수를 표시하거나 반지름 또는 각도로 윤곽을 나타낸다.
> ③ 윤곽에 대하여 규제된 공차역을 윤곽에 평행한 1줄의 가상선(편측 공차)이나 2줄의 가상선(양측 공차)에 의해 공차역을 나타낸다.
> ④ 특별한 규제가 없을 때는 양측 공차로 생각하며, 가상선과 기준 윤곽의 거리는 쉽게 알 수 있도록 크게 나타낸다. (ISO에서는 양측 공차 방식 적용)

① 공차역이 15μm인 선의 윤곽도는 단위 기능 길이 100의 경우, IT 5급 80~120을 적용하여 ⌒ 0.015 로 표기한다.

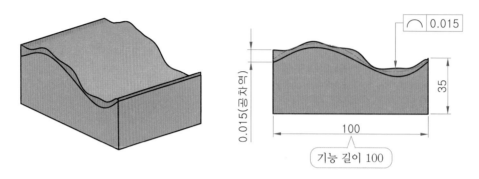

선의 윤곽도 양측 공차역

② 기하 공차의 모양 공차인 선의 윤곽도는 단위 기능 길이 100의 경우, IT 5급 80~120을 적용하면 공차값이 15μm이므로 ⌒ 0.015 로 표기한다.

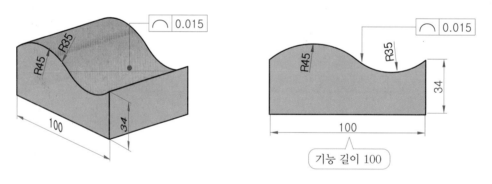

선의 윤곽도

기준 치수의 구분(mm)		공차 등급(IT)																	
		1	2	3	4	5	6	7	8	9	10	11	12	13	14	15	16	17	18
초과	이하	기본 공차의 수치(μm)											기본 공차의 수치(mm)						
50	80	2	3	5	8	13	19	30	46	74	120	190	0.30	0.46	0.74	1.20	1.90	3.00	4.60
80	**120**	2.5	4	6	10	**15**	22	35	54	87	140	220	0.35	0.54	0.87	1.40	2.20	3.50	5.40
120	180	3.5	5	8	12	18	25	40	63	100	160	250	0.40	0.63	1.00	1.60	2.50	4.00	6.30

(2) 데이텀에 관련된 선의 윤곽도 공차(⌒)

공차역의 정의	지시방법 및 설명
공차역은 지름 t인 원을 뒤덮듯 동일한 간격을 가진 2개의 선에 의해 제한되고, 그 중심은 데이텀 평면 A와 B에 관해 이론상 정확한 기하학적 형상을 가진 선에 위치한다.	투상 평면에 평행인 각 단면과 데이텀 평면 A에서 추출된 외형선이 지름 0.04mm인 원을 뒤덮듯 동일한 간격을 가진 2개의 선 사이에 있어야 하며, 그 중심은 데이텀 평면 A와 B에 대해 이론상 정확한 기하학적인 형상을 가진 선에 위치한다.

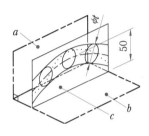

ᵃ 데이텀 A, ᵇ 데이텀 B
ᶜ 데이텀 A에 평행한 평면

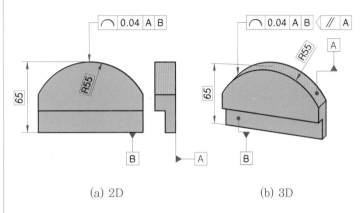

(a) 2D　　　　　　(b) 3D

(3) 데이텀에 관련 없는 면의 윤곽도 공차(⌒)

공차역의 정의	지시방법 및 설명
공차역은 지름 t의 구를 뒤덮듯 동일한 간격을 가진 2개의 표면에 의해 제한되며, 그 중심은 이론상 정확한 기하학적인 형상을 가진 표면에 위치한다.	추출된 표면은 지름 0.02mm인 구를 뒤덮듯 동일한 간격을 가진 2개의 표면 사이에 있어야 하며, 그 중심은 이론상 정확한 기하학적인 형상을 가진 표면에 위치한다.

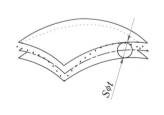

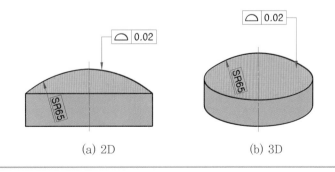

(a) 2D　　　　　　(b) 3D

(4) 데이텀에 관련된 면의 윤곽도 공차(⌓)

공차역의 정의	지시방법 및 설명
공차역은 지름 t의 구를 뒤덮듯 동일한 간격을 가진 2개의 표면에 의해 제한되며, 그 중심은 데이텀 A에 대해 이론상 정확한 기하학적인 형상을 가진 표면에 위치한다.	추출된 표면은 지름 0.1mm인 구를 뒤덮듯 동일한 간격을 가진 2개의 표면 사이에 있어야 하며, 그 중심은 데이텀 평면 A에 관해 이론상 정확한 기하학적인 형상을 가진 표면에 위치한다.
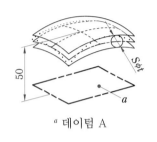 *ᵃ* 데이텀 A	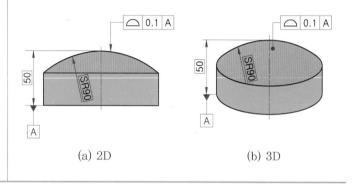 (a) 2D (b) 3D

⑥ 평행도 공차(∥)

데이텀 축 직선 또는 데이텀 평면에 대하여 규제 형체의 표면 또는 축 직선의 어긋난 크기를 **평행도**라 한다.

(1) 데이텀과 관련된 선의 평행도 공차

공차역의 정의	지시방법 및 설명
공차역은 거리 t만큼 떨어진 2개의 평행한 평면에 의해 제한된다. 그 평면은 지시된 방향 안에서 데이텀과 평행하다.	중심선이 데이텀 축 A와 평행하고 0.1만큼 떨어진 2개의 평행한 평면 사이에 있어야 한다. 공차역을 제한하는 평면은 데이텀 평면 B에 평행하다(공차역의 폭 방향은 데이텀 평면 B에 수직이다).
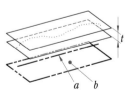 *ᵃ* 데이텀 A, *ᵇ* 데이텀 B	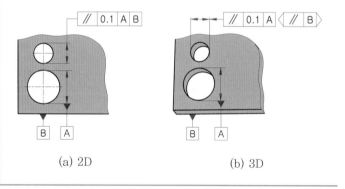 (a) 2D (b) 3D

(2) 데이텀 선과 관련된 선의 평행도 공차

공차역의 정의	지시방법 및 설명
공차 앞에 ϕ를 붙일 경우 공차역은 데이텀에 평행하며, 지름 t인 원통에 의해 제한된다. ϕt a ^{a} 데이텀 A	추출된 중간선은 데이텀 축 A와 평행하고 지름 0.03mm인 원통 영역 안에 있어야 한다. // $\boxed{\varnothing 0.03}$ A A (a) 2D // $\boxed{\varnothing 0.03}$ A A (b) 3D

① 두 개의 축 직선이나 중간면이 마주 보고 있는 평행도 : 공차역이 폭 공차일 때는 공차값 앞에 ϕ를 붙이지 않고, 지름 공차일 때는 공차값 앞에 ϕ를 붙인다.

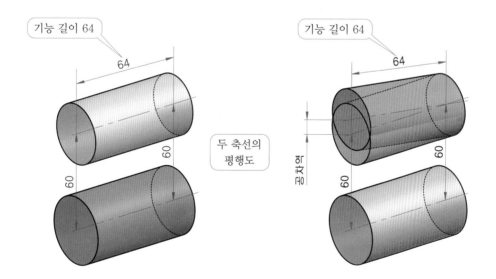

축선과 축선이 마주 보고 있는 평행도

② 다음 그림은 데이텀 A를 기준으로 평행이므로 평행도를 적용하며, **기능 길이 16의 경우**
IT 5급 10~18을 적용하면 공차값이 8μm이므로 평행도는 $\boxed{// \;\; \boxed{\varnothing 0.008} \;\; \boxed{A}}$ 이다.

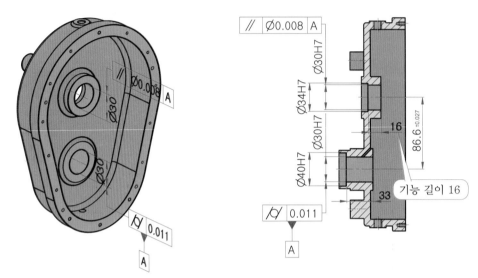

축선과 축선이 마주 보고 있는 평행도

(3) 데이텀 평면과 관련된 선의 평행도 공차

공차역의 정의	지시방법 및 설명
공차역은 데이텀에 평행하고 t만큼 떨어진 2개의 평행한 평면에 의해 제한된다. ^{a} 데이텀 B	추출된 중간선은 데이텀 평면 B와 평행하고 0.03mm만큼 떨어진 2개의 평행한 평면 사이에 있어야 한다. (a) 2D　　　(b) 3D

① 평면과 축 직선 또는 중간면 사이의 평행도 : 공차역이 폭 공차이므로 공차값에 ϕ를 붙이지 않는다.

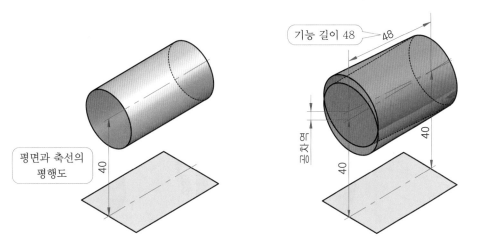

기능 길이 48

평면과 축선의 평행도

평면과 축선이 마주 보고 있는 평행도

② 다음 그림은 데이텀 A를 기준으로 평면과 축선이 평행이므로 평행도를 적용하며, 기능 길이 16의 경우 IT 5급 10~18을 적용하면 공차값이 $8\mu m$이므로 평행도는 $\boxed{// \;\boxed{0.008}\; A}$ 이다.

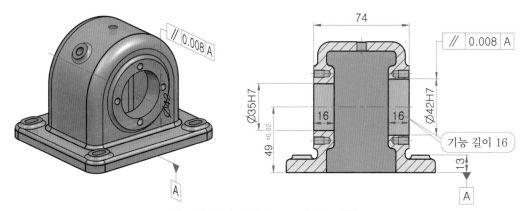

평면과 축선이 마주 보고 있는 평행도

기준 치수의 구분(mm)		공차 등급(IT)																
		1	2	3	4	5	6	7	8	9	10	11	12	13	14	15	16	17	18
초과	이하	기본 공차의 수치(μm)											기본 공차의 수치(mm)						
6	10	1	1.5	2.5	4	6	9	15	22	36	58	90	0.15	0.22	0.36	0.58	0.90	1.50	2.20
10	18	1.2	2	3	5	8	11	18	27	43	70	110	0.18	0.27	0.43	0.70	1.10	1.80	2.70
18	30	1.5	2.5	4	6	9	13	21	33	52	84	130	0.21	0.33	0.52	0.84	1.30	2.10	3.30

(4) 데이텀 선과 관련된 표면의 평행도 공차

공차역의 정의	지시방법 및 설명
공차역은 데이텀에 평행하고 거리 t만큼 떨어진 2개의 평행한 평면에 의해 제한된다.	추출된 표면이 데이텀 축 C와 평행하고 0.1mm만큼 떨어진 2개의 평행한 평면 사이에 있어야 한다.

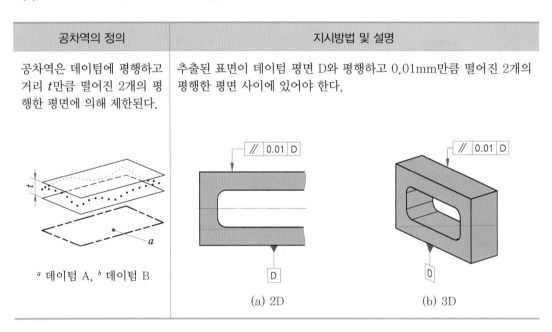

ᵃ 데이텀 C

(a) 2D   (b) 3D

(5) 데이텀 표면과 관련된 표면의 평행도 공차

공차역의 정의	지시방법 및 설명
공차역은 데이텀에 평행하고 거리 t만큼 떨어진 2개의 평행한 평면에 의해 제한된다.	추출된 표면이 데이텀 평면 D와 평행하고 0.01mm만큼 떨어진 2개의 평행한 평면 사이에 있어야 한다.

ᵃ 데이텀 A, ᵇ 데이텀 B

(a) 2D   (b) 3D

① **두 평면에 대한 평행도** : 평면과 평면을 규제하므로 공차값 앞에 ϕ를 붙이지 않는다.

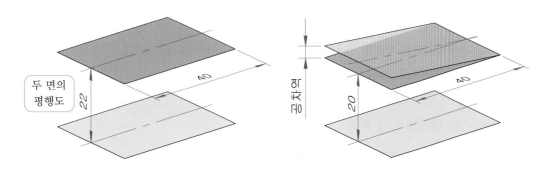

평면과 평면이 마주 보고 있는 평행도

② 다음 그림은 데이텀 A를 기준으로 평면과 평면이 마주 보고 있는 상태에서 평행이므로 자세 공차인 평행도를 적용하며, **기능 길이 150의 경우 IT 5급 80~120을 적용하면 공차값이 15㎛이므로 평행도는** // 0.015 A 이다.

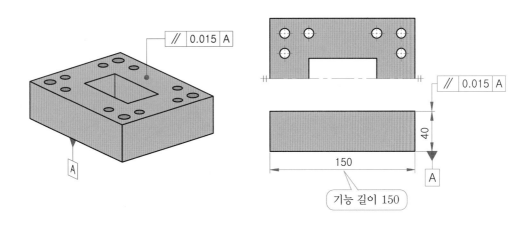

평면과 평면이 마주 보고 있는 평행도

기준 치수의 구분(mm)		공차 등급(IT)																
		1	2	3	4	5	6	7	8	9	10	11	12	13	14	15	16	17	18
초과	이하	기본 공차의 수치(㎛)											기본 공차의 수치(mm)						
50	80	2	3	5	8	13	19	30	46	74	120	190	0.30	0.46	0.74	1.20	1.90	3.00	4.60
80	120	2.5	4	6	10	15	22	35	54	87	140	220	0.35	0.54	0.87	1.40	2.20	3.50	5.40
120	180	3.5	5	8	12	18	25	40	63	100	160	250	0.40	0.63	1.00	1.60	2.50	4.00	6.30

7 직각도 공차(⊥)

기준선 또는 면에 대한 직각의 정도를 말하며, 데이텀에 대하여 규제하고자 하는 형체의 평면이나 축선 또는 중간면에 대해 완전한 직각으로부터 벗어난 크기를 **직각도**라 한다.

공차값이나 중간면을 제어할 경우에는 직각도 공차값 앞에 ϕ를 붙이지 않고, 축 직선을 규제할 때는 지름 공차역이므로 공차값 앞에 ϕ를 붙인다.

(1) 데이텀 선과 관련된 선의 직각도 공차

공차역의 정의	지시방법 및 설명
공차역은 데이텀에 수직이고 거리 t만큼 떨어진 2개의 평행한 평면에 의해 제한된다. *ᵃ* 데이텀 A	추출된 중간선은 데이텀 축 A에 수직이고 0.06mm만큼 떨어진 2개의 평행한 평면 사이에 있어야 한다. (a) 2D (b) 3D

(2) 데이텀 시스템과 관련된 선의 직각도 공차

공차역의 정의	지시방법 및 설명
공차역은 거리 t만큼 떨어진 2개의 평행한 평면에 의해 제한된다. 이 평면은 데이텀 A에 수직이며 데이텀 B에 평행하다. *ᵃ* 데이텀 A, *ᵇ* 데이텀 B	원통 표면에서 추출된 중심선이 데이텀 평면 A와 수직이고 데이텀 평면 B에 대해 지정된 자세로 0.1mm만큼 떨어진 2개의 평행한 평면 사이에 있어야 한다. (a) 2D (b) 3D

(3) 데이텀 평면과 관련 있는 선의 직각도 공차

공차역의 정의	지시방법 및 설명
공차값 앞에 ϕ를 붙일 경우 공차역은 데이텀에 수직인 지름 t의 원통에 의해 제한된다. ^{a} 데이텀 A	원통에서 추출된 중심선은 데이텀 평면 A에 수직이고 지름 0.01mm의 원통 영역 안에 있어야 한다. (a) 2D (b) 3D

① 다음 그림은 데이텀 A를 기준으로 바닥면과 축 직선이 서로 직각이므로 자세 공차인 직각도 공차를 적용하며, 기능 길이 80(=100−20)인 경우 IT 5급 50~80을 적용하면 공차값이 13μm이므로 직각도는 ⊥ ϕ0.013 A 이다.

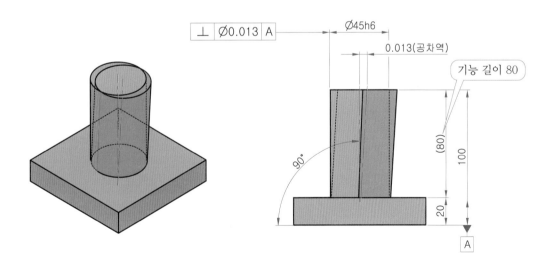

축 직선을 규제하는 직각도 공차역

② 다음 그림은 데이텀 A를 기준으로 바닥면과 축 직선이 서로 직각이므로 자세 공차인 직
    각도를 적용하며, 기능 길이 80(=100-20)의 경우, IT 5급 50~80을 적용하면 공차값이
    13μm이므로 직각도는 $\boxed{\perp\ \boxed{\varnothing 0.013\ \ A}}$ 이다.

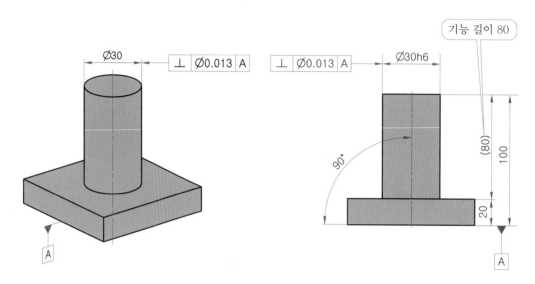

축 직선을 규제하는 직각도

(4) 데이텀 평면과 관련된 표면의 직각도 공차

공차역의 정의	지시방법 및 설명
공차역은 데이텀에 수직이고 t 만큼 떨어진 2개의 평행한 평면에 의해 제한된다.	추출된 표면은 데이텀 평면 A에 수직이고 0.08mm만큼 떨어진 2개의 평행한 평면 사이에 있어야 한다.

^{a} 데이텀 A   (a) 2D   (b) 3D

◉ 다음 그림은 데이텀 A를 기준으로 바닥면과 커버 조립면이 서로 직각이므로 자세 공차
인 직각도를 적용하며, **기능 길이 ϕ62의 경우 IT 5급 50 ~ 80을 적용하면 공차값이**
13μm이므로 직각도는 $\boxed{\perp\ |\ 0.013\ |\ A}$ 이다.

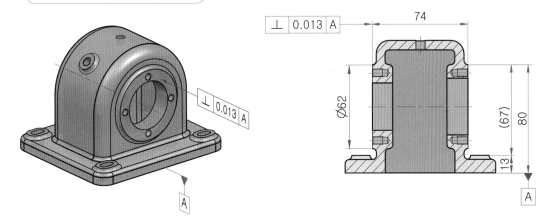

중간면을 규제할 경우에는 직각도
공차값 앞에 ϕ를 붙이지 않는다.

중간면을 규제하는 직각도

기준 치수의 구분(mm)		공차 등급(IT)																	
		1	2	3	4	5	6	7	8	9	10	11	12	13	14	15	16	17	18
초과	이하	기본 공차의 수치(μm)											기본 공차의 수치(mm)						
30	50	1.5	2.5	4	7	11	16	25	39	62	100	160	0.25	0.39	0.62	1.00	1.60	2.50	3.90
50	**80**	2	3	5	8	**13**	19	30	46	74	120	190	0.30	0.46	0.74	1.20	1.90	3.00	4.60
80	120	2.5	4	6	10	15	22	35	54	87	140	220	0.35	0.54	0.87	1.40	2.20	3.50	5.40

참고

측정에서 측정할 수 있는 길이는 ϕ62의 단면과 데이텀 평면이므로 기능 길이는 ϕ62이다.

(5) 데이텀 선과 관련된 표면의 직각도 공차

공차역의 정의	지시방법 및 설명
공차역은 데이텀에 수직이고 거리 t만큼 떨어진 2개의 평행한 평면에 의해 제한된다. 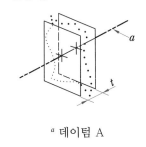 ^{a} 데이텀 A	추출된 표면은 데이텀 축 A와 수직이고 0.08만큼 떨어진 2개의 평행한 평면 사이에 있어야 한다. 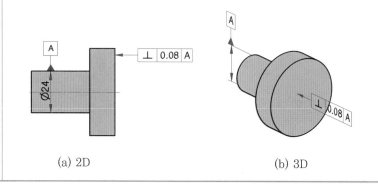 (a) 2D (b) 3D

8 경사도 공차(∠)

경사도는 90°를 제외한 임의의 각도를 갖는 표면이나 형체의 중심이 임의의 각도로 주어진 경사 공차 내에서의 폭 공차를 규제하는 것이다. 경사도는 평면, 폭 중간면, 원통 중심선 등의 공차역을 규제하기 때문에 공차값 앞에 ϕ를 붙이지 않는다.

경사도의 기능 길이는 경사 평면의 거리로 한다.

(1) 데이텀 선과 관련된 선의 경사도 공차

공차역의 정의	지시방법 및 설명
동일한 평면에서 선과 데이텀선 : 공차역은 데이텀에 지정된 각도로 경사지고 t만큼 떨어진 2개의 평행한 평면에 의해 제한된다. 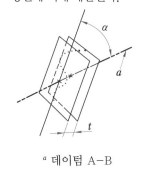 ^{a} 데이텀 A−B	추출된 중간선은 공통의 데이텀 직선 A−B에 이론상 정확한 각도 60°로 경사지고 0.08mm만큼 떨어진 2개의 평행한 평면 사이에 있어야 한다. 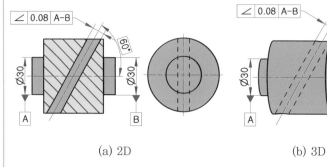 (a) 2D (b) 3D

(2) 데이텀 평면과 관련 있는 선의 경사도 공차

공차역의 정의	지시방법 및 설명
공차역은 데이텀에 지정된 각도로 경사지고 t만큼 떨어진 2개의 평행한 평면에 의해 제한된다. ᵃ 데이텀 A	추출된 중심선이 데이텀 평면 A에 이론상 정확한 각도 60°로 경사지고 0.08mm만큼 떨어진 2개의 평행한 평면 사이에 있어야 한다. 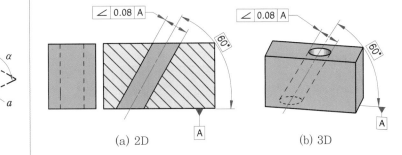 (a) 2D　　　　　(b) 3D

◉ 다음 그림은 데이텀 A를 기준으로 바닥면과 경사 축선의 각이 임의의 각(50°)을 이루고 있으므로 자세 공차인 경사도를 적용하며, **기능 길이 42의 경우 IT 5급 30∼50을 적용하**면 공차값이 11μm이므로 경사도는 $\angle$ 0.011 A 이다.

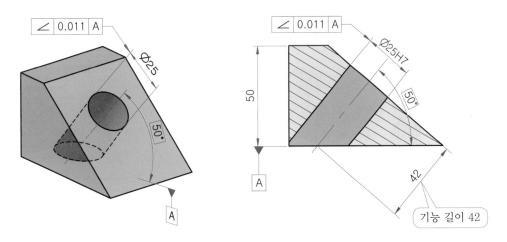

구멍 축심에 규제되는 경사도

> **참고**
>
> 경사진 표면은 이론적으로 정확한 각도 $\boxed{50°}$ 를 기준으로 규제된 경사면의 각도에 대한 공차가 아니고 두 평면 사이의 폭 공차역이다.

(3) 데이텀 선과 관련 있는 선의 경사도 공차

공차역의 정의	지시방법 및 설명
공차역은 데이텀에 지정된 각도로 경사지며 *t*만큼 떨어진 2개의 평행한 평면에 의해 제한된다. 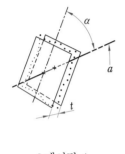 *a* 데이텀 A	추출된 표면이 데이텀 축 A에 이론상 정확한 각도 75°로 경사지고 0.1mm만큼 떨어진 2개의 평행한 평면 사이에 있어야 한다. 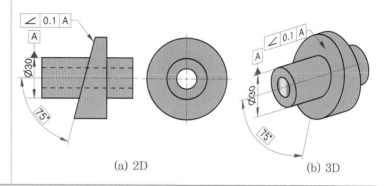 (a) 2D (b) 3D

❂ 다음 그림은 데이텀 A를 기준으로 축선과 경사면의 각이 임의의 각(70°)을 이루고 있으므로 자세 공차인 경사도를 적용하며, 기능 길이 85.1의 경우 IT 5급 80~120을 적용하면 공차값이 15μm이므로 경사도는 ∠ 0.015 A 이다.

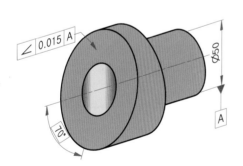
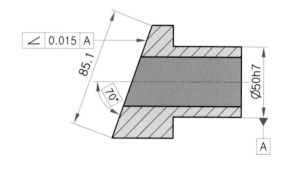

경사도

> **참고**
>
> 치수 공차를 갖는 형체에 경사도를 규제할 때, 공차를 최대 실체 조건으로 규제하는 것이 바람직하다.

(4) 데이텀 평면에 관련된 표면의 경사도 공차

공차역의 정의	지시방법 및 설명
공차역은 데이텀에 지정된 각도로 경사지며 t만큼 떨어진 2개의 평행한 평면으로 제한된다. 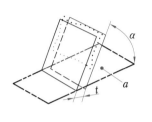 ^{a} 데이텀 A	추출된 표면은 데이텀 평면 A에 이론상 정확한 각도 40°로 경사지고 0.08mm만큼 떨어진 2개의 평행한 평면 사이에 있어야 한다. 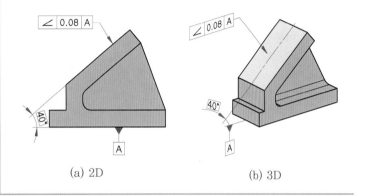 (a) 2D (b) 3D

9 위치도 공차(⊕)

크기를 갖는 형체의 축심, 축직선, 중간면이 이론적으로 정확한 위치에서 벗어난 크기를 **위치도**라 하며, 규제 형체의 중간면을 규제할 때는 위치 공차값 앞에 ϕ를 붙이지 않고 축심, 축직선을 규제할 때는 공차값 앞에 ϕ를 붙인다.

◐ 위치도의 종류

- 위치를 갖는 원형 형상의 축이나 구멍에 대한 위치도
- 위치를 갖는 홈이나 돌기 부분의 위치도
- 단일 또는 복수의 데이텀을 기준으로 규제하는 형체의 위치도
- 위치를 갖는 눈금선의 홈이나 돌기 부분의 위치도

> **참고**
>
> 위치도는 규제 형상에 따라 진직도, 진원도, 평행도, 직각도, 동축도 등의 복합 공차이며, 규제하는 부품의 위치 형체로 기하 공차에서 널리 사용된다.

(1) 선의 위치도 공차

공차역의 정의	지시방법 및 설명
공차값 앞에 ϕ를 붙이면 공차역은 지름 t인 원통으로 제한된다. 그 축은 데이텀 평면 C, A 및 B에 대해 이론상 정확한 치수에 의해 고정된다. 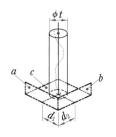 ^{a} 데이텀 A, ^{b} 데이텀 B ^{c} 데이텀 C	추출된 중심선은 지름 0.08mm의 원통 영역 안에 있어야 하며, 그 축은 데이텀 평면 C 및 A, B에 대해 이론상 정확한 위치와 일치해야 한다. (a) 2D (b) 3D 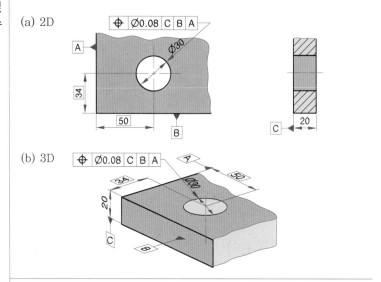

각 구멍에서 추출된 중심선은 지름 0.1mm의 원통 영역 안에 있어야 하며, 그 축은 데이텀 평면 C, A 및 B에 대해 이론상 정확한 위치와 일치해야 한다.

(a) 2D

(b) 3D

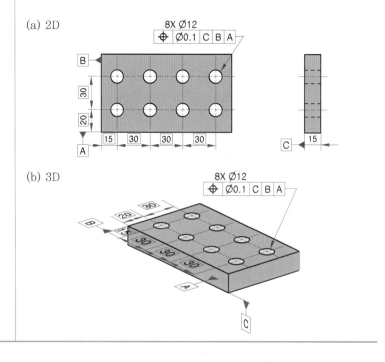

다음 그림은 데이텀 A, B를 기준으로 구멍의 축선 상호 간의 관계 위치는 서로 30mm 떨어진 진위치를 축선으로 하는 지름 9μm 안에 있어야 한다. 위치도 공차값은 위치 공차의 특성상 헐거운 조립 부품 간 상호 끼워맞춤으로 틈새 만큼을 공차값으로 한다.

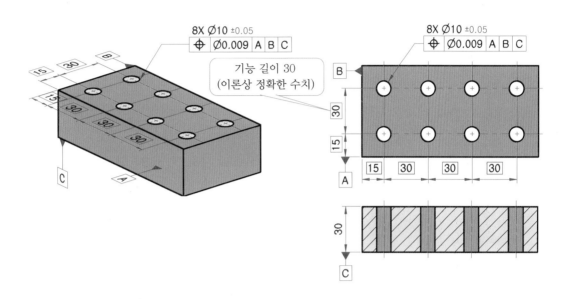

(2) 점의 위치도 공차

공차역의 정의	지시방법 및 설명
공차값 앞에 Sϕ를 붙이면 공차역은 지름 t인 구에 의해 제한된다. 구의 공차역의 중심은 데이텀 A, B 및 C에 대해 이론상 정확한 치수에 의해 고정된다.	추출된 중심은 지름 0.3mm인 구의 영역 안에 있어야 하며, 그 중심은 데이텀 평면 A, B, 데이텀 중간 평면 C에 대해 구의 이론상 정확한 위치와 일치해야 한다.

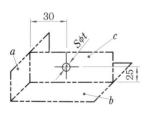

^{a} 데이텀 A, ^{b} 데이텀 B
^{c} 데이텀 C

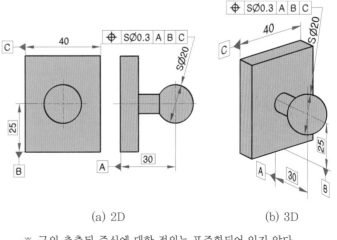

(a) 2D   (b) 3D

※ 구의 추출된 중심에 대한 정의는 표준화되어 있지 않다.

(3) 평탄한 표면 또는 위치도 공차

공차역의 정의	지시방법 및 설명
공차역은 t만큼 떨어진 2개의 평행한 평면에 의해 제한되며, 데이텀 A, B에 대해 이론상 정확한 치수에 의해 고정된 이론상 정확한 위치에서 대칭으로 배치된다. 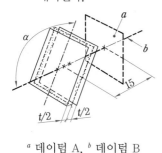 ^{a} 데이텀 A, ^{b} 데이텀 B	추출된 표면은 0.05mm만큼 떨어진 2개의 평행한 평면 사이에 있어야 하며, 데이텀 평면 A와 데이텀 축 B에 대해 이론상 정확한 위치에 대칭으로 배치한다. 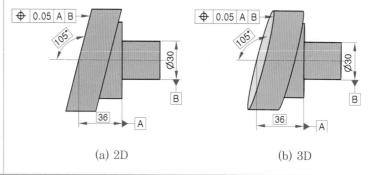 (a) 2D (b) 3D

🔟 동축(심)도 공차(◎)

두 개의 원통이 동일 축 직선(축심)을 가지거나 동일 직선상에 있으면 **동축**이라 한다. 공차역은 지름의 원통으로 규제되며, 동심도 공차는 데이텀 기준에 대한 중심 축선을 제어하게 되므로 공차값 앞에 ϕ를 붙인다.

(1) 점의 동심도 공차

공차역의 정의	지시방법 및 설명
공차값 앞에 ϕ를 붙이면 공차역은 지름 t인 원에 의해 제한된다. 원 공차역의 중심은 데이텀 점과 일치한다. 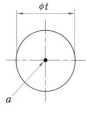 ^{a} 데이텀 점 A	임의의 단면에서 내부 원의 추출된 중심은 같은 단면 안에서 데이텀 점 A와 동심인 지름 0.011mm의 원 안에 있어야 한다. 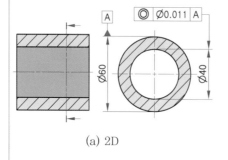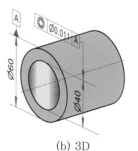 (a) 2D (b) 3D

(2) 축선의 동축도 공차

공차역의 정의	지시방법 및 설명
공차값 앞에 ϕ를 붙이면 공차역은 지름 t의 원통에 의해 제한되며, 원통 공차역의 축은 데이텀과 일치한다. 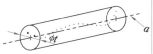 ^{a} 데이텀 A-B ※ 두 번째 데이텀 B는 주 데이텀 A에 수직이다.	공차가 지시된 원통에서 추출된 중심선은 지름 0.009mm의 원통 영역 안에 있어야 하며, 그 축은 공통의 데이텀 직선 A-B이다. 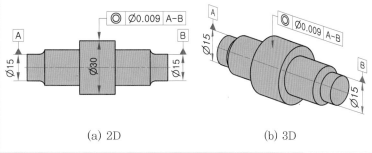 (a) 2D (b) 3D 공차가 지시된 원통에서 추출된 중심선은 지름 0.011mm의 원통 영역 안에 있어야 하며, 그 축은 데이텀 축 A이다. 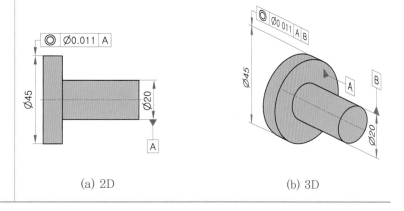 (a) 2D (b) 3D

참고

동심(축)도는 위치 공차의 특성상 조립 부품 간 상호 끼워맞춤으로 틈새 만큼의 공차 이내로 하며, 동심 기능 길이(단 길이)를 주로 적용한다.

① 다음 그림에서 데이텀 A를 기준으로 좌측 ϕ60h6과 우측 ϕ35h6은 동심도이므로 기하 공차의 위치 공차인 동심도를 적용하며, **기능 길이 (40)**은 IT 5급 30~50을 적용하면 공차값이 11μm이므로 동심도는 ◎ ϕ0.011 A 이다.

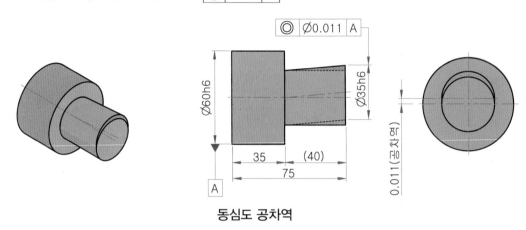

동심도 공차역

기준 치수의 구분(mm)		공차등급(IT)																	
		1	2	3	4	5	6	7	8	9	10	11	12	13	14	15	16	17	18
초과	이하	기본 공차의 수치(μm)											기본 공차의 수치(mm)						
6	10	1	1.5	2.5	4	6	9	15	22	36	58	90	0.15	0.22	0.36	0.58	0.90	1.50	2.20
10	18	1.2	2	3	5	**8**	11	18	27	43	70	110	0.18	0.27	0.43	0.70	1.10	1.80	2.70
18	30	1.5	2.5	4	6	9	13	21	33	52	84	130	0.21	0.33	0.52	0.84	1.30	2.10	3.30
30	50	1.5	2.5	4	7	**11**	16	25	39	62	100	160	0.25	0.39	0.62	1.00	1.60	2.50	3.90
50	80	2	3	5	8	13	19	30	46	74	120	190	0.30	0.46	0.74	1.20	1.90	3.00	4.60

② 다음 그림에서 데이텀 A를 기준으로 좌측 ϕ60h6과 우측 ϕ35h6은 동심도이므로 기하 공차의 위치 공차인 동심도를 적용하며, **기능 길이 (40)**은 IT 5급 30~50을 적용하면 공차값이 11μm이므로 동심도는 ◎ ϕ0.011 A 이다.

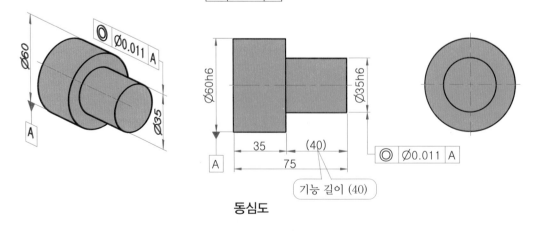

동심도

③ 다음 그림에서 데이텀 B를 기준으로 우측 ϕ42H7과 좌측 ϕ35H7은 동심도이므로 기하
공차의 위치 공차인 동심도를 적용하며, 기능 길이 16은 IT 5급 10~18을 적용하면 공
차값이 8μm이므로 동심도는 ◎ ϕ0.008 B 이다.

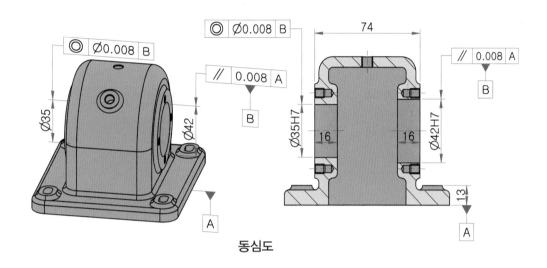

동심도

④ 다음 그림에서 데이텀 A를 기준으로 좌측 ϕ45h6과 우측 ϕ35H7은 동심도이므로 기하
공차의 위치 공차인 동심도를 적용하며, 기능 길이 45는 IT 5급 30~50을 적용하면 공차
값이 11μm이므로 동심도는 ◎ ϕ0.011 A 이다.

또한 한정 범위의 데이텀 설정(데이텀을 표시 없이 어느 한 면의 한정 범위 내에서 설
정)으로 ϕ35H7에서 화살표가 한정 범위의 데이텀으로 인식되므로 화살표를 표기한 후
그림 (b)와 같이 표기한다.

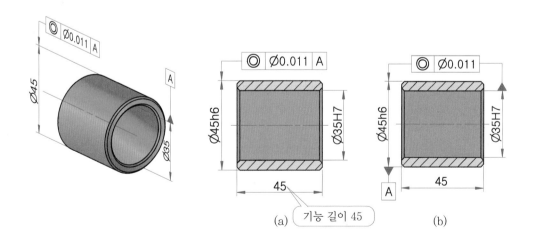

동심도

11 대칭도 공차(⊜)

데이텀 중심선을 기준으로 서로 대칭이어야 할 제어 형체의 중심 평면이 대칭 기준으로부터 벗어난 공차를 **대칭도**라 한다.

대칭도 공차값에는 ϕ를 붙이지 않는다.

공차역의 정의	지시방법 및 설명
공차역은 데이텀에 대해 중간 평면에 대해 대칭으로 배치되고, 거리 t만큼 떨어진 2개의 평행한 평면에 의해 제한된다. 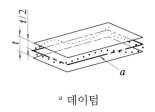 ᵃ 데이텀	추출된 중간 표면은 데이텀 평면 A에 대해 대칭으로 배치되고 0.09mm만큼 떨어진 2개의 평행한 평면 사이에 있어야 한다. 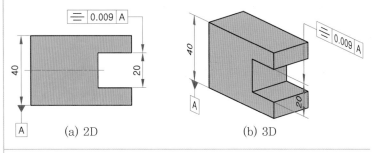 (a) 2D (b) 3D 추출된 중간 표면은 공통의 데이텀 평면 A-B에 대해 대칭으로 배치되고, 0.009mm만큼 떨어진 2개의 평행한 평면 사이에 있어야 한다. 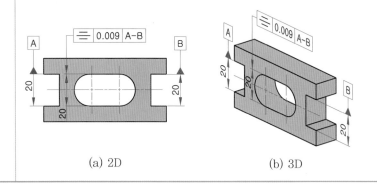 (a) 2D (b) 3D

> **참고**
>
> **대칭도 공차**
> 대칭도 공차는 공차역이 위치도 공차와 동일하므로 ANSI 규격에서는 대칭도 규격을 삭제하고 대칭도로 규제하는 형체를 위치도로 규제하고 있다. ISO와 KS 규격에는 대칭도가 규격으로 규정되어 있다.

① 다음 그림은 데이텀 A에서 중심 평면을 기준으로 2개의 평면이 대칭이므로 기하 공차의 위치 공차인 대칭도를 적용하며, 중심 평면은 공차값이 $13\mu m$의 간격을 갖는 2개의 평행한 평면 사이에 있어야 한다.

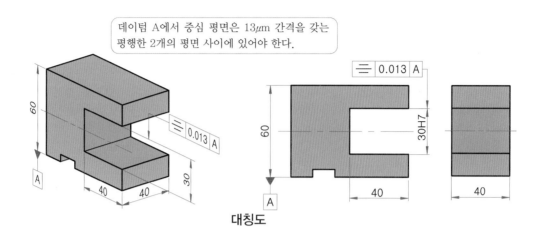

데이텀 A에서 중심 평면은 $13\mu m$ 간격을 갖는 평행한 2개의 평면 사이에 있어야 한다.

대칭도

② 데이텀 A에서 중심선을 기준으로 대칭이므로 대칭도를 적용하며, 기능 길이 35, 45는 IT 5급 30~50을 적용하면 공차값이 $11\mu m$이므로 대칭도는 $\boxed{\equiv\ |\ 0.011\ |\ A}$ 이다.

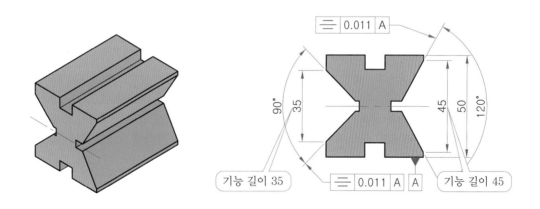

대칭도 (V 블록)

12 흔들림 공차

데이텀 축심을 기준으로 규제 형체(원통, 원주, 원호, 평면)와 완전한 형상으로부터 벗어난 크기의 공차를 흔들림이라 한다.

진원도, 진직도, 원통도, 직각도 등을 포함한 복합 공차이다.

(1) 원주 흔들림 공차(⟋)

원주 흔들림은 데이텀 축선을 기준으로 단면이나 원통면에서 1회전할 때 다이얼 인디게이지 측정값의 최대 차를 공차값으로 하며, 공차값 앞에 ϕ를 붙이지 않는다.

① 반지름 방향의 원주 흔들림 공차

공차역의 정의	지시방법 및 설명
공차역은 중심이 데이텀과 일치하고 반지름 t만큼 차가 있는 2개의 동심원으로 된 데이텀 축에 수직인 임의의 단면 안에서 제한된다.	공통의 데이텀 직선 A–B에 수직인 임의의 단면인 평면에서 추출된 선은 반지름 0.009mm만큼 차가 있는 2개의 동심원 사이에 있어야 한다.

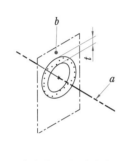

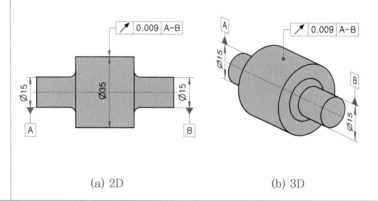

a 데이텀 A, *b* 데이텀 B   (a) 2D   (b) 3D

② 축 직각 방향의 원주 흔들림 공차

공차역의 정의	지시방법 및 설명
공차역은 원통 단면에서 거리 t만큼 떨어진 2개의 원에 의해 임의의 원통 단면으로 제한되며, 그 축은 데이텀과 일치한다.	축이 데이텀 축 D와 일치하는 임의의 원통 단면에서 추출된 선은 거리가 0.1mm만큼 떨어진 2개의 원 사이에 있어야 한다.

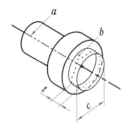

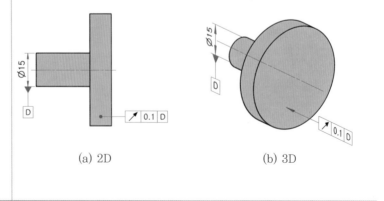

a 데이텀 D, *b* 공차 영역
c 임의의 지름   (a) 2D   (b) 3D

◉ 다음 그림에서 데이텀 A를 기준으로 좌측 ϕ14H7의 축선과 원주면은 원주 흔들림이므로 기하 공차의 위치 공차인 원주 흔들림을 적용하며, 기능 길이 ϕ86은 IT 5급 80~120을 적용하면 공차값이 15μm이므로 원주 흔들림은 | ↗ | 0.015 | A | 이다.

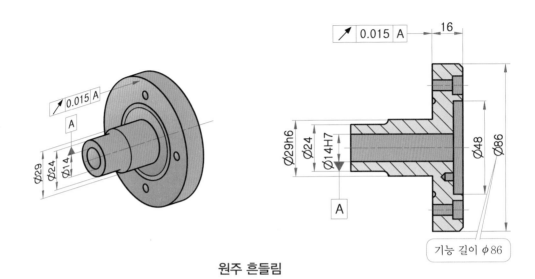

원주 흔들림

기준 치수의 구분(mm)		공차 등급(IT)																	
		1	2	3	4	5	6	7	8	9	10	11	12	13	14	15	16	17	18
초과	이하	기본 공차의 수치(μm)											기본 공차의 수치(mm)						
30	50	1.5	2.5	4	7	11	16	25	39	62	100	160	0.25	0.39	0.62	1.00	1.60	2.50	3.90
50	80	2	3	5	8	13	19	30	46	74	120	190	0.30	0.46	0.74	1.20	1.90	3.00	4.60
80	120	2.5	4	6	10	15	22	35	54	87	140	220	0.35	0.54	0.87	1.40	2.20	3.50	5.40
120	180	3.5	5	8	12	18	25	40	63	100	160	250	0.40	0.63	1.00	1.60	2.50	4.00	6.30

참고

• 원주 흔들림은 복합 공차이므로 진원도와 직각도는 축선에 직각 방향으로 규제하고, 원통도와 진직도는 길이(단 길이) 방향으로 규제한다.
• 이 교재에서는 지름(축선에 직각 방향)을 기준으로 공차값을 적용한 경우만 제시한다.

(2) 온 흔들림 공차(↗)

온 흔들림은 데이텀 축선을 기준으로 다이얼 인디게이지를 이동시키면서 측정물을 회전시켰을 때의 눈금의 최대 차를 온 흔들림 공차값으로 하며, 공차 치수 앞에 ϕ를 붙이지 않는다.

① 반지름 방향의 온 흔들림 공차

공차역의 정의	지시방법 및 설명
공차역은 축이 데이텀과 일치하고 반지름 t만큼 차가 있는 2개의 동심 원통에 의해 제한된다. 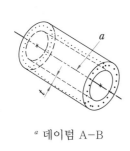 ^a 데이텀 A–B	추출된 표면은 공통의 데이텀 직선 A–B와 축이 일치하고 반지름 0.1mm만큼 차가 있는 2개의 동심 원통 사이에 있어야 한다. 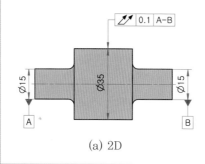 (a) 2D 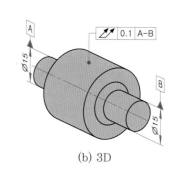 (b) 3D

② 축 직각 방향의 온 흔들림 공차

공차역의 정의	지시방법 및 설명
공차역은 데이텀에 수직이고 거리 t만큼 떨어진 2개의 평행한 평면에 의해 제한된다. 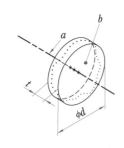 ^a 데이텀 D, ^b 추출된 표면	추출된 표면은 데이텀 축 D에 수직이고 0.1mm만큼 떨어진 2개의 평행한 평면 사이에 있어야 한다. 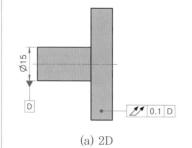 (a) 2D 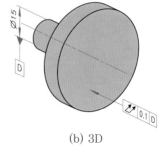 (b) 3D

◉ 다음 그림은 데이텀 A를 기준으로 좌측 φ14h7의 축선과 원형 방향, 직선 방향에 적용되는 온 흔들림이므로 기하 공차의 위치 공차인 온 흔들림을 적용하며, 기능 길이 φ86 은 IT 5급 80~120을 적용하면 공차값이 15μm이므로 온 흔들림은 $\boxed{\swarrow \quad 0.015 \quad A}$ 이다.

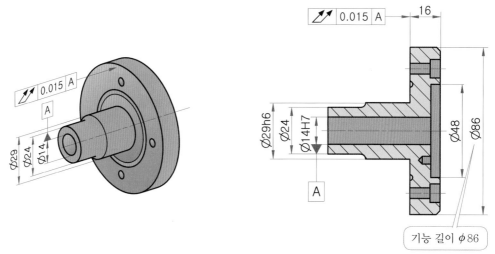

온 흔들림

참고

온 흔들림은 원통면이나 평면 전체를 일괄해서 규제하므로 기능 길이는 원통의 경우 단 길이를 적용하고, 단면은 지름(축선에 직각 방향)을 기준으로 공차값을 적용한다.

예제14 ── 데이텀 및 기하 공차 기입하기 ──

● 도면을 보고 기능에 관련된 데이텀과 기하 공차를 기입해 보자.

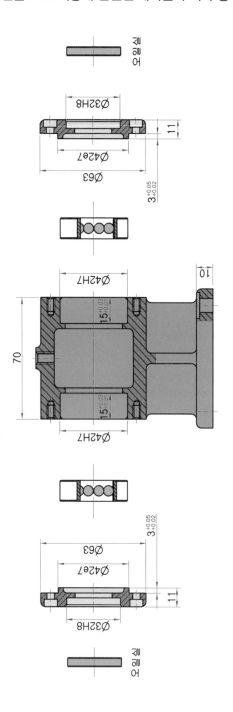

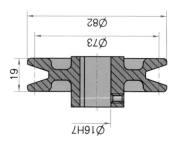

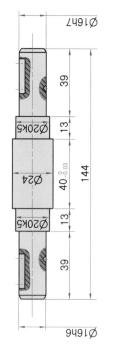

기능에 관련된 데이텀과 기하 공차 기입

7   최소 실체 공차방식

1 최대 실체치수와 최소 실체치수

(1) 최대 실체치수

부품에 대한 치수 공차를 갖는 형체가 공차 허용 범위 내에서 부피(체적)가 최대일 때의 치수를 **최대 실체치수**라 하며, MMS 또는 Ⓜ으로 나타낸다. 내측 형체는 하한치수가, 외측 형체는 상한치수가 최대 실체치수이다.

> Ⓔ **치수가 $\phi 40 \pm 0.1$일 경우** − 핀 : 최대 실체치수 40.1mm, 구멍 : 최대 실체치수 39.9mm

(2) 최소 실체치수

부품에 대한 치수 공차를 갖는 형체가 공차 허용 범위 내에서 부피가 최소일 때의 치수를 **최소 실체치수**라 하며, LMS 또는 Ⓛ로 나타낸다. 내측 형체는 상한치수가, 외측 형체는 하한치수가 최소 실체치수이다.

> Ⓔ **치수가 $\phi 40 \pm 0.1$일 경우** − 핀 : 최소 실체치수 39.9mm, 구멍 : 최소 실체치수 40.1mm

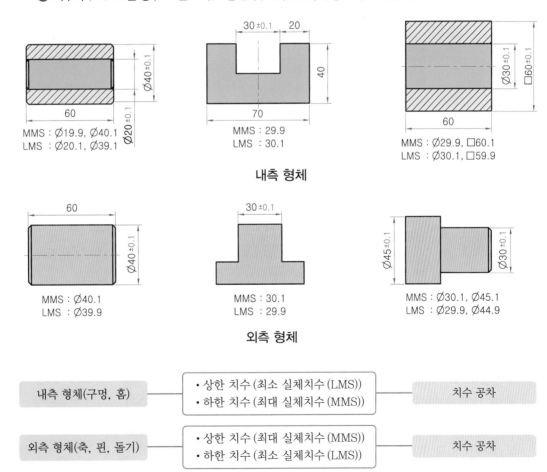

MMS : Ø19.9, Ø40.1
LMS : Ø20.1, Ø39.1

MMS : 29.9
LMS : 30.1

MMS : Ø29.9, □60.1
LMS : Ø30.1, □59.9

내측 형체

MMS : Ø40.1
LMS : Ø39.9

MMS : 30.1
LMS : 29.9

MMS : Ø30.1, Ø45.1
LMS : Ø29.9, Ø44.9

외측 형체

내측 형체(구멍, 홈)	• 상한 치수 (최소 실체치수 (LMS)) • 하한 치수 (최대 실체치수 (MMS))	치수 공차
외측 형체(축, 핀, 돌기)	• 상한 치수 (최대 실체치수 (MMS)) • 하한 치수 (최소 실체치수 (LMS))	치수 공차

(3) 최대 실체 공차방식의 적용

① 최대 실체 공차방식은 2개 이상의 부품을 조립할 때 적용하며, 조립하는 2개 부품의 치수 공차와 기하 공차 사이에서 여분의 치수를 기하 공차에 부가할 수 있을 때 적용한다.

② 조립되는 부품의 중심 또는 중간면이 있는 치수 공차에 적용하며, 평면 또는 표면에는 적용하지 않는다.

③ 도면에 지시한 기하 공차값이 최대 실체치수를 벗어날 때는 벗어난 치수만큼 추가 공차가 허용된다.

④ 데이텀을 기준으로 기하 공차를 규제할 때 데이텀 자체가 치수 공차를 갖는다면 데이텀에도 적용할 수 있다.

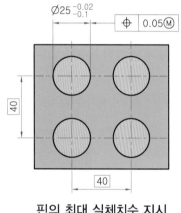

핀의 최대 실체치수 지시

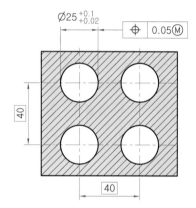

구멍의 최대 실체치수 지시

2 최대 실체 공차방식으로 규제된 핀과 구멍

(1) 핀에 규제된 직각도

핀에 최대 실체 공차방식으로 규제된 직각도 공차가 $\phi 0.05$이고 핀의 상한치수가 $\phi 30.05$일 때 최대 실체치수가 되며, 직각도 공차는 핀이 작아지면 작아진 만큼 추가 공차가 허용된다.

핀의 하한치수가 $\phi 29.95$일 때 최대 실체치수는 $\phi 30.05 - \phi 29.95 = 0.1$이므로 규제된 직각도 공차 0.05가 추가되어 0.15(= 0.1 + 0.05)까지 허용된다.

(2) 구멍에 규제된 직각도

구멍에 최대 실체 공차방식으로 규제된 직각도 공차가 $\phi 0.05$이고 구멍의 하한치수가 $\phi 29.95$일 때 최대 실체치수가 되며, 직각도 공차는 구멍이 커지면 커진 만큼 추가 공차가 허용된다.

구멍의 상한치수가 $\phi 30.05$일 때 최대 실체치수는 $\phi 30.05 - \phi 29.95 = 0.1$이므로 규제된 직각도 공차 0.05가 추가되어 0.15(= 0.1 + 0.05)까지 허용된다.

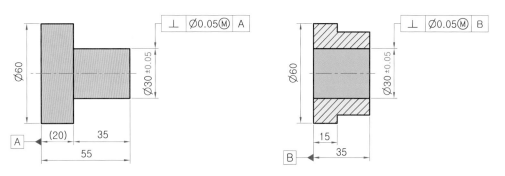

핀과 구멍에 규제된 직각도

실체치수에 따라 추가되는 직각도 공차

핀의 실체치수	직각도 공차	구멍의 실체치수	직각도 공차
ϕ30.05	ϕ0.05	ϕ29.95	ϕ0.05
ϕ30.04	ϕ0.06	ϕ29.96	ϕ0.06
ϕ30.03	ϕ0.07	ϕ29.97	ϕ0.07
ϕ30.02	ϕ0.08	ϕ29.98	ϕ0.08
ϕ30.01	ϕ0.09	ϕ29.99	ϕ0.09
ϕ30.00	ϕ0.10	ϕ30.00	ϕ0.10
ϕ29.99	ϕ0.11	ϕ30.01	ϕ0.11
ϕ29.98	ϕ0.12	ϕ30.02	ϕ0.12
ϕ29.97	ϕ0.13	ϕ30.03	ϕ0.13
ϕ29.96	ϕ0.14	ϕ30.04	ϕ0.14
ϕ29.95	ϕ0.15	ϕ30.05	ϕ0.15

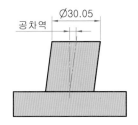

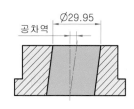

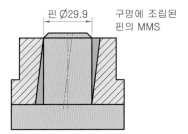

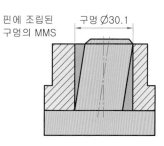

최대 실체 공차방식으로 규제된 직각도 공차

(3) 최대 실체 공차방식 지시

① 도면에 최대 실체 공차방식을 지시할 경우 공차 지시 틀 안에서 기하 공차의 공차값 뒤에 ⓂⒷ을 기입한다.

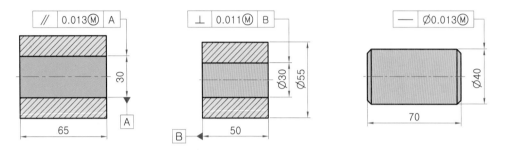

최대 실체 공차방식으로 평행도, 직각도, 진직도 지시

② 데이텀과 형체에 최대 실체 공차방식을 지시할 경우 기하 공차값과 데이텀 문자 뒤에 각각 Ⓜ을 기입한다.

③ 공차 지시 틀과 데이텀 삼각 기호를 직접 연결하여 데이텀을 지시하는 문자 기호를 생략할 경우 공차 지시 틀 3번째 칸에 데이텀 문자 없이 Ⓜ만을 기입한다.

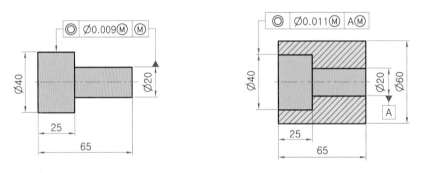

최대 실체 공차방식으로 동심도 지시

③ 최대 실체 공차방식으로 규제된 기하 공차(진직도)

핀을 최대 실체 공차방식으로 진직도로 규제할 경우 진직도 공차 $\phi0.05$는 핀의 지름이 최대 실체치수 $\phi50.05$일 때 허용되는 공차이며, 최소 실체치수 $\phi49.95$로 작아지면 작아진 만큼 진직도 공차가 추가로 허용된다.

핀의 실체치수가 $\phi50$이면 최대 실체치수 $\phi50.05$에서 0.05 작아진 만큼 추가 공차가 허용되므로 진직도 공차는 0.05 추가되어 $0.1(=0.05+0.05)$까지 허용된다.

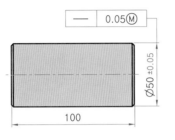

(a) 핀의 중심을 지름 공차와 진직도로 규제

(b) 핀의 표면을 폭 공차와 진직도로 규제

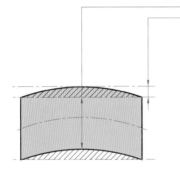

(c) 핀의 실체치수에 따라 추가되는 진직도

핀의 실체치수	진직도 공차
$\phi 50.05$	$\phi 0.05$
$\phi 50.04$	$\phi 0.06$
$\phi 50.03$	$\phi 0.07$
$\phi 50.02$	$\phi 0.08$
$\phi 50.01$	$\phi 0.09$
$\phi 50.00$	$\phi 0.10$
$\phi 49.99$	$\phi 0.11$
$\phi 49.98$	$\phi 0.12$
$\phi 49.97$	$\phi 0.13$
$\phi 49.96$	$\phi 0.14$
$\phi 49.95$	$\phi 0.15$

최대 실체 공차방식으로 진직도 규제

4 최소 실체 공차방식

　최소 실체 공차방식은 데이텀을 기준으로 규제된 형체가 최소 실체조건에서 최대 실체조건에 가까워지는 경우, 데이텀을 기준으로 규제된 중심 위치를 유지할 필요가 있는 경우, 부품의 특성상 변형의 문제가 생길 수 있는 경우, 데이텀을 기준으로 규제된 최소 벽 두께를 규제할 필요가 있는 경우에 적용한다.

핀 지름	위치도 공차	구멍 지름
$\phi 39.9$	$\phi 0.1$	$\phi 40.1$
$\phi 40.0$	$\phi 0.2$	$\phi 40.0$
$\phi 40.1$	$\phi 0.3$	$\phi 39.9$

최대 실체조건으로 위치도 규제

다음 그림과 같이 데이텀 B를 구멍 중심에 잡고 외형 중심에 최소 실체조건으로 동심도를 규제할 경우, 외형 중심과 구멍 중심이 각각 최소 실체치수(외형 $\phi 69.8$, 구멍 $\phi 40.2$)일 때 동심도를 $\phi 0.2$로 규제하면 외형과 구멍의 최대 실체치수(외형 $\phi 70$, 구멍 $\phi 40$)는 $\phi 40$까지 추가 공차가 허용된다.

데이텀 B인 구멍 지름과 바깥지름에 허용되는 동심도 공차에 따른 최소 벽 두께 계산은 다음과 같다.

바깥지름 최소 실체치수 $= \phi 69.8$
$-$ 데이텀 구멍의 최소 실체치수 $= \phi 40.2$
        $\phi 29.6 \div 2 = \phi 14.8 =$ 한쪽 벽 두께
              $- \phi 0.1 =$ 바깥지름 중심의 편위량
          $\phi 14.7 =$ 최소 벽 두께

※ 허용되는 동심도 공차 $= \phi 0.2 \div 2 = \phi 0.1$
  $\phi 0.1 =$ 데이텀 A의 구멍 중심에서 외형 중심이 한쪽으로 편위될 수 있는 편위량
  구멍과 외형이 각각 MMS로 치수가 변하더라도 최소 벽 두께는 변하지 않는다.

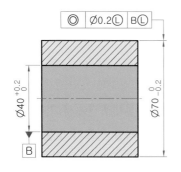
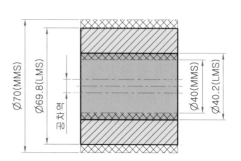

규제 형체와 데이텀이 LMS로 동심도 규제

5 규제조건에 따른 공차 해석

다음 그림과 같이 $\phi40H7(\phi40H7=\phi40.0\sim\phi40.025)$로 규제된 구멍에 위치도 공차가 모두 $\phi0.011$로 지시되어 있고, 규제 조건이 각각 다르게 지시되어 있을 경우 실제 구멍 지름에 따라 허용되는 위치도 공차는 아래 표와 같다.

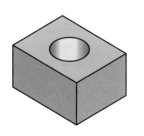
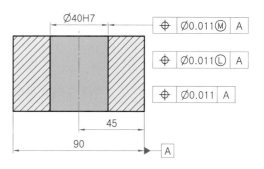

규제조건에 따른 공차 해석

규제조건과 실제 구멍 지름에 따라 허용되는 위치도 공차

⊕	Ø0.011Ⓜ	A		⊕	Ø0.011Ⓛ	A		⊕	Ø0.011	A	
구멍 지름		위치도 공차		구멍 지름		위치도 공차		구멍 지름		위치도 공차	
Ⓜ$\phi40.000$		$\phi0.011$		Ⓛ$\phi40.025$		$\phi0.011$		$\phi40.000$		$\phi0.011$	
$\phi40.005$		$\phi0.016$		$\phi40.020$		$\phi0.016$		$\phi40.005$		$\phi0.011$	
$\phi40.010$		$\phi0.021$		$\phi40.015$		$\phi0.021$		$\phi40.010$		$\phi0.011$	
$\phi40.015$		$\phi0.026$		$\phi40.010$		$\phi0.026$		$\phi40.015$		$\phi0.011$	
$\phi40.020$		$\phi0.031$		$\phi40.005$		$\phi0.031$		$\phi40.020$		$\phi0.011$	
Ⓛ$\phi40.025$		$\phi0.036$		Ⓜ$\phi40.000$		$\phi0.036$		$\phi40.025$		$\phi0.011$	

6 이론적으로 정확한 치수

일반적으로 치수에는 허용 치수 공차가 주어진다. 위치도, 윤곽도, 경사도 등을 지정할 때 위치, 윤곽, 경사를 정하는 치수에 치수 공차를 인정하면, 치수 공차 안에서 허용되는 오차와 기하 공차 안에서 허용되는 오차가 중복되어 공차역의 해석이 불분명해진다.

이 경우의 치수는 치수 공차를 인정하지 않고 기하 공차에 대한 공차역 안에서의 오차만 인정하는데, 이것을 **이론적으로 정확한 치수**라 하며 ⬜, 45° 와 같이 직사각형 틀로 둘러 싸서 나타낸다.

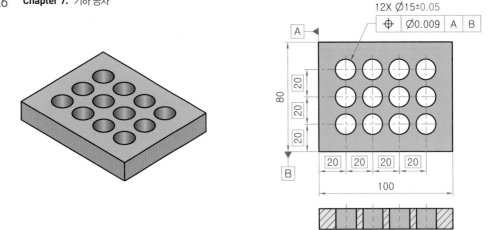

위치도의 이론적으로 정확한 치수

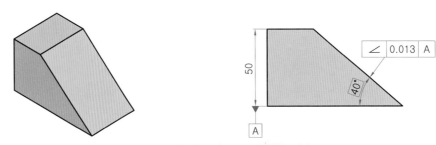

경사도의 이론적으로 정확한 치수

7 실효치수(VS)

형체의 실효상태를 정하는 치수로 외측 형체는 최대 허용치수에 기하 공차를 더한 치수가 되고, 내측 형체는 최소 허용치수로부터 기하 공차를 뺀 치수가 된다.

> 외측 형체 = 최대 실체치수(MMS) + 기하 공차(자세 공차 또는 위치 공차)
>
> 내측 형체 = 최소 실체치수(LMS) − 기하 공차(자세 공차 또는 위치 공차)

예 치수가 $\phi 40^{\pm 0.1}$이고 기하 공차가 │⊥│0.2Ⓜ│ A │일 경우

핀의 실효치수 : 40.3mm, 구멍의 실효치수 : 39.7mm

(1) 외측 형체(축, 핀)의 실효치수

① 축과 핀의 최대 실체치수는 +로 지시된다.

② 축과 핀에 조립되는 내측 형체의 부품은 최대 실체치수이다.

③ 축과 핀에 규제된 기하 공차를 검사하는 기능게이지를 기본 치수로 한다.

④ 축과 핀에 조립되는 내측 형체에 기하 공차를 결정하는 것은 설계의 기본이다.

⑤ 실효치수일 때 기하 공차는 언제나 0으로 완전해야 한다.

(2) 내측 형체(구멍, 홈)의 실효치수

① 구멍과 홈의 최대 실체치수는 -로 지시된다.

② 구멍과 홈에 조립되는 외측 형체의 부품은 최대 실체치수이다.

③ 구멍과 홈에 규제된 기하 공차를 검사하는 기능게이지를 기본 치수로 한다.

④ 구멍과 홈에 조립되는 외측 형체에 기하 공차를 결정하는 것은 설계의 기본이다.

⑤ 실효치수일 때 기하 공차는 언제나 0으로 완전해야 한다.

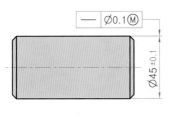
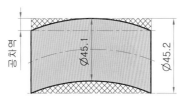
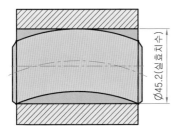

핀을 진직도로 규제한 실효치수

8 돌출 공차역

(1) 돌출 공차역

공차역을 형체의 내부가 아닌 구멍에 조립하여 튀어나온 핀이나 볼트 등 돌출된 부분에 지시하는 것을 **돌출 공차역**이라 하며, 기호 ⓟ로 나타낸다.

돌출 공차역은 구멍에 핀을 끼우고 그 핀에 구멍이 있는 부품을 조립할 경우, 탭 구멍에 구멍이 뚫린 부품을 볼트로 조립하는 경우, 부품의 위치도 공차나 직각도 공차를 도면에 지시할 경우 사용한다.

> **참고**
>
> 조립되는 부품과 부품의 돌출된 부분의 위치도 공차나 직각도 공차를 결정할 때는 구멍의 최대 실체치수와 핀의 최대 실체치수일 때의 치수 차를 부품에 분배하여 결정한다.

(2) 돌출 공차역의 지시 방법

공차역을 그 형체 자체의 외부에 지시할 경우 돌출부를 가는 2점 쇄선으로 표시하고, 치수 앞이나 공차값 뒤에 기호 ⓅΓ를 기입한다.

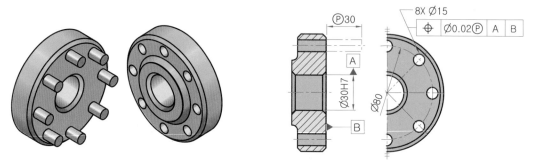

돌출 공차역의 지시 방법

9 조립되는 두 부품의 치수 공차와 기하 공차의 결정

(1) 치수 공차로 규제된 부품의 치수 결정

구멍의 중심과 구멍의 지름 치수가 주어진 부품에 두 핀이 달린 부품을 조립할 경우 기울 어진 구멍과 핀도 조립이 될 수 있도록 두 핀의 중심과 핀 지름의 치수 공차를 결정한다.

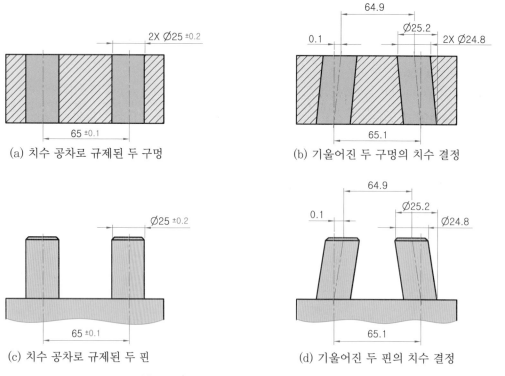

치수 공차로 규제된 부품의 치수 결정

(2) 위치를 갖는 두 부품의 치수 공차와 위치도 공차 결정

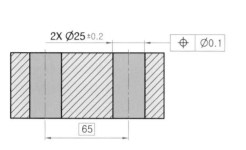

(a) 위치 공차로 규제된 두 구멍

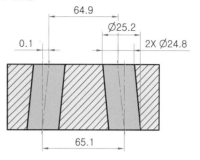

(b) 기울어진 두 구멍의 치수 결정

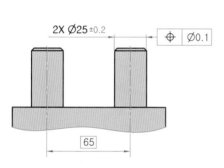

(c) 위치 공차로 규제된 두 핀

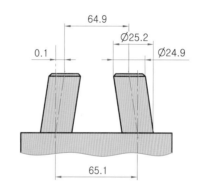

(d) 기울어진 두 핀의 치수 결정

치수 공차와 위치도 공차로 규제된 부품의 치수 결정

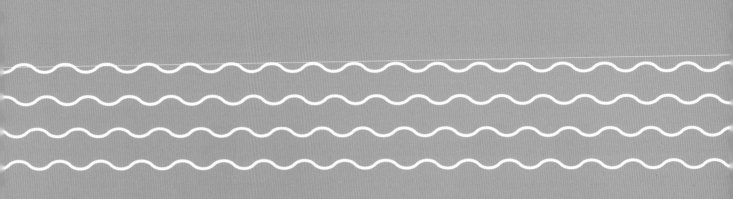

CHAPTER

8

주서 및 기계 재료

1 주 서

주 서

1. 일반 공차 – 가) 가공부 : KS B ISO 2768-m
   　　　　　나) 주조부 : KS B 0250 CT-11
   　　　　　다) 주강부 : KS B 0418 보통급

2. 도시되고 지시없는 모떼기는 $1 \times 45°$, 필렛 및 라운드 R3

3. 일반 모떼기는 $0.2 \times 45°$

4. ▽ 부　외면 명청색 도장
   　　　내면 명적색(광명단) 도장 후 가공 (품번 1, 2, 4)

5. ▬‧▬‧▬ 부 열처리 $H_RC50\pm2$ (품번 3, 5)

6. 표면 거칠기

   $\frac{W}{\nabla} = \frac{12.5}{\nabla}$, N10

   $\frac{X}{\nabla} = \frac{3.2}{\nabla}$, N8

   $\frac{Y}{\nabla} = \frac{0.8}{\nabla}$, N6

   $\frac{Z}{\nabla} = \frac{0.2}{\nabla}$, N4

---

① 표제란과 부품란에 이어 도면에서 가장 먼저 확인해야 하는 것이 **주서**이다.

② 주서는 도면에 그리지 못한 부분이나 도면에 반복하여 사용되는 지시 사항 등 도면에 표시하면 복잡하여 오히려 혼란을 주는 부분을 간단 명료하게 기입하는 것이다.

주서는 별도의 규격은 없으나, 문장 형식을 사용하여 너무 길게 나열하거나 혼동을 줄수 있는 용어 등은 되도록 삼간다.

③ 주서문은 그 순서와 내용 및 형식이 규정되어 있지 않다. 단, 보는 사람으로 하여금 이해하기 쉽고 **도면에 꼭 필요한 사항만을 간단명료하게** 표기하는 것이 바람직하다.

1 일반 공차

① 선형 치수 및 각도 치수 등에 개별 공차 표시가 없는 값에 대한 공차의 경우, **가공부**는 KS B ISO 2768-m, **주조부**는 KS B 0250 CT-11, **주강부**는 KS B 0418 보통급을 적용한다.

```
1. 일반 공차 - 가) 가공부 : KS B ISO 2768-m
          나) 주조부 : KS B 0250 CT-11
          다) 주강부 : KS B 0418 보통급
```

② 일반 공차 규격은, 공차 표시가 없는 선형 및 치수에 대한 일반 공차를 4개의 공차 등급으로 구분하며, 가공된 금속 제품 또는 주조된 금속 제품 등에 대하여 적용한다.

㈎ 가공부 선형 치수에 대한 일반 공차   KS B ISO 2768-1 (단위 : mm)

공차 등급		보통 치수에 대한 허용 편차							
호칭	설명	0.5[1]에서 3 이하	3 초과 6 이하	6 초과 30 이하	30 초과 120 이하	120 초과 400 이하	400 초과 1000 이하	1000 초과 2000 이하	2000 초과 4000 이하
f	정밀	±0.05	±0.05	±0.1	±0.15	±0.2	±0.3	±0.5	-
m	중간	±0.1	±0.1	±0.2	±0.3	±0.5	±0.8	±1.2	±2
c	거침	±0.2	±0.3	±0.5	±0.8	±1.2	±2	±3	±4
v	매우 거침	-	±0.5	±1	±1.5	±2.5	±4	±6	±8

주) (1) 0.5mm 미만의 공정 크기에 대해서는 편차가 관련 공칭 크기에 근접하게 표기한다.

㈏ 일반 공차 (바깥반지름 및 모떼기 높이)   KS B ISO 2768-1 (단위 : mm)

공차 등급		보통 치수에 대한 허용 편차		
호칭	설명	0.5[1]에서 6 이하	3 초과 6 이하	6 초과
f	정밀	±0.2	±0.5	±1
m	중간			
c	거침	±0.4	±1	±2
v	매우 거침			

주) (1) 0.5mm 미만의 공정 크기에 대해서는 편차가 관련 공칭 크기에 근접하게 표기한다.

㈐ 가공부 선형 치수에 대한 각도의 허용 편차   KS B ISO 2768-1 (단위 : mm)

공차 등급		각을 이루는 치수(단위 : mm)에 대한 허용 편차				
호칭	설명	10 이하	10 초과 50 이하	50 초과 120 이하	120 초과 400 이하	400 초과
f	정밀	±1°	±0°30′	±1°20′	±1°10′	±0°5′
m	중간					
c	거침	±1°30′	±1°	±0°30′	±0°15′	±0°10′
v	매우 거침	±3°	±2°	±1°	±0°30′	±0°20′

㈑ 주조품의 치수 공차

- 주조품의 치수 공차 및 요구하는 절삭 여유 방식으로 규정하고, 금속 및 합금 등 여러 가지 방법으로 주조한 주조품의 치수에 적용한다.
- 주물 공차는 KS B 0250-CT12, KS B ISO 8062-CT12 중 하나의 방식이다.
- 절삭 가공 전에 주조한 대로의 주조품 치수와 필요한 최소 절삭 여유를 포함한 치수로 적용한다.

주조품의 치수 공차(KS B 1030)　　　　(단위 : mm)

주조한대로의 주조품 기준 치수		전체 주조 공차													
		주조 공차 등급 CT													
초과	이하	1	2	3	4	5	6	7	8	9	10	11	12	13	14
–	10	0.09	0.13	0.18	0.26	0.36	0.52	0.74	1	1.5	2	2.8	4.2	–	–
10	16	0.1	0.14	0.2	0.28	0.38	0.54	0.78	1.1	1.6	2.2	3	4.4	–	–
16	25	0.11	0.15	0.22	0.3	0.42	0.58	0.82	1.2	1.7	2.4	3.2	4.6	6	8
25	40	0.12	0.17	0.24	0.32	0.46	0.64	0.9	1.3	1.8	2.6	3.6	5	7	9
40	63	0.13	0.18	0.26	0.36	0.5	0.7	1	1.4	2	2.8	4	5.6	8	10
63	100	0.14	0.2	0.28	0.4	0.56	0.78	1.1	1.6	2.2	3.2	4.4	6	9	11
100	160	0.15	0.22	0.3	0.44	0.62	0.88	1.2	1.8	2.5	3.6	5	7	10	12
160	250	–	0.24	0.34	0.5	0.7	1	1.4	2	2.8	4	5.6	8	11	14
250	400	–	–	0.4	0.56	0.78	1.1	1.6	2.2	3.2	4.4	6.2	9	12	16
400	630	–	–	–	0.64	0.9	1.2	1.8	2.6	3.6	5	7	10	14	18
630	1000	–	–	–	–	1	1.4	2	2.8	4	6	8	11	16	20
1000	1600	–	–	–	–	–	1.6	2.2	3.2	4.6	7	9	13	18	23
1600	2500	–	–	–	–	–	–	2.6	3.8	5.4	8	10	15	21	26
2500	4000	–	–	–	–	–	–	–	4.4	6.2	9	12	17	24	30
4000	6300	–	–	–	–	–	–	–	–	7	10	14	20	28	35
6300	10000	–	–	–	–	–	–	–	–	–	11	16	23	32	40

주강품의 길이 보통 공차(KS B 1030)　　　　(단위 : mm)

치수 구분　　　등급	A급	B급	C급
120 이하	±1.8	±2.8	±4.5
120 초과　315 이하	±2.5	±4	±6
315 초과　630 이하	±3.5	±5.5	±9
630 초과　1250 이하	±5	±8	±12

② 도시되고 지시 없는 모떼기 1×45°, 필렛 및 라운드 R3

도시되고 지시 없는 절삭 가공부, 주조부의 모떼기 및 둥글기 값을 주서에 표기하여 도면을 간단히 한다.

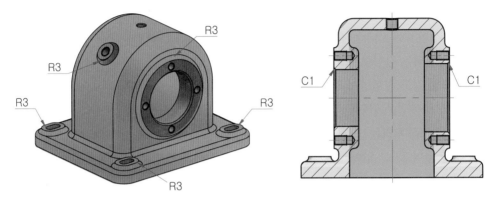

도시되고 지시 없는 모떼기 1X45°, 필렛 및 라운드 R3

③ 일반 모떼기 0.2×45°

절삭 가공부의 도시되지 않은 모서리의 모떼기값을 주서에 표기하여 도면을 간단히 한다.

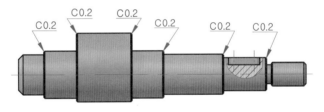

일반 모떼기

④ ▽부 외면 명청색 도장, 내면 명적색 도장 후 가공 (품번 1, 2, 4)

주조품, 주강, 회주철인 부품도에서 기계 가공 부위와 주물면과의 구분으로 외면의 주물면은 명청색 도장, 내면은 명적색(광명단) 도장을 한다.

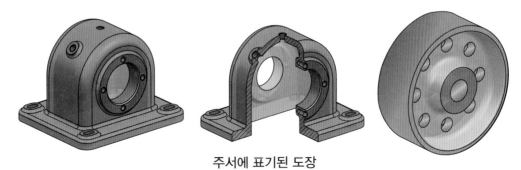

주서에 표기된 도장

5 ──·──·── 부 열처리 H$_R$C50±2(품번 3, 5)

(1) 특수 가공에 관한 주서 표기법(열처리)

① 열처리부는 **굵은 일점 쇄선**으로 표시한 부분에 **침탄 표면 열처리**를 부여하라는 내용이다. H$_R$C란 경도 시험 중 **로크웰 경도 C 스케일**을 뜻하며, H$_R$C50±2는 그 열처리부의 로크웰 경도값이 48~52라는 뜻이다. 시험 원리는 120° 원뿔 다이아몬드를 측정 대상물에 눌러서 압입되는 깊이로 경도를 측정하는 것이다.

로크웰 경도 시험에서 압입 강구를 이용한 B 스케일은 연한 재료의 경도 시험에 이용되며, C 스케일은 단단한 재료의 경도 시험에 이용된다.

② **파커라이징** 처리는 도장과 같은 표면 처리방식으로 인산 25g, 삼산화망간 1.5g, 물 1L의 액을 끓이고, 그 안에 철강을 40분~2시간 침적시켜 표면에 암회색의 인산철 피막을 생성시킨다. 이 피막은 물에도 녹지 않고 치밀하여 표면을 잘 뒤덮으므로 방식 효과(防蝕效果)가 크고 도장(塗裝)의 바탕이 되기도 한다.

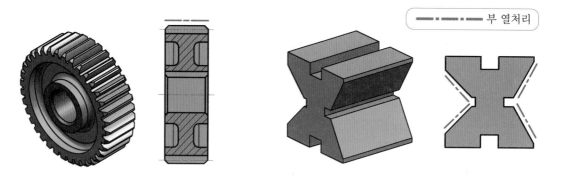

──── ·──·── 부 열처리

주서에 표기된 열처리

(2) 열처리 경도별 구분

경도	열처리 경도별 구분
H$_R$C40±2	기어의 이나 스프로킷의 이가 작은 경우 H$_R$C40±2 이상의 경도로 열처리를 실시하면 쉽게 깨지게 될 우려가 있으므로 이가 파손되지 않도록 하기 위해 사용한다.
H$_R$C50±2	전동축과 같이 운전 중에 지속적으로 하중을 받는 부분에 사용하며, 일반적으로 널리 사용되는 열처리로 강도가 크게 요구되는 곳에 적용한다.
H$_R$C60±2	드릴 부시처럼 공구와 부시 간에 직접적인 마찰이 발생하는 부분에 사용하며, 내륜이 없는 니들 베어링의 축 부분 등에 적용한다.

6 표면 거칠기

도면 내에 기입한 표면 거칠기 기호와 산술평균 거칠기(Ra), 최대 높이(Ry), 10점 평균 거칠기(Rz) 값 등을 정의한 내용이다.

도면에 기입된 표면 거칠기 값만을 정의해야 한다.

표면 거칠기

표면 거칠기 기호 및 다듬질 기호(KS A ISO 1302, KS B 0617)

다듬질 기호	표면 거칠기 기호	산술 평균	최대 높이	10점 평균	비교 표준
∼		−	−	−	−
▽	w	Ra25 Ra12.5	Ry100 Ry50	Rz100 Rz50	N11 N10
▽▽	x	Ra6.3 Ra3.2	Ry25 Ry12.5	Rz25 Rz12.5	N9 N8
▽▽▽	y	Ra1.6 Ra0.8	Ry6.3 Ry3.2	Rz6.3 Rz3.2	N7 N6
▽▽▽▽	z	Ra0.4 Ra0.2 Ra0.1 Ra0.05 Ra0.025	Ry1.6 Ry0.8 Ry0.4 Ry0.2 Ry0.1	Rz1.6 Rz0.8 Rz0.4 Rz0.2 Rz0.1	N5 N4 N3 N2 N1

2   기계 재료의 표시 방법

　　기계 부품에는 철강 재료, 비철 금속 재료 및 비금속 재료 등 여러 가지 다양한 재료가 사용되고 있다.

　　기계 재료를 표시할 때는 주철, 황동 등 일반적인 재료의 명칭 대신 한국산업표준(KS D)에 규정된 재료 기호를 사용한다.

1 기계 재료의 재질 표시

　　도면의 부품란에는 각 부품의 기능에 적합한 기계 재료가 표시되어야 한다. 도면에서 재료 기호를 사용하면 부품의 재료를 간단하고 명확하게 표시할 수 있다. 규격이 정해지지 않은 비금속 재료는 재료명을 직접 기입한다.

4	커버	GC250	1	
3	샤프트	SCM415	1	표면 경화 처리
2	스퍼 기어	SC480	1	
1	본체	GC250	1	
품번	품명	재질	수량	비고

기계 재료의 재질 표시

> **참고**
>
> **도면의 부품란**
> 도면의 부품란에는 각 부품의 기능에 적합한 기계 재료를 선택하여 표제란이나 부품란에 재질을 표시해야 한다.

2 기계 재료 기호의 구성

　　일반적으로 기계 재료의 기호는 다음과 같이 세 부분으로 나타내며, 필요한 경우 네 부분으로 나타낼 수 있다.

(1) 처음 부분

처음 부분은 재질을 나타내는 기호로, 영문자나 로마자의 머리글자 또는 원소 기호로 나타낸다.

재질을 표시하는 기호

기호	재질	기호	재질
Al	알루미늄	PB	인청동
AlBr	알루미늄 청동	S	강
Br	청동	WM	화이트 메탈(white metal)
Bs	황동	Zn	아연
Cr	크로뮴	Mg	마그네슘 합금
Cu	구리 또는 구리 합금	SM	기계 구조용 강
F	철	GC	회주철

(2) 중간 부분

중간 부분은 재료의 규격명, 제품명을 나타내는 기호로 판, 관, 주조품, 단조품 등과 같은 제품의 형상이나 용도를 나타내며 영문자나 로마자의 머리글자로 나타낸다.

규격명, 제품명을 표시하는 기호

기호	재질	기호	재질
B, BB	봉(bar), 보일러	PP	일반 구조용 강관
R, F	단조봉	TM	파이프 재료
C	주조품	PS	일반 구조용 관
BMC	흑심 가단주철	V	리벳용 압연재
WMC	백심 가단주철	W	선(wire)
HRS	열간 압연재	WS	용접 구조용 압연강
F	단조품	WR	선재
RF	단조재	DC	다이 캐스팅
P	판	TB	고탄소 크로뮴 베어링 강
S	일반 구조용 압연재	T	관

(3) 끝부분

끝부분은 재료의 종류를 나타내는 기호로, 재료의 종류 번호, 최저 인장 강도, 제조 방법 등을 나타낸다.

필요에 따라 재료 기호의 끝부분에 열처리 기호나 제조법, 표면 마무리 기호 등을 표시할 수도 있다.

재료의 종류를 표시하는 기호

기호	종류	보기	기호	종류	보기
1	1종	SCP1	250	최저 인장 강도	GC250
50A	50종 A	SWS 50A	20C	평균 탄소 함유량(0.2%)	SM20C

재료의 기호 끝에 붙이는 기호

구분	기호	기호의 의미	구분	기호	기호의 의미
조직도 기호	A	풀림(어닐링)	열처리 기호	N	불림(노멀라이징)
	H	경질		Q	담금질(퀜칭), 뜨임(템퍼링)
	1/2H	1/2 경질		SR	시험편에만 불림
	S	표준 조질		TN	시험편에 용접 후 열처리
표면 마무리 기호	D	무광택 마무리	기타	CF	원심 주조 주강관
	B	광택 마무리		K	킬드강

3 기계 재료의 기호 표시

기계 재료의 기호 표시

재료명	재질	제품명	재료의 종류
일반 구조용 압연 강재 (SS400)	S	S	400
	강	일반 구조용 압연재	최저 인장 강도(N/mm²)
기계 구조용 탄소강 강재 (SM45C)	S	M	45C
	강	기계 구조용	탄소 함유량(0.45%)
탄소용 주강품 (SC360)	S	C	360
	강	주조품	최저 인장 강도(N/mm²)
비철 금속 황동판 2종 (BSP2)	BS	P	2
	황동	판	2종 동판

3 기계 재료의 열처리 표시

기계 재료의 열처리 표시 방법은 부품 전체에 열처리를 하는 방법과 부품의 일부분에 열처리를 하는 두 가지 방법이 있다.

1 부품 전체에 열처리를 하는 경우

부품 전체에 열처리를 할 때는 부품란에 재질과 열처리 방법을 표시하거나 주서란에 기입한다.

주 서

1. 일반 공차 : 기계 가공부 – KS B 0412 보통급
2. 일반 모떼기 : 0.2×45°
3. 열처리 : 표면 경화 처리(품번 3)

2 부품의 일부분에 열처리를 하는 경우

부품의 일부분에 열처리를 할 때는 열처리를 하는 범위를 외형선에 평행하도록 약간 떼어서 굵은 1점 쇄선을 긋고 열처리 방법을 기입한다.

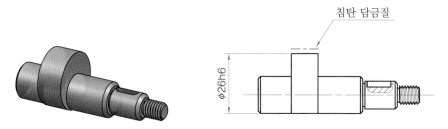

침탄 담금질

$\phi26h6$

부품의 일부분에 열처리를 하는 경우

> **참고**
>
> **강의 열처리**
> - 담금질 : 재료의 강도와 경도를 높이기 위한 작업
> - 뜨임 : 재료를 담금질한 후 인성을 부여하기 위한 작업
> - 불림 : 재료를 표준 조직으로 만들기 위한 작업
> - 풀림 : 재료를 연하게 하기 위한 작업

4 기계 재료의 종류와 용도

기계 재료는 크게 금속 재료와 비금속 재료로 분류하고 금속 재료는 철강 재료와 비철 금속 재료로 구분하며, 용도와 기능에 따라 구조용 재료와 특수 용도용 재료로 구분한다.

일반적으로 사용하는 기계 부품 재료의 종류와 용도는 다음과 같다.

기계 부품 재료의 종류와 용도

재료 기호	KS D 규격	재료명	부품명	용도
SCM415	3867	크로뮴 몰리브데넘강	베이스	기계 가공용
S45CM	3751	탄소강		
SM45C	3752	기계 구조용 탄소 강재		
S45CM	3751	탄소강	가이드 부시	드릴, 엔드밀 등의 안내용
SK3M	3551	탄소 공구강 강재		절삭 공구, 목공용 공구
SM45C	3752	기계 구조용 탄소 강재	플레이트	크랭크축, 로드
SPS6	3701	실리콘 망간 강재	스프링	겹판, 코일, 비틀림 막대 스프링
SPS10	3701	크로뮴 바나듐 강재		코일, 비틀림 막대 스프링
SPS12	3701	실리콘 크로뮴 강재		코일 스프링
PW-1	3556	피아노선		스프링용, 밸브 스프링용
S45CM	3751	탄소강	서포트	태엽, 펜촉, 우산대, 프레스형
WM3	6003	화이트 메탈	베어링 부시	부시, 고속, 중속, 고하중, 중하중
S45CM	3751	탄소강	V 블록, 조	지그 고정구용
SCM430	3867	크로뮴 몰리브데넘강	가이드 블록	기어, 축
			로케이터, 측정 핀, 슬라이더, 고정대	로케이터, 측정 핀, 슬라이더
ALDC7	6006	다이 캐스팅용 알루미늄 합금	하우징	유압기기, 연마 휠, 연마재, 델타 휠
AC4C	6008	알루미늄 합금 주물		
AC5A	6008			
AC8C	6008		피스톤	피스톤
SC450	4101	탄소 주강품	하우징, 몸체	주물용
GC250	4301	회주철품	본체	주물용

주) 회주철품과 탄소 주강품은 KS 규격품에서 폐지되었다.

5　도면의 검사 항목 및 도면 관리

▣ 도면의 검사 항목

　도면의 검사 항목은 제품의 구조와 특성에 따라 작성되어야 한다. 일반적인 도면의 검사 항목은 다음과 같다.

(1) 제품 및 부품의 설계
　① 제품의 구조는 조립 및 작동이 가능하고 서로 간섭이 없는가?
　② 제작이 용이하고 간편한가?
　③ 부품의 기능에 알맞게 표면 거칠기를 지정했는가?
　④ 제품의 모양이나 성능을 충분히 이해하고 작도했는가?
　⑤ 열처리 방법과 기호 표시가 적절한가?
　⑥ 표면 처리(도금, 도장 등)가 적절하고 다른 부품들과 조화를 이루는가?
　⑦ 가공 방법의 선택이 적절한가?
　⑧ 각 부품의 가공 공구 및 치공 공구 선택이 용이한가?

(2) 도면 양식과 투상법
　① 도면 양식은 한국산업표준(KS B 0001)을 따랐는가?
　② 정면도의 선택과 투상도의 배치가 적절한가?
　③ 제품 및 부품의 형상에 따라 보조 투상도나 특수 투상도의 사용이 적절한가?
　④ 불필요한 투상이나 부족한 투상 및 투상선 누락은 없는가?
　⑤ 필요한 단면도에는 누락 없이 단면의 표시가 적절한가?
　⑥ 선의 용도에 따른 종류와 굵기가 적절한가?

(3) 치수 기입
　① 제품의 제작 및 조립에 관련된 치수의 누락은 없는가?
　② 치수와 치수 공차, 치수 보조 기호의 누락은 없는가?
　③ 치수는 중복되지 않게 기입했는가?
　④ 계산해서 구할 필요가 없도록 기입했는가?
　⑤ 치수 보조선, 치수선, 인출선을 투상도와 관련하여 적절히 나타냈는가?
　⑥ 관련된 치수는 한곳에 모아서 알아보기 쉽게 기입했는가?
　⑦ 각 투상도 간에 비교, 대조가 용이하도록 기입했는가?
　⑧ 전체 길이, 전체 높이, 전체 너비에 대한 치수가 기입되었는가?

(4) 공차

① 조립 및 기능에 필요한 데이텀 및 기하 공차의 표시가 적절한가?

② 조립 및 기능에 필요한 형상 공차의 표시가 적절한가?

③ 부품 간의 끼워맞춤 기호와 다듬질 기호의 선택이 맞는가?

④ 키, 베어링, 오링, 오일 실, 스냅 링 등 부품들의 공차는 한국산업표준을 잘 따랐는가?

(5) 요목표, 표제란, 부품란, 일반 주서 기입 내용

① 기어나 스프링 등 기계요소 부품들의 요목표 및 요목표 내용은 누락 없이 적절한가?

② 표제란과 부품란에 기입되는 내용은 누락이 없으며 적절한가?

③ 가공이나 조립 및 제작에 필요한 주서 기입 내용이나 지시 사항의 누락이 없으며 적절한가?

2 완성 도면 관리

도면 작성이 완료되면 도면에 틀린 곳이 있는지 확인하기 위해 검사 항목을 선정하고 검사를 한다. 이상이 있는 도면은 빨간색 사인펜 등을 사용하여 틀린 곳을 수정하고, 이상이 없으면 도면 번호를 부여하여 승인을 받은 후 절차에 따라 등록을 한다.

3 도면의 검사 순서

검도 순서는 일반적으로 그림과 같이 이루어지는데, 회사의 특성과 제품의 기능에 맞게 순서를 구성하여 능률적이고 세밀한 검도가 이루어질 수 있도록 한다.

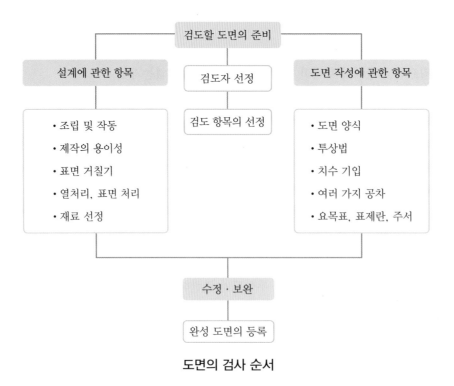

도면의 검사 순서

CHAPTER

9

기계요소 그리기

1 나사

나사는 기계 부품을 결합하거나 위치 조정용으로 사용하기도 하며 힘을 전달하는 데 사용하는 기본적인 기계요소이다.

나사는 기계뿐만 아니라 일상 용품에도 많이 사용하기 때문에 대량 생산과 호환성이 필요하므로 한국산업표준(KS B ISO 6410-1~3)에 표준화하여 규정되어 있다.

1 나사의 원리

직각삼각형의 종이를 원통에 감으면 빗변이 원통의 표면에 곡선을 그린다. 이 곡선을 **나사곡선** 또는 **나선**(helix)이라 하며, 나선을 따라 원통의 표면에 골을 파놓은 것을 **나사**라 한다.

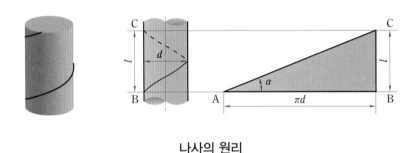

나사의 원리

2 나사의 용어(KS B 0101)

(1) 바깥지름

수나사의 산봉우리에 접하거나 암나사의 골밑에 접하는 가상 원통의 표면 지름을 바깥지름이라 한다.

(2) 골지름

수나사의 골밑에 접하거나 암나사의 산봉우리에 접하는 가상 원통의 지름을 골지름이라 한다.

(3) 피치

나사산과 나사산 사이의 축 방향의 거리를 피치라고 한다.

(4) 유효지름

피치 원통의 지름을 유효지름이라 한다.

(5) 리드

나사를 한 바퀴 돌렸을 때 축 방향으로 이동한 거리를 리드라고 한다.

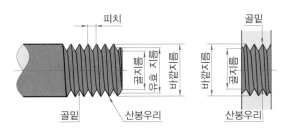

나사의 각부 명칭

(6) 리드 각

원통 위의 나선에 접하는 나선과 나사 축에 직각인 평면이 이루는 각을 말한다.

참고

- 나사산 : 원통의 표면에 연속적으로 돌출한 균일한 단면의 나선 모양 봉우리
- 수나사 : 원통 표면의 바깥쪽에 형성된 나사산
- 암나사 : 원통 표면의 안쪽에 형성된 나사산
- 산봉우리 : 나사 봉우리의 정상 표면
- 골밑 : 나사 홈의 바닥 표면

---

3 나사의 종류

(1) 나사의 감김 방향에 따른 종류

① **오른나사** : 시계 방향으로 돌려서 조이는 나사산을 갖는 나사이다.

② **왼나사** : 반시계 방향으로 돌려서 조이는 나사산을 갖는 나사이다.

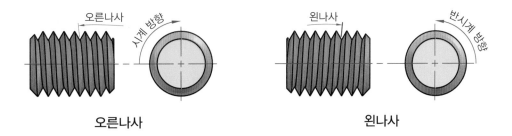

(2) 나사의 줄 수에 따른 분류

① **한 줄 나사** : 한 개의 나사 곡선을 기초로 하여 만들어진 나사이다.

② **여러 줄 나사** : 2개 이상의 나사 곡선으로 만들어진 나사이다.

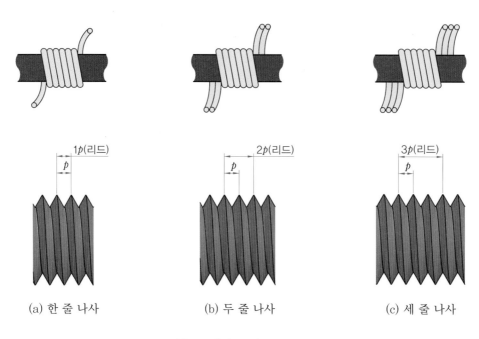

(a) 한 줄 나사   (b) 두 줄 나사   (c) 세 줄 나사

한 줄 나사와 여러 줄 나사

(3) 나사산의 모양에 따른 분류

① **삼각나사** : 나사산의 모양이 정삼각형에 가까운 나사로 미터나사, 유니파이 나사 등이 이에 속한다. 특히 유니파이 나사는 미국, 영국, 캐나다 세 나라의 협정에 의해 만들어진 것으로 ABC 나사라고도 한다.

삼각나사의 종류

나사의 종류	미터나사	유니파이 나사 (ABC 나사)	관용 나사 (관나사)
단위	mm	inch	inch
호칭 기호	M	UNC : 보통 나사 UNF : 가는 나사	R : 테이퍼 수나사 Rc : 테이퍼 암나사 Rp : 평행 암나사
나사산의 크기 표시	피치	산수/인치	산수/인치
나사산의 각도	60°	60°	55°

② **사각나사** : 단면의 모양이 정사각형에 가까운 나사이며 프레스, 잭 등과 같이 힘을 전달하거나 부품을 이동하는 기구 등에 사용한다.

③ **사다리꼴나사** : 사다리꼴나사는 사각나사보다 가공이 쉬워 공작 기계의 이송 나사로 많이 사용한다.

④ **둥근나사** : 사다리꼴나사의 산봉우리 및 골밑을 매우 둥글게 한 나사로, 먼지나 모래가 들어가기 쉬운 전구나 호스 연결부 등에 사용하며, 너클 나사라고도 한다.

⑤ **톱니나사** : 축 방향의 힘이 한쪽 방향으로만 작용할 때 사용하는 비대칭 단면형 나사이다.

⑥ **볼나사** : 축과 구멍의 끼워맞춤 부분에 강구(steel ball)를 넣어 일반 나사보다 마찰을 작게 한 것으로, 정밀 공작 기계에 사용한다.

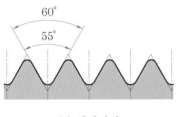

(a) 삼각나사

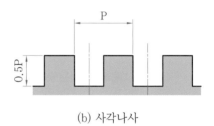

(b) 사각나사

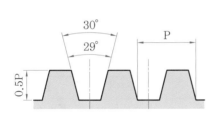

(c) 사다리꼴나사

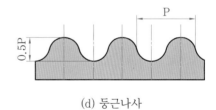

(d) 둥근나사

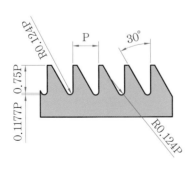

(e) 톱니나사

(f) 볼나사

나사의 종류

4 나사의 표시 방법(KS B 0200)

(1) 나사의 호칭

나사의 호칭은 나사의 종류를 표시하는 기호, 나사의 지름을 표시하는 숫자 및 피치 또는 1인치(25.4mm)에 대한 나사산의 수로 표시한다.

① 피치를 밀리미터로 표시하는 나사의 경우(예 M10×1.25)

나사의 종류를 표시하는 기호	나사의 지름을 표시하는 숫자	×	피치
M	10		1.25

② 피치를 산의 수로 표시하는 나사의 경우(예 R1/4산40)

나사의 종류를 표시하는 기호	나사의 호칭 지름을 표시하는 숫자	산	피치
R	1/4		40

③ 유니파이 나사의 경우(예 3/8-16UNC)

나사의 지름을 표시하는 숫자 또는 번호	-	산의 수	나사의 종류를 표시하는 기호
3/8		16	UNC

나사의 종류를 표시하는 기호 및 나사의 호칭 표시 방법 (KS B 0200)

구 분		나사의 종류		기호	호칭 표시법	KS 표준
일반용	ISO 표준에 있는 것	미터 보통 나사		M	M8	KS B 0201
		미터 가는 나사			M8×1	KS B 0204
		미니어처 나사		S	S0.5	KS B 0228(폐지)
		유니파이 보통 나사		UNC	3/8-16UNC	KS B 0203
		유니파이 가는 나사		UNF	No.8-36UNF	KS B 0206
		미터 사다리꼴나사		Tr	Tr10×2	KS B 0229
		관용 테이퍼 나사	테이퍼 수나사	R	R3/4	KS B 0222
			테이퍼 암나사	Rc	Rc3/4	
			평행 암나사	Rp	Rp3/4	
	ISO 표준에 없는 것	관용 평행 나사		G	G1/2	KS B 0221
		30° 사다리꼴나사		TM	TM18	-
		29° 사다리꼴나사		TW	TW20	KS B 0226
		관용 테이퍼 나사	테이퍼 나사	PT	PT7	KS B 0222
			평행 암나사	PS	PS7	
		관용 평행 나사		PF	PF7	KS B 0221

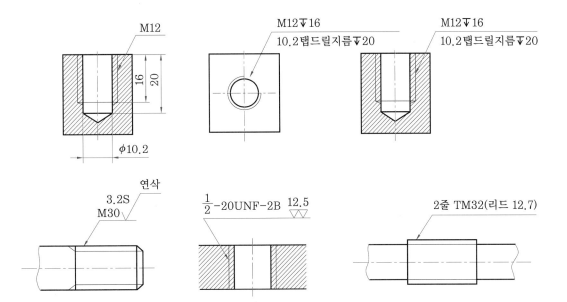

나사의 표시 방법

참고

나사의 표시 방법

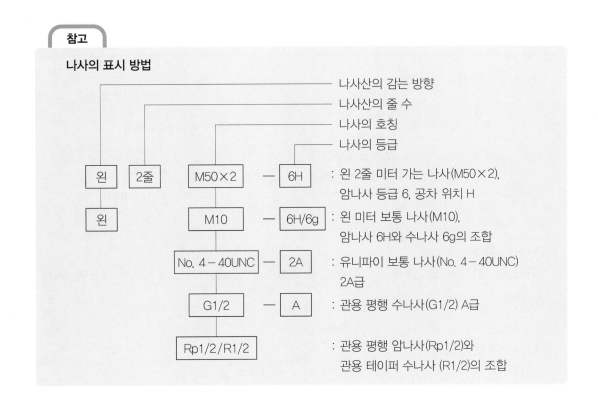

(2) 나사의 등급

나사의 등급은 다음 표와 같이 숫자와 문자의 조합 또는 문자로 나타낸다.

나사의 등급 표시 (KS B 0200)

나사의 종류	암나사와 수나사의 구별		나사의 등급	KS 표준
미터나사	암나사	유효지름과 안지름의 등급이 같은 경우	6H	KS B 0235 KS B 0211 KS B 0214
	수나사	유효지름과 바깥지름의 등급이 같은 경우	6g	
		유효지름과 바깥지름의 등급이 다른 경우	5g, 6g	
	암나사와 수나사를 조합한 것		6H/6g, 5H/5g, 6g	
미니어처 나사	암나사		3G6	KS B 0228 (폐지)
	수나사		5h3	
	암나사와 수나사를 조합한 것		3G6/5h3	
미터 사다리꼴나사	암나사		7H	KS B 0237 KS B 0219
	수나사		7e	
	암나사와 수나사를 조합한 것		7H/7e	
관용 평행 나사	수나사		A	KS B 0221

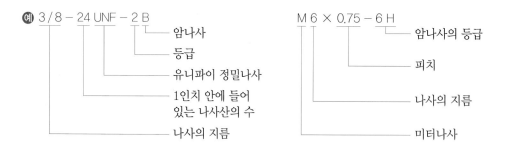

(3) 나사의 줄 수

여러 줄 나사는 '2줄', '3줄', … 등과 같이 표시하고 한 줄 나사는 표시하지 않는다. 이때 '줄' 대신 'N'을 사용할 수 있다.

(4) 나사산의 감김 방향

왼나사는 '왼' 또는 'L'로 표시하고 오른나사는 표시하지 않는다.

5 KS 규격을 적용하여 나사 그리기

(1) 나사 그리기

① 수나사의 바깥지름과 암나사의 골지름, 완전 나사부와 불완전 나사부의 경계선은 굵은 실선으로 그린다.

② 수나사의 골지름과 암나사의 바깥지름, 불완전 나사부의 골은 가는 실선으로 그린다.

③ 가려서 보이지 않는 나사는 가는 파선으로 그린다.

④ 나사 단면 시 해칭은 수나사의 바깥지름, 암나사의 골지름까지 한다.

⑤ 나사 끝에서 본 골지름은 안지름 선의 오른쪽 위 $\frac{1}{4}$을 생략하며 중심선을 기준으로 위쪽 은 약간 넘치게, 오른쪽은 약간 못 미치게 그린다.

⑥ 탭나사의 드릴 구멍 깊이는 나사 끝에서 3mm 이상으로 하거나 나사 길이의 1.25배 정 도로 그린다.

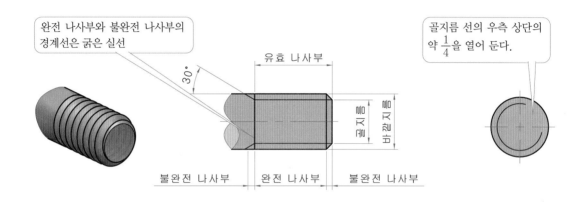

수나사 그리기

(2) 나사의 치수 기입

① **수나사의 치수 기입** : 나사의 호칭 치수와 완전 나사부의 길이만 기입한다.

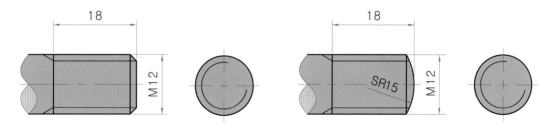

수나사의 치수 기입

② **관통나사의 치수 기입** : 나사의 호칭 치수만 기입한다. 지시선을 사용하여 치수를 기입
   할 수도 있다.

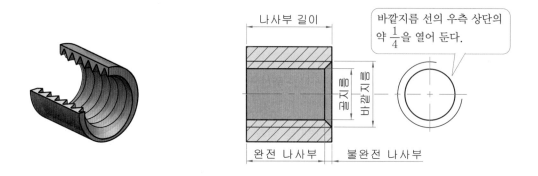

바깥지름 선의 우측 상단의
약 $\frac{1}{4}$을 열어 둔다.

관통된 암나사 그리기

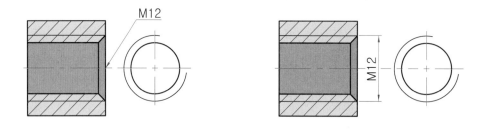

관통된 암나사의 치수 기입

③ **탭 나사의 치수 기입** : 나사의 호칭 치수와 깊이(완전 나사부)만 기입하고, 드릴 깊이는
   기입하지 않는다.

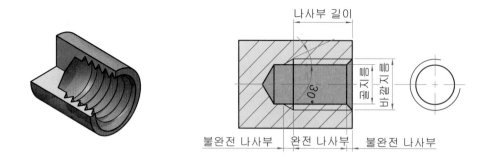

관통되지 않은 암나사 그리기

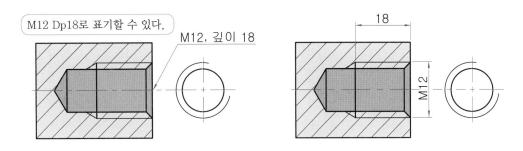

관통되지 않은 암나사의 치수 기입

(3) 나사의 호칭 치수

① 미터 보통 나사 (KS B 0201)

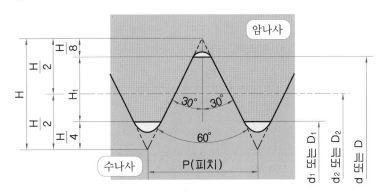

미터 보통 나사산의 규격

미터 보통 나사의 기본 치수   (단위 : mm)

나사 호칭 (d)	피치 (P)	접촉 높이 (H₁)	암나사 골지름 (D)	암나사 유효지름(D₂)	암나사 안지름 (D₁)	나사 호칭 (d)	피치 (P)	접촉 높이 (H₁)	암나사 골지름 (D)	암나사 유효지름(D₂)	암나사 안지름 (D₁)
			수나사 바깥지름(d)	수나사 유효지름(d₂)	수나사 골지름(d₁)				수나사 바깥지름(d)	수나사 유효지름(d₂)	수나사 골지름(d₁)
M2	0.4	0.217	2.0	1.740	1.567	M12	1.75	0.947	12.0	10.863	10.106
M3	0.5	0.271	3.0	2.675	2.459	M20	2.5	1.353	20.0	18.376	17.294
M4	0.7	0.379	4.0	3.545	3.242	M24	3	1.624	24.0	22.051	20.752
M6	1	0.541	6.0	5.350	4.917	M30	3.5	1.894	30.0	27.727	26.211
M8	1.25	0.677	8.0	8.188	7.647	M42	4.5	2.436	42.0	39.077	37.129
M10	1.5	0.812	10.0	9.026	8.376	M64	6	3.248	64.0	60.103	57.505

② 미터 가는 나사 (KS B 0204)

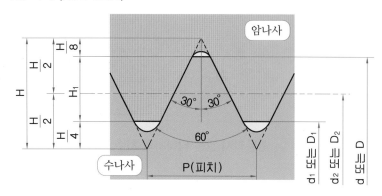

미터 가는 나사산의 규격

미터 가는 나사의 기본 치수

(단위 : mm)

나사 호칭 (d)	피치 (P)	접촉 높이 (H₁)	암나사			나사 호칭 (d)	피치 (P)	접촉 높이 (H₁)	암나사		
			골지름 (D)	유효 지름(D₂)	안지름 (D₁)				골지름 (D)	유효 지름(D₂)	안지름 (D₁)
			수나사						수나사		
			바깥 지름(d)	유효 지름(d₂)	골지름 (d₁)				바깥 지름(d)	유효 지름(d₂)	골지름 (d₁)
M1	0.2	0.108	1.0	0.870	0.783	M8×1	1	0.541	8.0	7.350	6.917
M2×0.25	0.25	0.135	2.0	1.838	1.729	M10×1.25	1.25	0.677	10.0	9.188	8.647
M3×0.35	0.35	0.189	3.0	2.273	2.621	M12×1.5	1.5	0.812	12.0	11.026	10.376
M4×0.5	0.5	0.271	4.0	3.675	3.459	M16×1	1	0.541	16.0	15.350	14.917
M5×0.5	0.5	0.271	5.0	4.675	4.459	M20×2	2	1.083	20.0	18.701	17.835
M6×0.75	0.75	0.406	6.0	5.513	5.188	M24×1	1	0.541	24.0	23.350	22.917

> **참고**
>
> **나사의 간략 도시**
> - 나사의 나사산은 실물 그대로 정투상도를 그리는 것이 어렵고 시간이 많이 걸리므로 단순화 하여 그린다.
> - 나사는 KS B ISO 6410에 의거하여 약도법으로 그리는 것을 원칙으로 한다.

2   볼트와 너트

볼트와 너트는 기계 부품의 결합용으로 사용하는 기계요소이다. 조립과 분해가 쉬워 가장 많이 사용하며, 그 종류는 모양과 용도에 따라 매우 다양하다.

1 볼트와 너트의 종류

(1) 볼트의 종류

① 머리 모양 및 용도에 따른 볼트의 종류

(a) 육각 볼트   (b) 육각 구멍 붙이 볼트

(c) 나비 볼트   (d) 접시머리 볼트

(e) 기초 볼트   (f) 아이볼트

머리 모양 및 용도에 따른 볼트의 종류

② 고정하는 방법에 따른 볼트의 종류

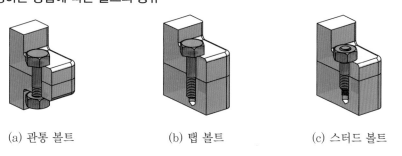

(a) 관통 볼트   (b) 탭 볼트   (c) 스터드 볼트

고정하는 방법에 따른 볼트의 종류

(2) 너트의 종류

너트는 볼트와 함께 사용되는 기계요소이며 겉모양이 육각형인 것을 주로 사용한다.

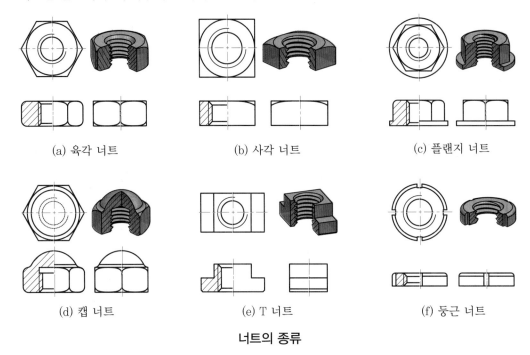

| (a) 육각 너트 | (b) 사각 너트 | (c) 플랜지 너트 |

| (d) 캡 너트 | (e) T 너트 | (f) 둥근 너트 |

너트의 종류

(3) 너트의 풀림 방지 방법

① **와셔에 의한 방법** : 스프링 와셔, 이 붙이 와셔, 혀 붙이 와셔 등을 사용하여 풀림을 방지한다.

② **로크너트에 의한 방법** : 2개의 너트를 조인 후 아래 너트를 약간 풀어 2개의 너트가 서로 밀면서 마찰되는 저항면을 엇갈리게 하는 것으로, 가장 많이 사용되는 방법이다.

2 볼트와 너트의 호칭 방법

(1) 육각 볼트의 호칭 방법 (KS B 1002)

① 육각 볼트의 호칭은 표준 번호, 볼트의 종류, 부품 등급, 나사의 호칭 × 호칭 길이, 강도 구분, 재료 및 지정 사항으로 표시한다.

② 표준 번호는 특별히 필요가 없으면 생략할 수 있다.

③ 지정 사항은 나사 끝의 모양, 표면 처리와 종류 등을 필요에 따라 표시한다.

표준 번호	볼트의 종류	부품 등급	나사의 호칭 ×호칭 길이	–	강도 구분	재료	–	지정 사항
KS B 1002	육각 볼트	A	M12×80		8.8	SM20C		둥근 끝

(2) 육각 너트의 호칭 방법(KS B 1012)

① 육각 너트의 호칭은 표준 번호, 종류, 형식, 부품 등급, 나사의 호칭, 강도 구분, 재료 및 지정 사항으로 표시한다.

② 표준 번호는 특별히 필요가 없으면 생략할 수 있다.

표준 번호	종류	형식	부품 등급	나사의 호칭	– 강도 구분	재료	지정 사항
KS B 1012	육각 너트	스타일 1	A	M20	12	SM20C	자리 붙이

3 볼트와 너트 그리기

① 볼트와 너트는 부품도를 그리지 않고 부품란에 호칭을 표기한다.

② 볼트 머리부나 너트 모양은 규격의 치수와 같게 표시하기 어려우므로 약도로 그린다.

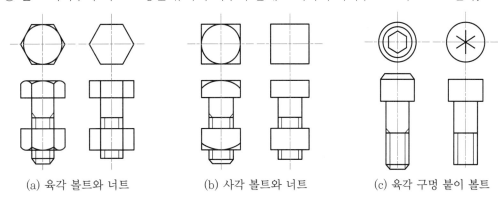

(a) 육각 볼트와 너트　　(b) 사각 볼트와 너트　　(c) 육각 구멍 붙이 볼트

볼트와 너트의 제작용 약도와 간략도

③ 볼트와 너트를 그리는 방법은 다음 그림과 같다.

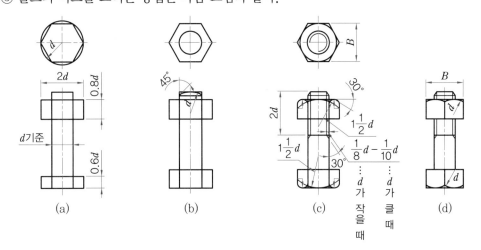

(a)　　(b)　　(c)　　(d)

볼트와 너트를 그리는 방법

예제15 — 볼트, 너트, 작은 나사 그리기

● 도면을 보고 A3 용지에 볼트, 너트, 작은 나사를 그려 보자.

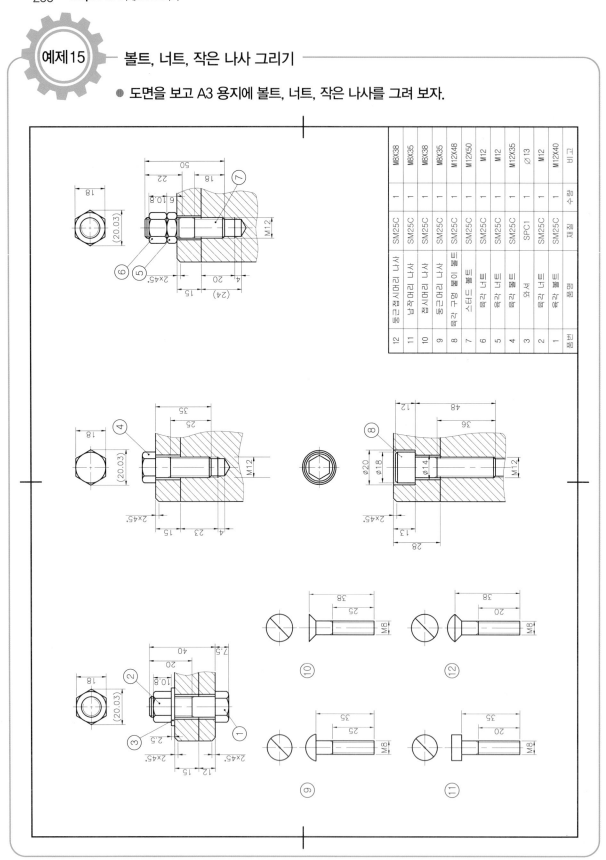

품번	품명	재질	수량	비고
12	둥근 접시머리 나사	SM25C	1	M8X38
11	납작머리 나사	SM25C	1	M8X35
10	접시머리 나사	SM25C	1	M8X38
9	둥근머리 나사	SM25C	1	M8X35
8	육각 구멍붙이 볼트	SM25C	1	M12X48
7	스터드 볼트	SM25C	1	M12X50
6	육각 너트	SM25C	1	M12
5	육각 너트	SM25C	1	M12
4	육각 볼트	SM25C	1	M12X35
3	와서	SPC1	1	Ø13
2	육각 너트	SM25C	1	M12
1	육각 볼트	SM25C	1	M12X40

3 키, 핀, 리벳

키는 풀리, 기어, 커플링 등의 회전체를 축과 고정시키고 축과 회전체를 일체로 하여 회전력을 전달하는 결합용 기계요소이다. 묻힘 키 및 키 홈은 KS B 1311에 규정되어 있다.

1 키

(1) 키의 종류

키는 축과 회전체의 보스를 어떻게 가공하느냐에 따라 묻힘 키, 안장 키, 평 키로 나누며, 모양과 설치 방법에 따라 반달키, 접선 키, 스플라인, 세레이션 등으로 나눈다.

| (a) 새들 키 | (b) 평 키 | (c) 경사 키 | (d) 평행 키 |

| (e) 미끄럼 키 | (f) 반달키 | (g) 둥근 키 | (h) 접선 키 |

| (i) 원뿔 키 | (j) 스플라인 | (k) 세레이션 |

키의 종류

(2) KS 규격을 적용하여 키 홈 그리기(KS B1311)

키는 기계요소이므로 따로 부품도를 그리지 않고 축과 보스에 키가 조립되는 키 홈을 그린다. 축의 지름이 기준 치수이며 KS B 1311에 따라 축에 파여 있는 키 홈의 깊이와 너비, 보스 측 구멍에 파여 있는 키 홈의 허용차를 기입한다.

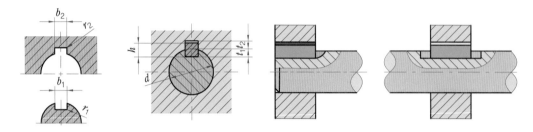

평행키용 키 홈의 단면도

평행키용 키 홈의 모양 및 치수(KS B 1311)　　　　(단위 : mm)

| 키의 호칭 치수 $b \times h$ | b_1 및 b_2의 기준 치수 | 활동형 | | 보통형 | | 조립형 | r_1 및 r_2 | t_1의 기준 치수 | t_2의 기준 치수 | t_1 및 t_2의 허용차 | 참고 |
		b_1 허용차 (H9)	b_2 허용차 (D9)	b_1 허용차 (N9)	b_2 허용차 (JS9)	b_1 및 b_2 허용차 (P9)					적용하는 축 지름 d
4×4	4	+0.030 0	+0.078 +0.030	0 −0.030	±0.015	−0.012 −0.042	0.08 ~0.16	2.5	1.8	+0.1 0	10~12
5×5	5							3.0	2.3		12~17
6×6	6						0.16 ~0.25	3.5	2.8		17~22
8×7	8	+0.036 0	+0.096 +0.040	0 −0.036	±0.018	−0.015 −0.061		4.0	3.3	+0.2 0	22~30

(3) 묻힘 키 홈 그리기

① 키는 축의 치수를 기준으로 데이터를 적용하여 그린다.

② 축의 치수가 두 칸에 겹칠 경우 작은 쪽을 적용하여 그린다. 즉, 축 지름이 30mm일 경우 30~38mm를 적용하지 않고 22~30mm를 적용한다.

③ 키의 치수는 너비 b₁, b₂의 허용 공차 치수 대신 IT 공차로 기입한다.

④ 축의 키 홈은 정면도를 부분 단면도로 투상하여 해칭하며, 평면도는 국부 투상도로 투상하고 중심선이나 치수 보조선을 연결한다.

⑤ 보스의 키 홈은 단면도 또는 부분 단면도로 투상하여 해칭하며, 측면도는 국부 투상도로 투상하고 중심선을 연결한다.

⑥ 평행키의 길이 *l*은 6, 8, 10, 12, 14, 16, 18, 20, 22 등 표준 규격을 적용한다.

⑦ 키 홈의 표면 거칠기는 ⟨X̌⟩을 사용한다.

● 평행키와 경사 키의 축 지름이 28mm일 때 키 홈 그리기

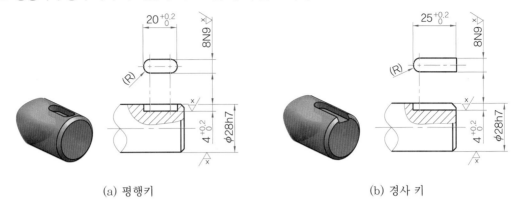

(a) 평행키 　　　　　　　　　　(b) 경사 키

축의 키 홈 그리기

● 키의 축 지름이 28mm일 때 구멍의 키 홈 그리기

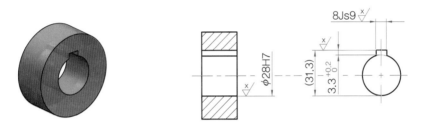

보스의 키 홈 그리기

2 핀

(1) 핀의 종류

키는 축과 회전체의 보스를 어떻게 가공하느냐에 따라 묻힘 키, 안장 키, 평 키로 구분하며, 모양과 설치 방법에 따라 반달키, 접선 키, 스플라인, 세레이션 등으로 나눈다.

① **평행 핀** (KS B ISO 2338) : 가장 널리 사용하며, 핀의 호칭은 지름×길이로 표시한다.

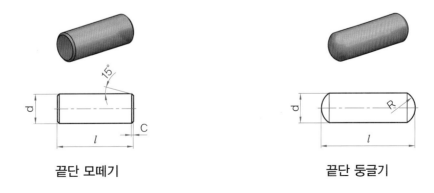

끝단 모떼기 　　　　　　　　　　끝단 둥글기

② **분할 테이퍼 핀** : 핀의 바깥지름이 $\frac{1}{50}$의 기울기를 갖는 핀으로, 지름이 작은 쪽을 호칭 지름으로 한다.

③ **분할 핀** : 핀이 끼워지는 구멍의 지름을 호칭 지름으로 하고, 짧은 쪽 길이를 호칭 길이로 한다.

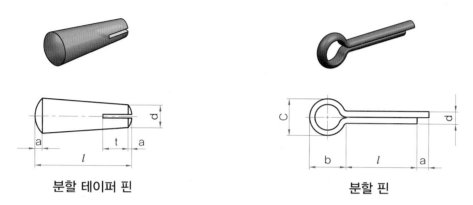

분할 테이퍼 핀   분할 핀

(2) 핀의 호칭 방법

① **평행 핀의 호칭 방법** (KS B ISO 2338)

표준 번호 또는 표준 명칭	호칭 지름	공차	×	호칭 길이	재료
KS B ISO 2338 또는 평행 핀	6	m6		30	St

② **분할 테이퍼 핀의 호칭 방법** (KS B 1323)

표준 번호 또는 표준 명칭	호칭 지름×호칭 길이	재료 및 재질	×	지정 사항
KS B 1323	6×70	St		분할 길이 25
분할 테이퍼 핀	10×80	STS 303		분할 길이 25

(3) 핀의 규격

핀의 종류 중 평행 핀의 치수는 앞의 그림과 같이 나타내고 평행 핀의 규격은 다음 표와 같다.

평행 핀의 규격   (단위 : mm)

호칭 지름	1	2	3	4	5	6	8	10
모떼기	0.2	0.35	0.5	0.63	0.8	1.2	1.6	2
호칭 길이	4~10	6~20	8~30	8~40	10~50	12~60	14~80	18~95

핀의 치수 (KS B ISO 2338)   (단위 : mm)

d	m6/hB[1]	0.6	0.8	1	1.2	1.5	2	2.5	3	4	5	6	8	10	12	16	20	25	30
c	약	0.12	0.16	0.2	0.25	0.3	0.35	0.4	0.5	0.63	0.8	1.2	1.6	2	2.5	3	3.5	4	5

l 호칭	최소	최대
2	1.75	2.25
3	2.75	3.25
4	3.75	4.25
5	4.75	5.25
6	5.75	6.25
8	7.75	8.25
10	9.75	10.25
12	11.5	12.5
14	13.5	14.5
16	15.5	16.5
18	17.5	18.5
20	19.5	20.5
22	21.5	22.5
24	23.5	24.5
26	25.5	26.5
28	27.5	28.5
30	29.5	30.5
32	31.5	32.5
35	34.5	35.5
40	39.5	40.5
45	44.5	45.5
50	49.5	50.5
55	54.25	55.75
60	59.25	60.75
65	64.25	65.75
70	69.25	70.75
75	74.25	75.75

상용 길이의 범위

주) (1) 그 밖의 공차는 당사자간의 협의에 따른다.

Chapter

기계요소 그리기

예제16 — 키 홈 그리기

● 그림을 보고 KS 규격에 맞추어 축과 기어, V 벨트 풀리의 키 홈을 도면에 그리고, 가공과 기능에 관련된 표면 거칠기, 허용 한계치수, 끼워맞춤 공차 치수를 모두 기입해 보자.

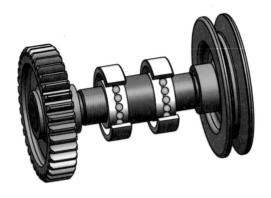

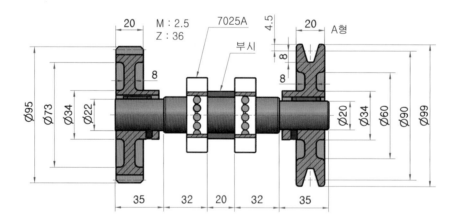

3 리벳

(1) 리벳 그리기

① 리벳의 위치만 나타낼 때는 **중심선만으로** 나타내며 길이 방향으로 절단하지 않는다.

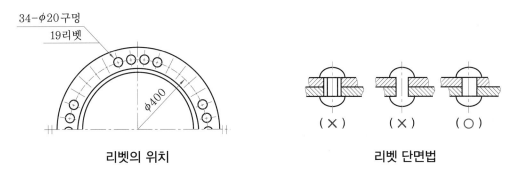

리벳의 위치   리벳 단면법

② 같은 피치, 같은 종류의 구멍은 **피치의 수×피치의 수 (= 합계 치수)**로 나타내며 박판, 얇은 형강은 단면을 **굵은 실선**으로 나타낸다.

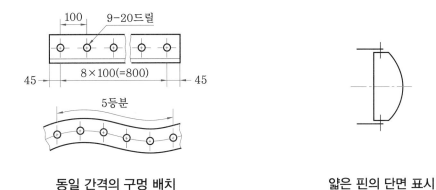

동일 간격의 구멍 배치   얇은 핀의 단면 표시

③ 평강 또는 형강의 치수는 **너비× 너비× 두께− 길이**로 형강의 도면 위쪽에 기입한다.
④ 철골 구조와 건축물 구조도에서는 **치수선을 생략**하고, 선도의 한쪽에 치수를 기입한다.

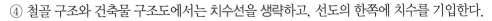

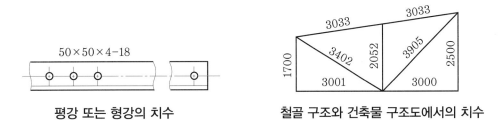

평강 또는 형강의 치수   철골 구조와 건축물 구조도에서의 치수

⑤ 리벳의 호칭 :

표준 번호	재료	호칭 지름	×	길이	재료
KS B 1002	열간 둥근머리 리벳	16	×	40	SBV 34

리벳의 치수   (단위 : mm)

리벳 지름 *d*		10	13	16	19	22	25	28	32	36	40
리벳 구멍의 지름 *d*₁	구조용	11	14	17	20.5	23.5	26.5	29.5	34	38	42
	보일러용	10.8	13.8	16.8	20.2	23.2	26.2	29.2	33.6	37.6	41.6
접시꼴 각도		75°	75°	60°	60°	60°	60°	45°	45°	45°	45°
리벳의 길이		10~ 50	14~ 65	18~ 80	22~ 100	28~ 120	36~ 130	38~ 140	45~ 160	50~ 180	60~ 190

⑥ 리벳의 호칭 길이는 접시머리 리벳만 머리를 포함한 전체의 길이로 호칭된다.

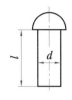

(a) 둥근머리   (b) 접시머리   (c) 둥근접시머리   (d) 냄비머리   (e) 납작머리

⑦ 판이 2장 이상 겹쳐 있을 때, 각 판의 파단선은 서로 어긋나도록 외형선으로 긋는다.

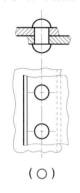   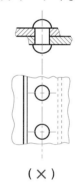

(○)   (×)

리벳의 기호

(2) 리벳의 기호

리벳		둥근 머리	접시머리					납작머리			둥근접시머리		
모양													
약도	공장 리벳	○	◎	◯	⊘	⊙	⊘	⊘	⊘	⊘	⊗	⊙	⊗
	현장 리벳	●	◉	◉	⬗	◉	⬗	⬗	⬗	⬗	⊗	◉	⊗

4 축

회전 운동을 하는 막대 모양의 부품으로, 회전력을 전달하거나 2개 이상의 베어링으로 하중을 지지하는 기능을 가진 기계요소를 축이라 한다.

1 축의 종류

(1) 단면의 모양에 따른 분류
① **원형 축** : 단면이 원형인 것으로 속이 꽉 찬 실축과 속이 비어 있는 중공축이 있다.
② **각 축** : 특수한 목적에 사용하는 것으로 사각형 축과 육각형 축 등이 있다.

(2) 회전 여부에 따른 분류
① **회전축** : 회전하여 동력을 전달하는 축으로 대부분의 축이 여기에 속한다.
② **정지축** : 자동차 바퀴 축과 같이 회전하지 않고 정지 상태에 있는 축으로, 주로 휨 하중을 받는다.

(3) 적용 하중에 따른 분류
① **차축** : 주로 휨 하중을 받는 축으로, 바퀴와 같이 축이 회전하는 회전축과 바퀴는 회전하지만 축은 정지해 있는 정지축 등이 있다.
② **스핀들** : 주로 비틀림 하중을 받는 회전축으로, 모양이나 치수가 정밀하고 변형량이 적어 공작 기계의 주축으로 사용한다.
③ **전동축** : 비틀림과 휨 하중을 동시에 받는 회전축으로 동력 전달에 주로 사용한다.

(4) 겉모양에 따른 분류
① **직선축** : 직선 형태의 축으로 가장 일반적으로 사용하는 곧은 축이다.
② **크랭크축** : 직선 운동과 회전 운동을 상호 변환시키는 축으로 자동차 엔진에 주로 사용한다.
③ **유연축** : 자유롭게 휠 수 있도록 강선을 2중, 3중으로 감은 밧줄 모양의 축이며, 공간 제한으로 일직선 형태의 축을 사용할 수 없을 때 사용한다.

직선축

크랭크축

유연축

2 축 그리기

① 축은 중심선을 수평 방향으로 길게 놓고 그리며 가공 방향을 고려하여 그린다.

② 축의 끝부분은 모떼기를 하고 치수를 기입한다.

③ 축에 여유 홈이 있을 때 홈의 너비와 지름을 표시하는 치수를 기입한다.

④ 축은 길이 방향으로 절단하지 않으며 키 홈과 같이 나타낼 필요가 있을 때는 부분 단면으로 나타낸다.

⑤ KS A ISO 6411에 따라 센터 구멍을 표시하고 지시한다.

⑥ 단면 모양이 같은 긴 축이나 테이퍼 축은 중간 부분을 파단하여 짧게 그리고, 치수는 원래 치수를 기입한다.

⑦ 축에 널링을 표시할 때는 축선에 대하여 30°로 엇갈리게 그린다.

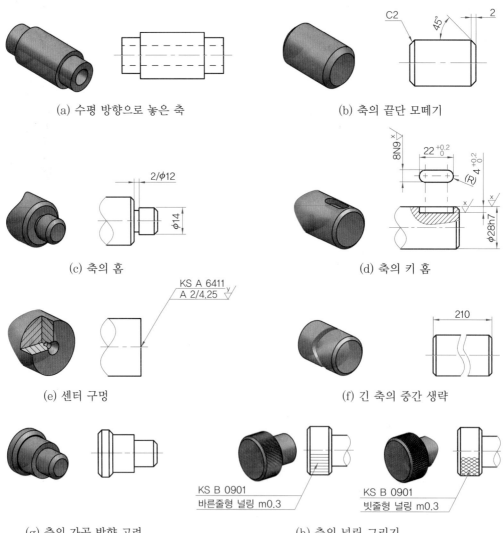

(a) 수평 방향으로 놓은 축   (b) 축의 끝단 모떼기

(c) 축의 홈   (d) 축의 키 홈

(e) 센터 구멍   (f) 긴 축의 중간 생략

(g) 축의 가공 방향 고려   (h) 축의 널링 그리기

축 그리기

예제17 — 축 그리기

Chapter

기계요소 그리기

● 그림을 보고 KS 규격에 맞추어 축 지름을 결정하여 도면을 그리고, 기능에 관련된 허용 한계치수, 끼워 맞춤 공차, 기하 공차를 기입해 보자.

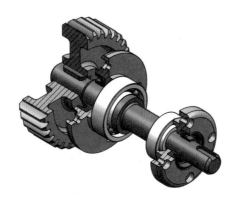

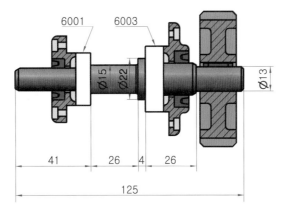

5 축이음

원동축과 종동축을 연결하여 동력을 전달하는 기계요소를 **축이음**이라 한다.

🔳 커플링

축이 회전하는 상태에서 두 축의 연결 상태를 풀 수 없도록 고정한 축이음을 **커플링**이라 하며, 일반적으로 많이 사용하는 것이 플랜지 커플링이다.

(1) 원통 커플링

구조가 가장 간단하며 외형이 원통으로 된 커플링이다.

(2) 플랜지 커플링

두 축 끝에 플랜지를 끼워서 키로 고정하고 리머 볼트로 결합시킨 커플링이다.

(3) 자재 이음

두 축이 서로 만나는 각이 30° 이내로 수시로 변화할 때 사용하는 커플링으로 공작 기계 핸들, 자동차 추진축에 주로 사용한다.

(4) 플렉시블 커플링

두 축의 중심선을 일치시키기 어렵거나 충격과 진동을 완화시킬 때 사용하는 커플링으로 고무, 가죽, 스프링 등 탄성이 풍부한 재료를 중간에 넣어서 사용한다.

| (a) 원통 커플링 | (b) 플랜지 커플링 | (c) 자재 이음 |

| (d) 그리드 플렉시블 커플링 | (e) 압축형 고무 플렉시블 커플링 | (f) 전단형 고무 플렉시블 커플링 |

커플링의 종류

2 플랜지 커플링 그리기

플랜지 커플링은 산업 현장에서 일반적으로 많이 사용하는 축이음 중의 하나이며 한국산업표준(KS B 1551)에 그리는 방법이 규정되어 있다.

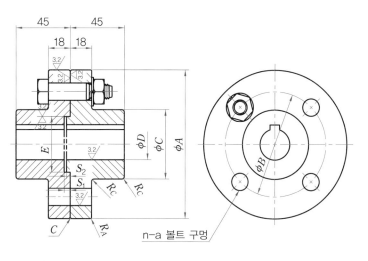

플랜지 커플링 그리기

플랜지 커플링의 치수 (KS B 1551)

(단위 : mm)

커플링 바깥지름 A	D		L	C	B	F	n	a	참고					
	최대 축 구멍 지름	(참고) 최소 축 구멍 지름							끼움부			R_c	R_A	c
									E	S_1	S_2			
112	28	16	40	50	75	16	4	10	40					
125	32	18	45	56	85				45			2		
140	38	20	50	71	100	18	6	14	56	2	3		1	1
160	45	25	56	80	115				71					
180	50	28	63	90	132		8		80			3		
200	56	32	71	100	145	22.4		16	90	3	4		2	

참고

플랜지 커플링

두 축을 정확하게 결합시키고 동력을 확실하게 전달시킬 수 있어 지름 200mm 이상인 고속 정밀 회전축의 축이음에 많이 사용한다.

③ 클러치

축이 회전하는 상태에서 원동축과 종동축의 연결을 수시로 끊거나 연결하기를 반복할 때 사용하는 축이음을 **클러치**라 한다.

(1) 맞물림 클러치

서로 맞물리는 턱(jaw)을 가진 플랜지 하나를 원동축에, 또 다른 하나를 종동축에 고정하고 종동축을 원동축 방향으로 이동시켜 턱이 맞물리거나 떨어질 수 있게 만든 클러치이다.

턱의 모양에 따라 삼각형 클러치, 삼각 톱니형 클러치, 스파이럴형 클러치, 직사각형 클러치, 사다리꼴형 클러치 등이 있다.

(2) 마찰 클러치

원동축과 종동축에 붙어 있는 접촉면을 서로 강하게 접촉시켜 생긴 마찰력에 의해 동력을 전달하는 클러치이다. 모양에 따라 원판 클러치, 원뿔 클러치, 원심력 클러치 등이 있다.

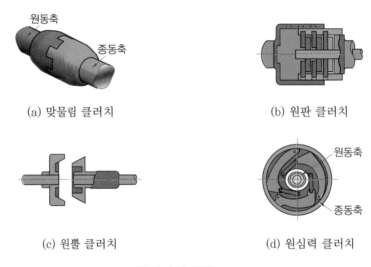

(a) 맞물림 클러치   (b) 원판 클러치

(c) 원뿔 클러치   (d) 원심력 클러치

클러치의 종류

참고

전자 클러치

전자 클러치는 내장된 전자 코일에 의해 발생되는 클러치로, 회전력을 전달하는 전기적 작동에 의해 쉽게 결합·분리되므로 자동화 장치의 축이음에 많이 사용된다.

6 베어링

회전축과 축을 지지하는 요소 사이의 마찰을 최소화시켜 소음과 발열을 줄이고 원활한 상대 운동을 유지하게 하는 축용 기계요소를 **베어링**이라 한다.

1 베어링의 종류

(1) 하중이 작용하는 방향에 따른 분류

① **레이디얼 베어링** : 축에 직각 방향으로 작용하는 하중을 지지하는 베어링이다.

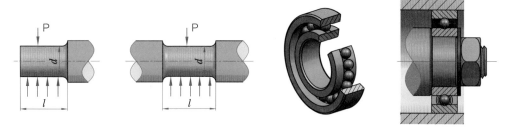

레이디얼 저널과 베어링

② **스러스트 베어링** : 축에 평행한 방향으로 작용하는 하중을 지지하는 베어링이다.

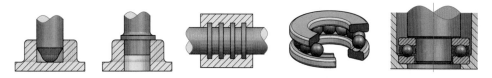

스러스트 저널과 베어링

(2) 축 접촉면의 작용에 따른 분류

① **미끄럼 베어링** : 축과 받침 사이에 원통형 또는 반원형의 금속 부시를 끼워 미끄럼 운동을 하는 베어링이다.

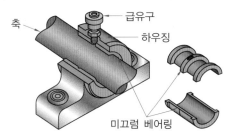

미끄럼 베어링

② **구름 베어링** : 베어링의 바깥쪽 바퀴와 안쪽 바퀴 사이에 볼 또는 롤러 등의 회전체를 넣어 접촉면에서 미끄럼 작용 대신 구름 운동이 일어나도록 하는 베어링이다.

2 구름 베어링의 호칭 방법

구름 베어링의 호칭 번호는 기본 기호와 보조 기호로 이루어져 있으며 베어링의 치수는 안지름을 기준으로 규격화되어 있다.

구름 베어링의 호칭 방법(KS B 2012)

기본 기호			보조 기호				
베어링 계열 기호	안지름 번호	접촉각 기호	내부 변경 기호	실·실드 기호	계도륜 형상 기호	내부 틈새 기호	등급 기호

(1) 베어링의 계열 기호

① **형식 기호** : 형식 기호는 한 자리의 숫자 또는 알파벳으로 표시한다.

베어링의 형식 기호(KS B 2012)

종류	단열 깊은 홈 볼 베어링	단열 앵귤러 볼 베어링	단열 원통 롤러 베어링	스트레스 볼 베어링	스트레스 롤러 베어링
형식 기호	6	7	N	5	2

② **치수 계열 기호** : 치수 계열 기호는 너비 계열 기호 및 지름 계열 기호의 두 자리 숫자로 표시한다.

베어링의 치수 계열 기호(KS B 2023)

치수 계열	02	03	04	10	11	12	13	14	18	19	22	23
호칭 길이	2	3	4	0	11	12	13	14	8	9	22	23

(2) 베어링의 안지름 번호

베어링의 안지름 번호는 안지름 치수를 나타내는 것으로 안지름 번호가 04 이상일 때는 번호 수치의 5배 한 것을 안지름으로 한다.

베어링의 안지름 번호 (KS B 2012)

(단위 : mm)

안지름 번호	1	2	3	4	5	6	7	8	9	00
안지름	1	2	3	4	5	6	7	8	9	10
안지름 번호	01	02	03	04	05	06	07	08	09	10
안지름	12	15	17	20	25	30	35	40	45	50

(3) 베어링의 접촉각 기호

접촉각은 내륜, 외륜과 볼의 접촉점을 연결하는 직선이 레이디얼 방향과 이루는 각도를 말한다.

베어링의 접촉각 기호 (KS B 2012)

베어링의 형식	호칭 접촉각	접촉각 기호
단열 앵귤러 볼 베어링	10° 초과 22° 이하	C
	22° 초과 32° 이하	A[1]
	32° 초과 45° 이하	B
테이퍼 롤러 베어링	17° 초과 24° 이하	C
	24° 초과 32° 이하	D

주) (1) 생략할 수 있다.

> **참고**
>
> **볼 베어링과 롤러 베어링의 장단점 비교**
>
> | 분류 | 볼 베어링 | 롤러 베어링 |
> |---|---|---|
> | 하중 | 비교적 작은 하중에 적합 | 비교적 큰 하중에 적합 |
> | 마찰 | 작다. | 크다. |
> | 회전수 | 고속 | 저속 |
> | 충격성 | 작다. | 크다. |

(4) 베어링의 보조 기호

베어링의 보조 기호는 내부 치수 기호, 실·실드 기호, 궤도륜 형상 기호, 베어링의 조합, 내부 틈새 기호, 정밀도 등급 등을 나타낸다.

베어링의 보조 기호 (KS B 2012)

구분	내용	보조 기호	구분	내용	보조 기호
내부 치수 기호	주요 치수 및 서브 유닛의 치수가 ISO 355와 일치하는 것	J3[2]	베어링의 조합	뒷면 조합	DB
				정면 조합	DF
				병렬 조합	DT
실·실드 기호	양쪽 실 붙이	UU[2]	내부 틈새 기호[3]	C2 틈새	C2
	한쪽 실 붙이	U[2]		CN 틈새	CN[1]
	양쪽 실드 붙이	ZZ[2]		C3 틈새	C3
	한쪽 실드 붙이	Z[2]		C4 틈새	C4
궤도륜 형상 기호	내륜 원통 구멍	없음		C5 틈새	C5
	플랜지 붙이	F[2]	정밀도 등급[4]	0급	없음
	내륜 테이퍼 구멍 (기준 테이퍼 1/12)	K		6X급	P6X
				6급	P6
	내륜 테이퍼 구멍 (기준 테이퍼 1/30)	K30		5급	P5
	링 홈 붙이	N		4급	P4
	멈춤 링 붙이	NR		2급	P2

주) (1) 생략할 수 있다.   (3) KS B 2012 참조
　　(2) 다른 기호를 사용할 수 있다.   (4) KS B 2014 참조

(5) 베어링의 호칭 기입

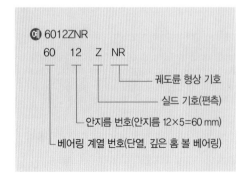

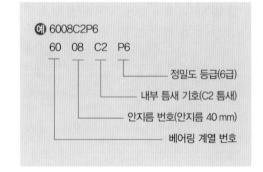

3 베어링 그리기

베어링은 한국산업표준에 치수가 규정된 부품으로, 대부분 시판되는 제품을 사용하며 도면에는 형식만 알아볼 수 있게 간략하게 그린 후 호칭 번호를 기입하여 표시한다.

베어링의 종류와 형식 번호

베어링의 종류	깊은 홈 볼 베어링	앵귤러 볼 베어링	자동 조심 베어링	원통 롤러 베어링				
형식 번호	6	7	1, 2	NJ	NU	NF	N	NN
약도								
간략도								
기호도								

(1) 베어링 기호도

기계 장치를 기호로 나타낸 것을 계통도라 한다.

베어링 기호도는 계통도 등에서 롤링 베어링을 나타내는 데 사용하는 도면으로, 축은 굵은 실선으로 그리고 축의 양쪽에는 베어링 기호를 표기한다.

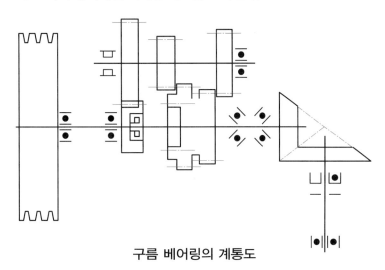

구름 베어링의 계통도

7 기어

마찰차에 의한 동력은 큰 힘이나 충격적인 힘이 작용하면 접촉면에서 미끄러져 정확한 속도비를 얻을 수 없다. 서로 맞물려 있는 한 쌍의 마찰차 접촉면에 이(tooth)를 만들어 미끄러짐 없이 큰 동력을 일정한 속도비로 전달할 수 있도록 하는 기계요소를 **기어**라 한다.

이때 서로 맞물려 있는 한 쌍의 기어에서 잇수가 많은 것을 휠 또는 기어, 적은 것을 피니언이라 한다(KS B 0102). 기어는 비교적 가까운 두 축 사이에 정확하고 강력한 회전력을 전달할 수 있어 널리 사용되고 있다.

1 기어의 종류

기어는 두 축의 상대적인 위치, 기어의 형상 등에 따라 여러 가지 종류로 분류할 수 있다.

(1) 두 축의 상대적인 위치에 따른 분류

① **두 축이 평행한 경우** : 스퍼 기어, 헬리컬 기어, 더블 헬리컬 기어, 랙과 피니언, 헬리컬 랙, 내접 기어 등으로 구분한다.

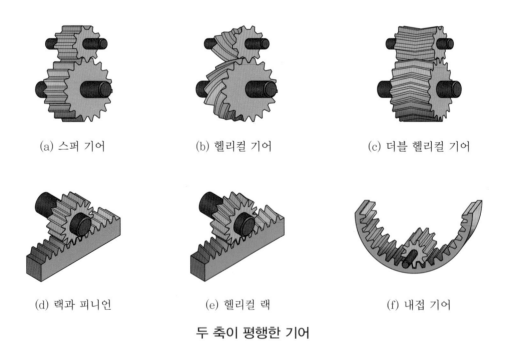

| (a) 스퍼 기어 | (b) 헬리컬 기어 | (c) 더블 헬리컬 기어 |

| (d) 랙과 피니언 | (e) 헬리컬 랙 | (f) 내접 기어 |

두 축이 평행한 기어

② **두 축의 중심선이 만나는 경우** : 직선 베벨 기어, 스파이럴 베벨 기어, 헬리컬 베벨 기어, 크라운 기어 등으로 구분한다.

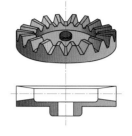

(a) 직선 베벨 기어   (b) 스파이럴 베벨 기어   (c) 헬리컬 베벨 기어   (d) 크라운 기어

두 축의 중심선이 만나는 기어

③ 두 축이 평행하지도 만나지도 않는 경우 : 나사 기어, 하이포이드 기어, 웜과 웜 기어 등으로 구분한다.

(a) 나사 기어   (b) 하이포이드 기어   (c) 웜과 웜 기어

두 축이 평행하지도 만나지도 않는 기어

(2) 형상에 따른 분류

형상에 따라 단면이 원형인 원형 기어와 단면이 직선인 직선 기어로 구분한다.

참고

- 크라운 기어 : 피치면이 평행인 베벨 기어
- 직선 기어 : 회전 운동을 직선 운동으로 변환하는 기어

2 형상에 따른 분류

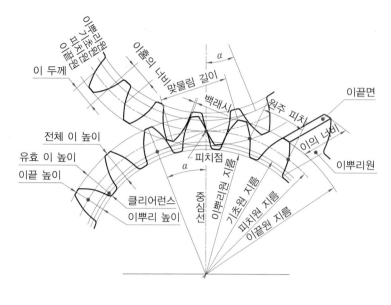

기어의 각부 명칭

① **피치원** : 피치면과 축에 수직인 평면에 의해 이루어진 원
② **피치면** : 기어의 마찰면
③ **기초원** : 인벌류트 기어 이의 모양 곡선을 만드는 원
④ **이끝원** : 기어에서 모든 이끝을 연결하여 이루어진 원
⑤ **이뿌리원** : 기어에서 모든 이뿌리를 연결한 원
⑥ **압력각** : 이 면의 한 점에서 그 반지름 선과 치형의 접선이 이루는 각
⑦ **클리어런스** : 기어의 이끝원부터 그것과 물리는 이뿌리원까지의 거리

3 이의 크기

이의 크기를 나타낼 때는 모듈, 원주 피치, 지름 피치의 3가지 방법으로 표시한다.

(1) 모듈 (m)

$$m = \frac{D}{Z}$$

m : 모듈, D : 피치원 지름(mm), Z : 잇수

(2) 원주 피치(p)

$$p = \frac{\pi D}{Z}, \quad p = \pi m$$

p : 원주 피치, D : 피치원 지름(mm), Z : 잇수

(3) 지름 피치(P)

$$P = \frac{Z}{D(\text{인치})} = \frac{25.4Z}{D(\text{mm})}$$

P : 지름 피치, D : 피치원 지름(inch), Z : 잇수

4 기어 그리기(KS B 0002)

(1) 스퍼 기어 그리기

① 기어의 부품도에는 도면과 요목표를 같이 나타낸다. 요목표에는 이 절삭(가공), 조립 및 검사 등의 사항을 기입하고 도면에는 기어 제작 시 필요한 치수를 기입한다.

② 기어를 그릴 때 이끝원은 굵은 실선으로, 피치원은 가는 1점 쇄선으로, 이뿌리원은 가는 실선으로, 특수 지시선(열처리 지시선)은 굵은 1점 쇄선으로 그린다.

③ 맞물린 한쌍의 기어는 물림부의 이끝원을 쌍방 모두 굵은 실선으로 그린다. 정면도를 단면으로 표시할 때는 물림부 한쪽의 끝원을 숨은선으로 그린다.

④ 기어는 축과 직각인 방향에서 본 그림을 정면도로 그리는 것을 원칙으로 한다.

⑤ 치형의 상세 및 치수 측정법을 명시할 필요가 있을 때는 도면에 표시한다.

⑥ 맞물린 한쌍의 기어의 정면도는 이뿌리선을 생략하고 측면도에서 피치원만 그린다.

(2) 치수 및 요목표 기입

① 기어의 제작도에는 기어의 완성 치수만 기입하고 이 절삭, 조립 검사 등 필요한 사항은 요목표에 기입한다.

② 이 모양란에는 표준 기어, 전위 기어 등을 구별하여 기입한다.

③ 기준 피치원의 지름을 기입할 때는 치수 숫자 앞에 P.C.D를 기입한다.

④ 이 두께란에는 이 두께 측정 방법에 의한 표준 치수와 허용 치수의 차를 기입한다.

(3) 표면 거칠기 기입

기어는 주강 또는 특수강 제품으로, 기어 이는 정밀 다듬질($\overset{y}{\nabla}$)을 적용하며 축과 키 조립부, 기어 림(측면)은 중간 다듬질($\overset{x}{\nabla}$)을 적용한다.

(4) P.C.D가 56 mm일 때의 기하 공차 기입

① 데이텀 A를 구멍 중심 축선에 잡는다.

② 데이텀 A를 기준으로 기어 피치원은 복합 공차인 원주 흔들림을 적용한다.

③ P.C.D가 56mm이므로 IT 5급일 때 50 mm 초과 80 mm 이하의 IT 기본 공차는 13μm이며 원주 흔들림은 ⟋ 0.013 A 이다.

④ 데이텀 A를 기준으로 기어 림도 복합 공차인 온 흔들림을 적용하므로 IT 기본 공차는 13μm이고 온 흔들림은 ⟋⟋ 0.013 A 이다.

IT 기본 공차의 수치 (KS B 0401)

기준 치수의 구분(mm)		공차 등급(IT)				
		3	4	5	6	7
초과	이하	기본 공차의 수치(μm)				
3	6	2.5	4	5	8	12
6	10	2.5	4	6	9	15
10	18	3	5	8	11	18
18	30	4	6	9	13	21
30	50	4	7	11	16	25
50	80	5	8	13	19	30

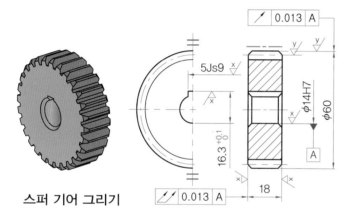

스퍼 기어 그리기

스퍼 기어 요목표

기어 치형		표준
공구	치형	보통 이
	모듈	2
	압력각	20°
잇수		28
피치원 지름		P.C.D. 56
전체 이 높이		4.5
다듬질 방법		호브 절삭
정밀도		KS B 1405, 5급

(5) 스퍼 기어의 치수

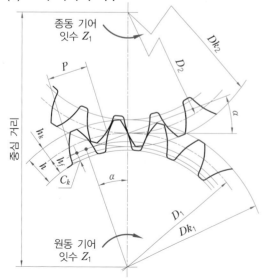

이끝 높이	$h_k = m$
이뿌리 높이	$h_f = h_k + C_k \geq 1.25\,m$
클리어런스	$C_k \geq 0.25\,m$
전체 이 높이	$h \geq 2.25\,m$
원주 피치	$p = \pi m$
피치원 지름	$D_1 = mZ_1,\ D_2 = mZ_2$
이끝원 지름	$Dk_1 = D_1 + 2h_k = (Z_1 + 2)\,m$ $Dk_2 = D_2 + 2h_k = (Z_2 + 2)\,m$
잇수	$D_1/m,\ D_2/m$
중심 거리	$C = (D_1 + D_2)/2 = (Z_1 + Z_2)\,m/2$

예제18 ─── 스퍼 기어 그리기 ────────────

● 축 지름이 ∅20인 축에 고정된 스퍼 기어의 모듈이 2이고, 축간 중심 거리가 100mm이며 기어의 속도
비가 3 : 2인 한 쌍의 스퍼 기어 도면을 그려 보자.

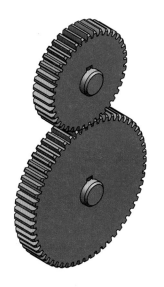

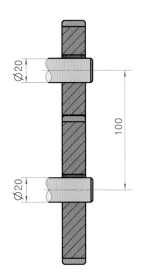

참고

스퍼 기어와 베벨 기어 요목표

스퍼 기어 요목표		
기어 치형		표준
공구	모듈	□
	치형	보통 이
	압력각	20°
전체 이 높이		□
피치원 지름		□
잇수		□
다듬질 방법		호브절삭
정밀도		KS B ISO 1328-1, 4급

베벨 기어 요목표	
기어 치형	글리슨식
모듈	□
치형	보통 이
압력각	20°
축 각	90°
전체 이 높이	□
피치원 지름	□
피치원 추각	□
잇수	□
다듬질 방법	절삭
정밀도	KS B 1412, 4급

8 벨트 풀리

가죽, 고무, 직물 등으로 만든 벨트로 2개의 풀리에 적당한 장력을 걸어 동력을 전달하는 장치를 벨트 풀리 전동 장치라 하며, 이때 사용되는 바퀴를 **벨트 풀리**라 한다.

1 V 벨트 풀리의 종류

단면이 V형인 벨트를 V형 홈이 파져 있는 풀리에 밀착시켜 구동하는 장치로, 속도비가 큰 경우의 동력 전달에 좋다.

① V 벨트 풀리는 단면의 치수에 따라 M형, A형, B형, C형, D형, E형의 6종류가 있다.

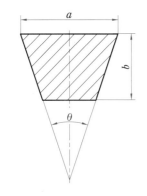

V 벨트 단면의 모양과 치수

V 벨트 종류별 치수 (KS M 6535)

종류	a	b	$\theta(°)$
M	10.0	5.5	
A	12.5	9.0	
B	16.5	11.0	40
C	12.0	14.0	
D	31.5	19.0	
E	38.0	24.0	

② V 벨트 풀리는 허브의 위치에 따라 I형, II형, III형, IV형, V형의 5종류가 있다.

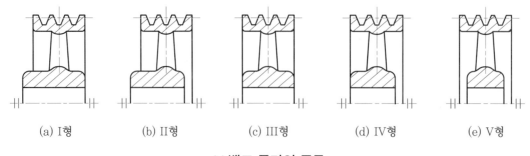

| (a) I형 | (b) II형 | (c) III형 | (d) IV형 | (e) V형 |

V 벨트 풀리의 종류

2 V 벨트 풀리 홈 부분의 모양과 치수

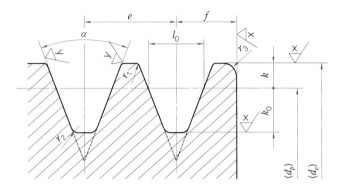

V 벨트 풀리 홈 부분의 모양 및 치수 (KS B 1400)

(단위 : mm)

종류	호칭 지름(d_p)	a	l_0	k	k_0	e	f	r_1	r_2	r_3
M	50 이상 71 이하 71 초과 90 이하 90 초과	34° 36° 38°	8.0	2.7	6.3	–	9.5	0.2~0.5	0.5~1.0	1~2
A	71 이상 100 이하 100 초과 125 이하 125 초과	34° 36° 38°	9.2	4.5	8.0	15.0	10.0	0.2~0.5	0.5~1.0	1~2
B	125 이상 165 이하 135 초과 200 이하 200 초과	34° 36° 38°	12.5	5.5	9.5	19.0	12.5	0.2~0.5	0.5~1.0	1~2
C	200 이상 250 이하 250 초과 315 이하 315 초과	34° 36° 38°	16.9	7.0	12.0	25.5	17.0	0.2~0.5	1.0~1.6	2~3
D	355 이상 450 이하 450 초과	36° 38°	24.6	9.5	15.5	37.0	24.0	0.2~0.5	1.6~2.0	3~4
E	500 이상 630 이하 630 초과	36° 38°	28.7	12.7	19.3	44.5	29.0	0.2~0.5	1.6~2.0	4~5

V 벨트 풀리의 바깥지름 허용차 및 흔들림 허용값 (KS B 1400)

(단위 : mm)

호칭 지름	바깥지름(d_e)	바깥둘레 흔들림 허용값	림 측면 흔들림 허용값
75 이상 118 이하	±0.6	0.3	0.3
125 이상 300 이하	±0.8	0.4	0.4
315 이상 630 이하	±1.2	0.6	0.6
710 이상 900 이하	±1.6	0.8	0.8

③ V 벨트 풀리의 호칭 방법

표준 번호 또는 명칭	호칭 지름	종류	허브 위치의 구별
KS B 1400	250	A1	II
↑	↑	↑	↑
주철제 V 벨트 풀리	250mm	홈의 수가 1개인 A형	II형

④ V 벨트 풀리 그리기

① V 벨트 풀리는 축과 직각 방향에서 본 그림을 정면도로 투상한다.

② 대칭인 V 벨트 풀리는 그 일부분만을 투상한다.

③ 암(arm)은 길이 방향으로 절단하여 투상하지 않는다.

④ V 벨트 풀리 홈 부분의 치수는 벨트 종류 및 호칭 지름을 기준으로 KS 규격에 따라 그린다.

⑤ V 벨트 풀리 홈 측면의 접촉부는 $\frac{y}{\sqrt{}}$ 을 적용하며 축과 키 조립부, 바깥지름의 둘레, 림 측면, V 벨트 풀리의 홈 둘레는 $\frac{x}{\sqrt{}}$ 을 적용한다.

⑥ 호칭 지름이 79mm일 때 바깥지름은 88mm이므로 호칭 지름 75mm 이상 118mm 이하의 바깥지름 허용차는 ±0.6mm이다.

⑦ 데이텀 B를 기준으로 호칭 지름이 79mm일 때 원주면은 원주 흔들림을 적용한다. 바깥 둘레 흔들림 허용값이 0.3mm이므로 원주 흔들림은 ⌀ 0.3 B 이다.

⑧ 데이텀 B를 기준으로 림 호칭 지름이 79mm일 때 측면은 원주 흔들림을 적용한다. 림 측면 흔들림 허용값이 0.3mm이므로 원주 흔들림은 ⌀ 0.3 B 이다.

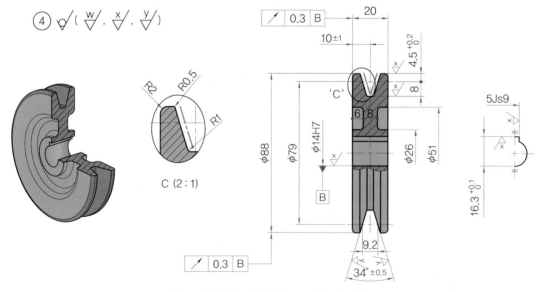

V 벨트 풀리의 홈 부분의 모양과 치수

예제19 — V 벨트 풀리 그리기

● 축 지름이 ⌀20인 축에 조립된 V 벨트 풀리 A형의 한 줄 호칭지름이 ⌀90이고, 축 지름이 ⌀14인 축에 조립된 V 벨트 풀리 A형의 두 줄 호칭지름이 ⌀86일 때 KS 규격에 따라 V 벨트 풀리를 도면에 그리고, 가공과 기능에 관련된 표면 거칠기와 허용한계 치수, 끼워맞춤 공차, 기하 공차를 모두 기입해 보자.

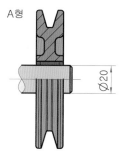

A형

⌀20

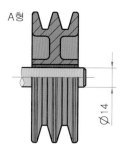

A형

⌀14

참고

V 벨트 풀리의 종류

V 벨트의 종류 \ 홈의 수	1	2	3	4	5	6
A	A1	A2	A3	–	–	–
B	B1	B2	B3	B4	B5	–
C	–	–	C3	C4	C5	C6

9 체인과 스프로킷 휠

체인 전동은 체인과 스프로킷 휠의 물림에 의해 동력을 전달하는 장치이다.

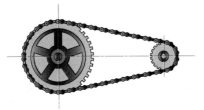

- 전동용 롤러 체인 KS B 1407
- 롤러 체인용 스프로킷 KS B 1408

체인 진동

1 체인

체인은 쇠고리만 연결하여 만든 링크 체인, 롤러 링크와 핀 링크를 엇갈리게 연결한 롤러 체인, 그리고 오목한 모양의 양쪽 다리를 가지고 있는 특수한 강판을 프레스로 찍어 내어 필요한 길이로 연결한 사일런트 체인 등이 있다.

2 스프로킷 휠

스프로킷 휠의 기준 치형은 S치형과 U치형의 2종류가 있으며, 호칭 번호는 그 스프로킷에 걸리는 전동용 롤러 체인(KS B 1407)의 호칭 번호로 한다.

(1) 스프로킷 휠의 호칭 방법(KS B 1408)

스프로킷 휠의 호칭은 명칭, 호칭 번호, 잇수 및 치형으로 표시한다.

명칭	호칭 번호	잇수 및 치형
스프로킷 휠	g40	N30S
↑	↑	↑
스프로킷 휠	1줄 호칭 번호 40	잇수 30, S치형

(2) 스프로킷 휠 그리기(KS B 1408)

① 스프로킷 휠의 부품도에는 도면과 요목표를 같이 나타낸다.
② 바깥지름은 굵은 실선으로, 피치원은 가는 1점 쇄선으로 그린다. 이뿌리원은 가는 실선 또는 가는 파선으로 그리며 생략할 수 있다.
③ 축과 직각인 방향에서 본 그림을 단면으로 그릴 때는 이뿌리선을 굵은 실선으로 그린다.

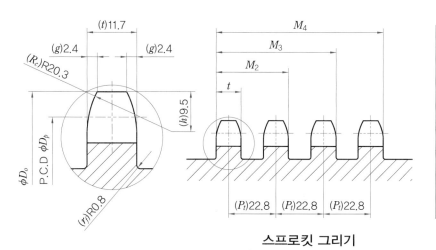

스프로킷 그리기

체인, 스프로킷 휠 요목표			
종류	구분	품번	①
롤러 체인	호칭		60
	원주 피치		19.05
	롤러 바깥지름		11.91
스프로킷 휠	치형		S치형
	잇수		21
	피치원 지름		127.82

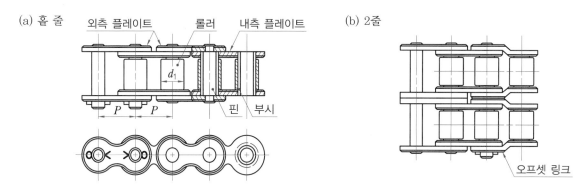

(a) 홑 줄

(b) 2줄

롤러 체인의 모양

스프로킷의 기준 치수와 롤러 체인 (KS B 1408)   (단위 : mm)

호칭 번호	가로 치형[1]							가로 피치 (P_t)	적용 롤러 체인(참고)		
	모떼기 너비 g(약)	모떼기 깊이 h(약)	모떼기[2] 반지름 R_c(최소)	둥글기 r_f (최대)	이 너비 t(최대)				피치(P)	롤러 바깥지름 d_1(최대)	안쪽 링크 안쪽 너비 b_1(최소)
					홑 줄	2줄, 3줄	4줄 이상				
25	0.8	3.2	6.8	0.3	2.8	2.7	2.4	6.4	6.35	3.30	3.10
35	1.2	4.8	10.1	0.4	4.3	4.1	3.8	10.1	9.525	5.08	4.68
41	1.6	6.4	13.5	0.5	5.8	–	–	–	12.70	7.77	6.25
40	1.6	6.4	13.5	0.5	7.2	7.0	6.5	14.4	12.70	7.95	7.85
50	2.0	7.9	16.9	0.6	8.7	8.4	7.9	18.1	15.875	10.16	9.40
60	2.4	9.5	20.3	0.8	11.7	11.3	10.6	22.8	19.05	11.91	12.57
80	3.2	12.7	27.0	1.0	14.6	14.1	13.3	29.3	25.40	15.88	15.75
100	4.0	15.9	33.8	1.3	17.6	17.0	16.1	35.8	31.75	19.05	18.90

주) (1) 톱니를 스프로킷의 축을 포함하는 평면으로 절단했을 때의 단면의 모양을 말한다.

(2) R_t는 일반적으로 표에 표시한 최솟값을 사용하지만 이 값 이상 무한대가 되어도 좋다.

예제20 ── 스프로킷 그리기 ──

● 축 지름이 ∅20인 축에 조립된 호칭지름이 ∅40이고 잇수가 13인 스프로킷을 KS 규격에 맞추어
도면을 작성하고, 가공과 기능에 관련된 표면 거칠기와 허용한계 치수, 끼워맞춤 공차, 기하 공차를
모두 기입해 보자.

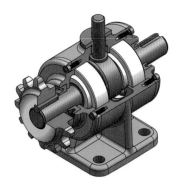 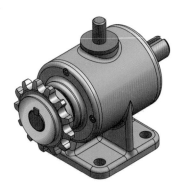

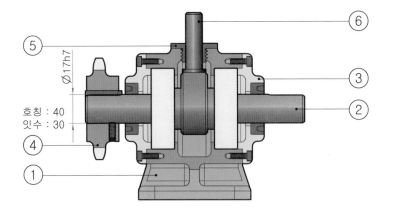

CHAPTER

10

그 밖의
기계요소 그리기

1   배관

관은 가스나 공기 등 유체를 수송하는 데 사용하며, 원형이지만 속이 비어 있는 가늘고 긴 모양이므로 튜브(tube)라고도 한다.

1 관(파이프)

(1) 관의 종류

① **용도에 따른 분류** : 철 금속관, 비철 금속관, 비금속관
② **제조 방법에 따른 분류** : 이음매 있는 강관, 이음매 없는 강관

(2) 관의 용도

물, 유류, 가스 및 공기 등을 수송하는 용도에 따라 관의 안지름, 재질, 그리고 두께를 결정한다. 관의 안지름은 관 내부에 흐르는 유체의 유량에 의해 결정되며 관의 재질이나 두께는 유체의 성질, 온도, 압력 등에 의해 결정된다.

(3) 관 및 관용 기계요소의 표시 방법

① 관의 중심선을 따라 실선으로 나타내고 구부러진 부분의 반지름은 나타내지 않는다.
② 도면에 수직으로 올려 세워지거나 내려 세워진 관의 플랜지 부분은 그림 (b)와 같이 프리핸드로 그린다.
③ 경사지게 올라가거나 내려간 관은 그림 (c)와 같이 표시한다.

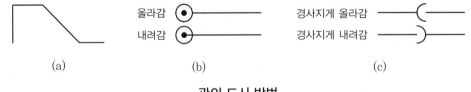

(a)   (b)   (c)

관의 도시 방법

> **참고**
>
> **용도에 따른 관의 종류**
> • 철금속관 : 주철관, 강관, 스테인리스 관
> • 비철 금속관 : 동관, 납관, 알루미늄관
> • 비금속관 : 이음매 있는 강관, 이음매 없는 강관

2 배관

(1) 배관의 종류

① 금속관

(개) 주철관 : 주철은 강관보다 무겁고 약하나 녹이 슬지 않고 값도 싸므로 수도, 가스의 배수관 등 저압 배관용으로 사용한다.

(내) 강관 : 이음매 없는 강관은 냉간 또는 질 좋은 전기강과 열간 드로잉한 인발 강관으로 압력이 $300\,N/mm^2$ 미만의 증기, 압축 공기 및 압력 배관용으로 사용한다.

주철관　　　　　　　　　　　　강관

② 비철 금속관

(개) 구리 및 황동 관 : 냉간 인발로 제작된 이음매 없는 관으로 가공이 쉽고 열전달이 잘되어 가열기, 냉각 복수기, 열 교환기 등의 배관에 사용한다.

(내) 납관 : 납을 주원료로 하여 만든 관으로 휘기 쉬우므로 가스관으로도 사용한다.

구리 및 황동관　　　　　　　　　　납관

③ 비금속관

(개) 플렉시블 관 : 스테인리스, 구리와 구리 합금, 알루미늄 등의 얇은 관을 접어서 나사선 모양으로 주름이 지도록 만들어 휘기 쉽다.

(내) 폴리염화비닐 관 : 이음 부분이 없는 관으로 연질과 경질의 두 종류가 있다. PVC 수도 관의 종류 및 규격은 KS M 3408에 규정되어 있다.

플렉시블 관　　　　　　　　　　폴리염화비닐 관

(2) 배관의 표시

① **단선 표시** : 한 줄의 실선으로 그리는 것을 단선 표시 방법이라 하며, 같은 도면에서는 같은 굵은 선을 사용한다.

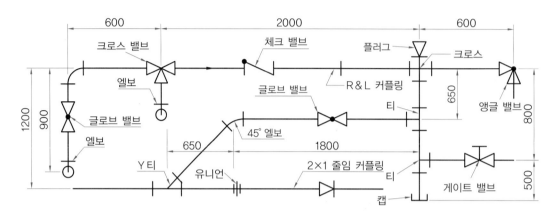

관의 단선 표시 도면

② **복선 표시** : 관의 장치도를 상세하게 나타낼 경우에는 복선으로 그린다.

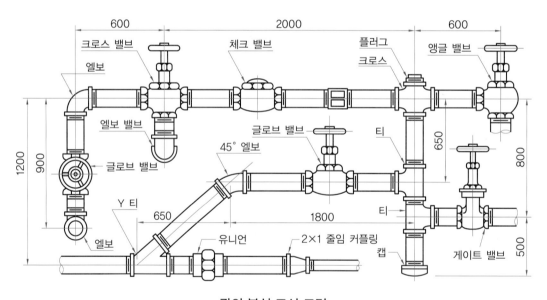

관의 복선 표시 도면

③ **관의 도시 기호** : 관이 접속해 있지 않을 때는 두 선이 교차하거나 두 선을 끊어 표시하며, 관이 접속해 있을 때는 두 선의 교차 부분에 접속 표시 기호인 '●'을 사용하여 표시한다.

관의 접속 상태 표시

접속 상태	실제 모양	도시 기호	굽은 상태	실제 모양	도시 기호
접속해 있지 않을 때			관 A가 화면에 직각으로 바로 올라가 있을 때		
접속해 있을 때			관 B가 화면에 직각으로 뒤쪽으로 내려가 있을 때		
분기해 있을 때			관 C가 화면에 직각으로 바로 앞쪽으로 올라가 있고 관 D와 접속해 있을 때		

관의 결합 방법의 도시 기호

연결 상태	이음	용접식 이음	플랜지 이음	턱걸이식 이음	유니언식 이음
도시 기호					

④ **관의 결합 방법** : 사용 장소, 용도, 크기, 형상에 따라 나사 이음 방법, 용접식 이음 방법, 플랜지식 이음 방법, 턱걸이식 이음 방법 등 여러 가지가 있다.

㉮ 나사 이음 : 관 끝에 관용 나사를 내고 나사 이음관 이음쇠를 사용하여 접합하는 방법이다.

㉯ 용접식 이음 : 강관의 끝부분을 깎아 30°로 테이퍼지게 하고, 여기에 용접용 이음쇠를 사용하여 용접으로 접합하는 방법이다.

㉰ 플랜지식 이음 : 주철관 끝부분의 플랜지를 서로 맞추고, 그 틈새에 패킹을 끼운 후 볼트와 너트로 조여서 접합하는 방법이다.

㉱ 턱걸이식 이음(소켓 이음) : 소켓에 관의 가는 끝부분을 넣고, 그 사이에 시멘트, 무명실 등으로 메운 다음, 다시 그 위에 납을 녹이고 붙여서 접합하는 방법이다.

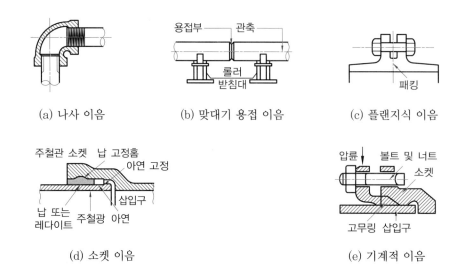

(a) 나사 이음   (b) 맞대기 용접 이음   (c) 플랜지식 이음

(d) 소켓 이음   (e) 기계적 이음

관 결합 방법

참고

기계적 이음

소켓 이음과 플랜지 이음의 장점을 모은 것으로 최근 150mm 이하의 수도관에 많이 사용되는 방법이다.

---

⑤ **유체의 표시** : 유체의 표시 항목은 원칙적으로 다음 순서에 따라 필요한 것을 아래와 같이 나타낸다.

⑴ 관의 호칭 지름

⑴ 유체의 종류와 상태, 배관계의 식별

⑴ 배관계의 시방(관의 종류, 두께, 배관계의 압력 구분 등)

⑴ 관의 외면에 실시하는 설비 재료

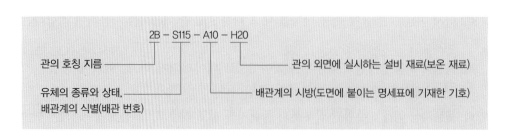

⑥ 관 이음쇠 : 관과 관을 연결하고 관과 부속 부품과의 연결에 사용되는 요소를 **관 이음쇠**라 한다.

㈎ 사용 목적에 따른 관 이음쇠의 종류

사용 목적에 따른 관 이음쇠의 종류

목적	종류
배관 방향을 바꿀 때	엘보, 벤드
관을 도중에 분기할 때	티, 와이, 크로스
지름이 같은 관을 직선으로 연결할 때	소켓, 유니언, 플랜지, 니플
지름이 다른 관을 연결할 때	부싱, 이경 소켓, 이경 엘보, 이경 티
관 끝을 막을 때	캡, 플러그
관의 수리, 점검, 교체가 필요할 때	유니언(50A 이하의 관에 사용), 플랜지

㈏ 관 이음쇠의 기호 : 다음 표는 관 이음쇠의 기호를 도면에 표시하는 연결 부속을 나타 낸 것이다.

관 이음쇠의 기호

부품 명칭	그림 기호		부품 명칭	그림 기호	
	플랜지 이음	나사 이음		플랜지 이음	나사 이음
엘보			와이		
45° 엘보			이음		
오는 엘보			신축 이음		
가는 엘보			줄이개		
티			유니언		
가는 티			캡		
오는 티			부시		
크로스			플러그		

㈐ 신축 이음 : 관 속을 흐르는 유체의 온도와 외부 온도의 변화에 따라 관이 수축하거나 팽창하면 관 접합부나 기기가 파손될 수 있다. 이와 같은 관의 파손을 예방하기 위해 배관 중간에 신축 이음을 설치한다.

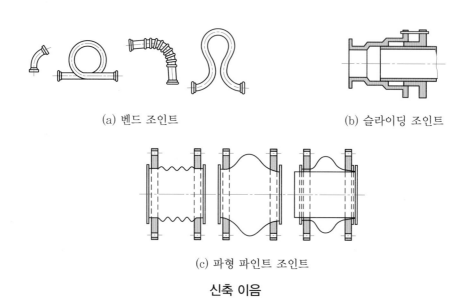

(a) 벤드 조인트   (b) 슬라이딩 조인트

(c) 파형 파인트 조인트

신축 이음

㈑ 관의 끝부분 표시

관의 끝부분 표시

끝부분의 종류	기호
막힌 플랜지	⊣｜
나사 연결식 캡 및 나사 연결식 플러그	⊐ ◁
용접식 캡	▷

참고

신축 이음의 종류

- 루프형 ⌒
- 슬리브형 ⋙
- 벨로스형 ⬚
- 스위블형

3 밸브

(1) 밸브의 종류

밸브는 배관의 중간에 설치하여 유량의 흐름을 조절하거나 차단하며 유체의 방향을 전환하고 압력을 유지시킨다.

① **게이트 밸브** : 밸브가 관의 축선에 **직각 방향으로** 개폐되는 구조로 되어 있으며, 밸브를 자주 개폐할 필요가 없는 곳에 설치한다.

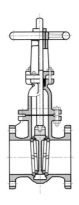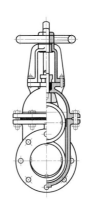

게이트 밸브

② **스톱 밸브** : 유체의 흐름을 완전히 개폐하도록 한 밸브로, 유체의 에너지 손실은 크지만 작동이 확실하여 많이 사용되고 있다.

㈎ 글로브 밸브 : 유체가 흐르는 관의 입구와 출구가 일직선으로 되어 있는 밸브이다. 밸브 몸체가 달걀형으로 되어 있어 흐름의 방향이 동일하고 유량 조절이 쉽다.

㈏ 앵글 밸브 : 유체가 흐르는 관의 입구와 출구가 **직각**으로 되어 있어 흐름의 방향이 90°로 변하는 밸브이다.

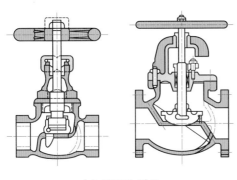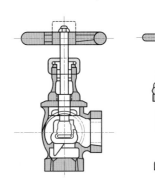

(a) 글로브 밸브　　　　　　　　　　　　(b) 앵글 밸브

스톱 밸브의 구조

③ **체크 밸브** : 유체를 일정한 방향으로만 흐르게 하여 유체의 **역류**를 방지하는 밸브이다.

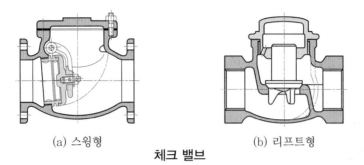

(a) 스윙형   (b) 리프트형
체크 밸브

④ **콕** : 구멍이 뚫려 있는 원뿔 모양의 플러그가 몸체에 끼워져 있어 플러그를 0~90°로 회전시켜 유체의 통로를 개폐하는 기계요소이다. 통로의 개폐에 사용되는 2방 콕과 흐름의 방향을 두 방향으로 나누는 3방 콕이 있다.

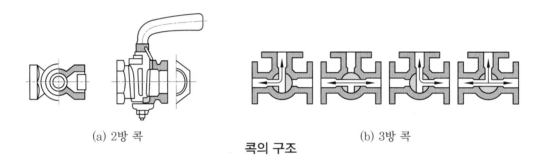

(a) 2방 콕   (b) 3방 콕
콕의 구조

(2) 밸브 및 콕의 몸체 표시

밸브 및 콕의 몸체 표시

종류	기호	종류	기호	종류	기호
글로브 밸브	▷●◁	체크 밸브	─\\─	앵글 밸브	◁
슬루스 밸브 (게이트 밸브)	▷◁	안전밸브 (스프링식)	▷◁	안전밸브 (추식)	▷◁○
콕 일반	▷○◁	밸브 일반	▷◁	전자 밸브	Ⓢ▷◁
전동 밸브	Ⓜ▷◁	공기 빼기 밸브	◇●	닫혀 있는 콕 일반	▶◀
닫혀 있는 밸브 일반	▶◀	온도계	Ⓣ	압력계	Ⓟ

(3) 밸브 및 콕의 닫힘 표시

밸브 일반 닫힘

닫혀 있는 콕

닫혀 있는 볼 밸브

폐　　　　C

(a) 닫혀 있는 상태　　　　　　　　　　　(b) 열려 있는 상태

밸브 및 콕의 닫힘 표시

> **참고**
>
> **밸브 및 콕의 닫힘 표시**
> 그림 기호와 색으로 표시하거나 '폐' 또는 'C'를 써서 나타낸다.

(4) 밸브 및 콕의 동작 표시

밸브의 개폐를 조작하는 방법을 구별해야 할 때는 다음 표와 같이 나타낸다.

밸브 및 콕의 동작 표시

개폐 조작	그림 기호	의미
수동 조작	⋈	수동으로 개폐를 지시할 필요가 없을 때는 조작부의 표시를 생략한다.
전동 조작	Ⓜ⋈	전동기로 개폐를 조작하는 밸브 표시 기호이다.

(5) 계기의 표시 방법

압력계, 온도계, 유량계 등의 계기를 표시할 때는 그림과 같이 선에서 분기하여 선 끝에 원을 그리고, 원 안에 문자를 기입한다.

Ⓟ　　　　　　　Ⓣ　　　　　　　Ⓕ

(a) 압력계　　　　　(b) 온도계　　　　　(c) 유량계

압력계, 온도계, 유량계 표시

4 공·유압 기기의 기호

공·유압 장치는 여러 가지 제어 밸브 및 부속 기기로 구성되어 있으며 산업 전반에 걸쳐 자동화 장치, 산업용 기계 및 로봇 등에 널리 사용되고 있다.

(1) 동력원의 기호

공·유압 장치의 동력원으로 전동기, 원동기, 공압 모터, 유압 모터 등이 사용된다.

동력원의 기호 (KS B 0054)

명칭	기호	비고	명칭	기호	비고
유압(동력)원	▶—	일반 기호	전동기	Ⓜ⊨	
공기압(동력)원	▷—	일반 기호	원동기	M⊨	(전동기 제외)

(2) 조작 방식의 기호

조작 방식의 종류와 기호 (KS B 0054)

명칭		기호	비고
인력 조작	누름 버튼		• 1방향 조작
	당김 버튼		• 1방향 조작
	레버		• 2방향 조작(회전 운동을 포함)
	페달		• 1방향 조작(회전 운동을 포함)
기계 조작	플런저		• 1방향 조작
	가변 행정 제한 기구		• 2방향 조작
	스프링		• 1방향 조작
	롤러		• 2방향 조작
전기 조작	단동 솔레노이드		• 1방향 조작 (사선은 우측으로 비스듬히 그려도 좋다.)
	단동 가변식 전자 액추에이터		• 1방향 조작 • 비례식 솔레노이드, 포스 모터 등
	회전형 전기 액추에이터		• 2방향 조작

(3) 펌프와 모터의 기호

펌프와 모터에는 유압 펌프, 공압 모터, 정용량형 펌프·모터 등이 있다.

펌프와 모터의 기호 (KS B 0054)

명칭	기호	비고
펌프 및 모터	유압 펌프　　공압 모터	• 일반 기호
유압 펌프		• 1방향 유동, 정용량형 • 1방향 회전형
공압 모터		• 2방향 유동, 정용량형 • 2방향 회전형
정용량형 (펌프·모터)		• 1방향 유동, 정용량형 • 1방향 회전형
가변 용량형 펌프·모터 (인력 조작)		• 2방향 유동, 가변 용량형 • 외부 드레인, 2방향 회전형
가변 용량형 펌프 (압력 보상 제어)		• 1방향 유동, 압력 조정 가능 • 외부 드레인

(4) 실린더 기호

실린더의 기호 (KS B 0054)

명칭	기호	비고
단동 실린더	상세 기호　　간략 기호	• 공압, 압출형, 편로드형 • 대기 중의 배기(유압일 때 : 드레인)
단동 실린더 (스프링 붙이)	(1)　　　(2)	• 유압, 편로드형, 외부 드레인
복동 실린더	(1)	• 편로드, 공압
	(2)	• 양로드, 공압
복동 실린더 (쿠션 붙이)	2:1　　2:1	• 유압, 편로드형 • 양 쿠션, 조정형 • 피스톤 면적비 2 : 1

주) (1) 스프링 힘으로 로드 압출, (2) 스프링 힘으로 로드 흡인

(5) 밸브의 기호

공·유압 장치에 사용되는 밸브에는 전환 밸브, 체크 밸브, 유량 제어 밸브, 압력 제어 밸브 등이 있다. 주로 사용되는 밸브의 기호는 다음 표와 같다.

밸브 기호 (KS B 0054)

명칭	기호	비고
2포트 수동 전환 밸브		• 방향 전환 밸브 • 2위치, 폐지 밸브
체크 밸브	상세 기호　　간략 기호	• 스프링 없음
릴리프 밸브		• 압력 제어 밸브 • 작동형 또는 일반 기호
가변 교축 밸브	상세 기호　　간략 기호	• 유량 제어 밸브

2 용접 이음

2개의 금속을 용융 또는 반용융 상태로 만들어 접합하는 결합법을 **용접**이라 한다.

1 용접 이음의 종류 (KS B 0052)

용접 이음에는 맞대기 이음, 모서리 이음, 변두리 이음, 겹치기 이음, T 이음, 십자 이음 등이 있다.

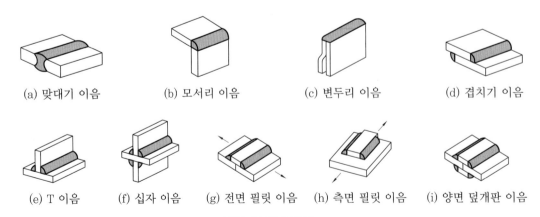

(a) 맞대기 이음　　(b) 모서리 이음　　(c) 변두리 이음　　(d) 겹치기 이음

(e) T 이음　　(f) 십자 이음　　(g) 전면 필릿 이음　　(h) 측면 필릿 이음　　(i) 양면 덮개판 이음

용접 이음의 종류

2 용접의 자세

용접의 자세는 그림과 같이 용접 이음의 종류에 따라 아래보기 자세, 수직 자세, 수평 자세, 위보기 자세 등이 있다.

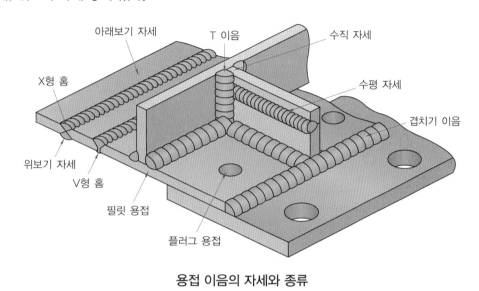

용접 이음의 자세와 종류

3 용접 홈의 형상

부분 용입은 하중이나 충격 또는 반복 하중이 작을 때, 양면 용입은 하중이나 충격 또는 반복 하중을 크게 받는 이음이나 저온에 사용한다.

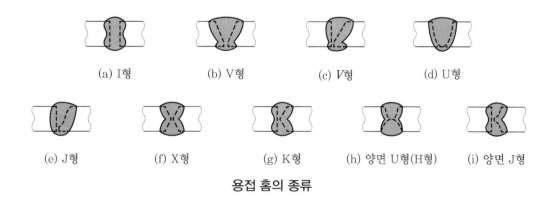

(a) I형	(b) V형	(c) *V*형	(d) U형

(e) J형	(f) X형	(g) K형	(h) 양면 U형(H형)	(i) 양면 J형

용접 홈의 종류

4 용접 기호

용접부의 기호는 기본 기호 및 보조 기호로 구분되는데, 기본 기호는 두 부재 사이의 용접부 모양을 표시하며, 보조 기호는 용접부의 표면 형상과 다듬질 방법을 표시한다.

(1) 용접 기본 기호

용접 기호는 일반적으로 사용되는 용접부의 형상과 유사한 기호로 표시한다.

용접부 명칭에 따른 도시 및 기본 기호 (KS B 0052)

명칭	도시 기호	기호	명칭	도시 기호	기호
돌출된 모서리를 가진 평판 사이의 맞대기 용접		∧	평행 맞대기 용접 (I형)		‖
넓은 루트면이 있는 한 면 개선형 맞대기 용접		Υ	플러그 용접 또는 슬롯 용접 (미국)		⊓
V형 맞대기 용접		V	J형 맞대기 용접		Ρ
U형 맞대기 용접 (평행면 또는 경사면)		Υ	이면 용접 (뒷면 용접)		▽
일면 개선형 맞대기 용접 (V형)		Ⅴ	넓은 루트면이 있는 V형 맞대기 용접		Υ
필릿 용접		◿	가장자리 용접		‖‖
점 용접		○	표면 육성 (덧살 붙임)		⌒⌒
심 용접		⊖	표면 접합부		=
개선각이 급격한 V형 맞대기 용접		⩒	경사 접합부		∥
개선각이 급격한 일면 개선형 맞대기 용접		⩚	겹침 접합부		⊋

(2) 용접 보조 기호

용접부 형상에 따른 도시 및 기호 표시 (KS B 0052)

용접부 및 용접부 표면 형상	기호	용접부 및 용접부 표면의 형상	기호
평면(동일 면으로 마감 처리)	——	토를 매끄럽게 함	⌣
볼록형	⌒	영구적인 이면 판재 사용	M
오목형	⌣	제거 가능한 이면 판재 사용	MR

보조 기호 적용의 예 (KS B 0052)

명칭	그림	기호	명칭	그림	기호
평면 마감 처리한 V형 맞대기 용접		▽	이면 용접이 있으며 표면 모두 평면 마감 처리한 V형 맞대기 용접		▽
블록 양면 V형 용접		⤬	매끄럽게 처리한 필릿 용접		
오목 필릿 용접					

보조 표시

명칭	기호	용도
현장 용접	▶	현장 용접을 표시할 때는 깃발 기호를 사용한다.
전체 둘레 용접 (일주 용접)	○	부재의 온 둘레를 둘러서 하는 용접은 원으로 표시한다.
전체 둘레 현장 용접	⚑	전체 둘레를 현장에서 용접하는 용접일 때는 깃발 기호와 원으로 표시한다.

(3) 용접부의 기호 표시 방법 (KS B 0052)

① 화살표 및 기준선에 모든 관련 기호를 붙인다.

② 용접부에 관한 화살표 위치는 일반적으로 특별한 의미가 없으며 기준선에 대해 일정한 각도를 유지하여 기준선의 한쪽 끝에 연결한다.

③ 기준선은 도면 이음부를 표시하는 선에 평행으로 그리는데, 이것이 불가능할 때는 수직으로 그린다.

④ 용접부(용접면)가 화살표 쪽에 있을 때는 용접 기호를 기준선(실선)에 기입하고 화살표 반대쪽에 있을 때는 동일선(파선)에 기입한다.

⑤ 부재의 양쪽을 용접할 때는 용접 기호를 기준선 상하(좌우) 대칭으로 조합시켜 사용할 수 있다.

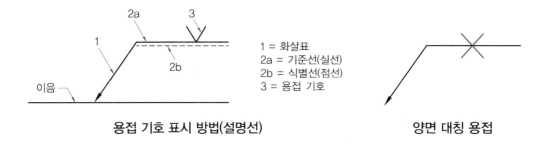

용접 기호 표시 방법(설명선)	**양면 대칭 용접**

⑥ 부재의 온 둘레를 용접하는 용접일 때는 원으로 표시한다.

⑦ 현장 용접일 때는 깃발 기호로 표시한다.

⑧ 용접 방법의 표시가 필요할 때는 기준선 끝 2개의 꼬리 사이에 숫자로 표시한다.

⑨ 이음과 치수에 대한 정보는 꼬리 안에 더 상세한 정보를 표시하여 보충한다. 상자형 꼬리 안에 참고 기호를 표시함으로써 특별한 지시를 표시할 수 있다.

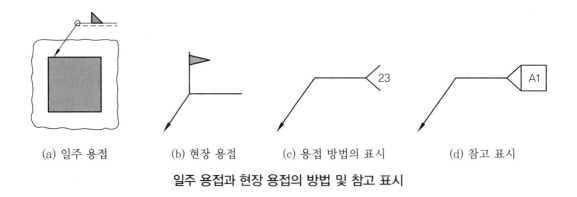

(a) 일주 용접	(b) 현장 용접	(c) 용접 방법의 표시	(d) 참고 표시

일주 용접과 현장 용접의 방법 및 참고 표시

(4) 기준선에 따른 기호의 위치

기준선은 우선적으로 도면 아래 모서리에 평행하도록 표시하거나 그것이 불가능할 때는 수직이 되도록 표시한다.

① 용접부가 접합부의 화살표 쪽에 있을 때는 기호를 기준선의 실선 쪽에 표시한다.

② 용접부가 접합부의 화살표 반대쪽에 있을 때는 기호를 기준선의 점선 쪽에 표시한다.

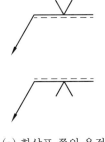

(a) 화살표 쪽의 용접   (b) 화살표 반대쪽의 용접   (c) 양면 대칭 용접

기준선에 따른 기호의 위치

(5) 용접부의 치수 표시

가로 단면의 치수는 기호의 왼편(기호의 앞)에 표시하고 세로 단면의 치수는 오른편(기호의 뒤)에 표시한다.

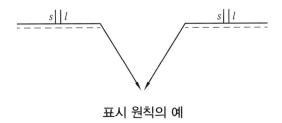

표시 원칙의 예

(6) 필릿 용접부의 치수 표시

필릿 용접부의 치수를 표시할 때는 문자 a 또는 z를 해당되는 치수의 앞에 표시한다.

(a) 목 길이와 목 두께   (b) 치수 표시의 예

필릿 용접부의 치수 표시 방법

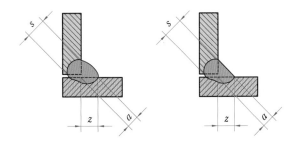

필릿 용접의 용입 깊이의 치수 표시 방법

5 용접 기호의 적용

(1) 용접부 주요 치수 기입 방법

용접부에 따른 그림 및 기호 표기(KS B 0052)

명칭	그림	방법	기호 표시
맞대기 용접		s : 판 두께보다 크지 않고 용접부 표면으로부터 용입부 바닥까지의 최소 거리	
플랜지형 맞대기 용접		s : 용접부 외부 표면으로부터 용입부 바닥까지의 최소 거리	$s \parallel$
연속 필릿 용접		a : 단면에서 표시될 수 있는 최대 이등변삼각형의 높이 z : 단면에서 표시될 수 있는 최대 이등변삼각형의 변	a z
단속 필릿 용접		l : 용접 길이(크레이터 제외) (e) : 인접한 용접부 간격(피치) n : 용접부의 수 a, z : 연속 필릿 용접 참조	$a \quad n \times l \, (e)$ $z \quad n \times l \, (e)$
지그재그 단속 필릿 용접		$l, (e), n$: 단속 필릿 용접 참조 a, z : 연속 필릿 용접 참조	$a \quad n \times l \quad (e)$ $a \quad n \times l \quad (e)$ $z \quad n \times l \quad (e)$ $z \quad n \times l \quad (e)$
플러그 또는 슬롯 용접		$l, (e), n$: 단속 필릿 용접 참조 c : 슬롯의 너비	$c \quad n \times l \, (e)$
심 용접		$l, (e), n$: 단속 필릿 용접 참조 c : 슬롯의 너비	$c \quad n \times l \, (e)$
플러그 용접		n : 단속 필릿 용접 참조 (e) : 간격 d : 구멍의 지름	$d \quad n \, (e)$
점 용접		n : 단속 필릿 용접 참조 (e) : 간격 d : 점 용접부의 지름	$d \bigcirc n \, (e)$

(2) 용접부의 기호 표시

용접부에 따른 용접 기호 표시

명칭, 기호	그림	표시		투상도 및 치수 기입	
		⊙ ◁		정면도	측면도
플랜지형 맞대기 용접 이면 용접					
I형 맞대기 용접 ‖ (양면 용접)					
V형 용접 ∨ 이면 용접					
양면 V형 맞대기 용접 ∨ (X형 용접)					
K형 맞대기 용접 Ⅴ (K형 용접)					
넓은 루트면 있는 양면 K형 맞대기 용접 Y					
넓은 루트면 있는 K형 맞대기 용접 Y					
양면 U형 맞대기 용접 ⋃					

예제21 ── 용기의 용접 도면 그리기 ────────

● 용기의 도면을 보고 A3 용지에 용기의 용접 도면을 그려 보자.

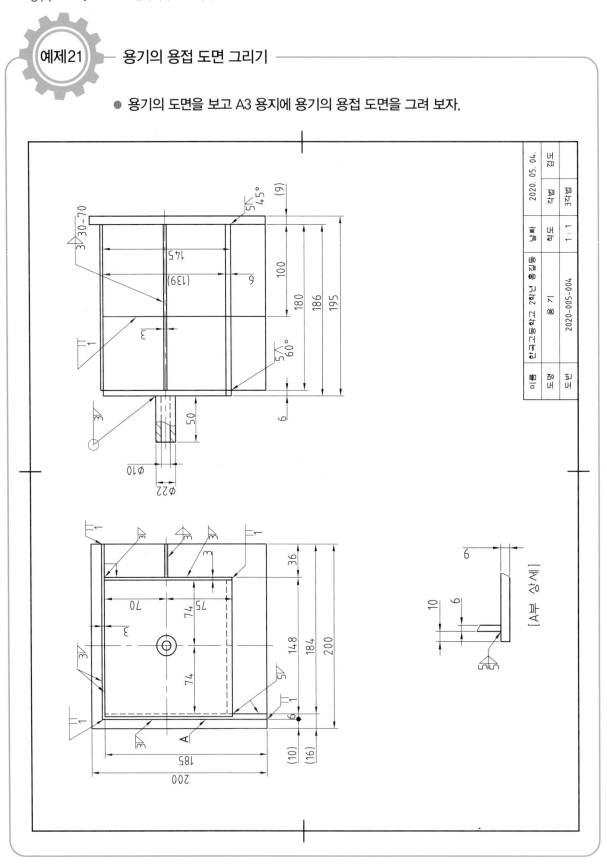

3 캠

캠 기구는 다양한 모양의 원동절에 의해 회전 운동을 직선 운동 또는 왕복 운동으로 변환하는 장치이다. 이때 원동절을 **캠**이라 한다.

1 캠의 종류

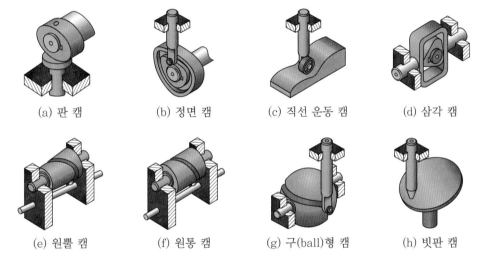

| (a) 판 캠 | (b) 정면 캠 | (c) 직선 운동 캠 | (d) 삼각 캠 |

| (e) 원뿔 캠 | (f) 원통 캠 | (g) 구(ball)형 캠 | (h) 빗판 캠 |

캠의 종류

2 캠의 구성과 작동 원리

캠은 원동절, 종동절, 그리고 고정절로 구성되어 있으며, 원동절이 회전 운동함에 따라 종동절이 직선 왕복 운동을 한다.

캠의 구성

3 캠 그리기

캠을 그릴 때는 등속 운동의 조건을 따른다.

등속 운동의 조건

캠	종동절
기초원의 반지름	캠 축 O의 축상에서 선단인 형
0~180° 회전	등속 운동으로 상승
180~360° 회전	등속 운동으로 하강

① 그림 (a)와 같이 세로축에 등분점 a, b, c, …, g를 잡아 종동절의 변위를 정한다.

② 가로축에 같은 등분점을 잡고 일정한 길이에 상승 운동을 0~180°로, 하강 운동을 180 ~360°로 잡는다.

③ 각 등분점에서 가로축과 세로축에 평행선을 그어 모눈을 만든다.

④ 점 a에서 180° 상승점과 360° 하강점을 연결하여 캠 선도를 작성한다.

⑤ 캠 선도의 세로축 a~g에서 평행하게 그은 수선과 만나는 점을 각각 a′, b′, c′, …, g′ 라 한다.

⑥ 주어진 기초원의 반지름 R이 a′에 접하도록 캠의 중심 O를 잡고 기초원을 그린다.

⑦ 기초원의 0~180° 사이를 6등분한 점을 각각 1, 2, 3, …, 6이라 한다.

⑧ 기초원의 중심 O에서 선분 Oa′, O1, O2, …, O6의 연장선과 점 O를 중심으로 Oa′, Ob′, Oc′, …, Og′를 각각 반지름으로 하여 그린 원호와의 점 a″, b″, c″, …, g″를 구한다.

⑨ 운형자를 대고 a″, b″, c″, …, g″를 매끄럽게 연결한 다음, 같은 방법으로 왼쪽 반의 윤곽을 완성한다.

⑩ 종동절의 끝이 뾰족하면 그림 (b)와 같이 피치 곡선이 캠의 윤곽과 같고, 종동절이 롤러 이면 그림 (c)와 같이 롤러의 반지름만큼 작아진 곡선으로 나타난다.

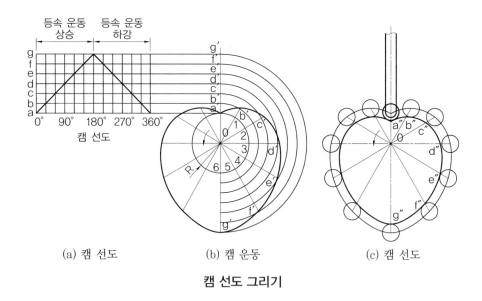

(a) 캠 선도   (b) 캠 운동   (c) 캠 선도

캠 선도 그리기

참고

캠 선도

캠의 회전각을 가로로, 종동절의 변위를 세로축으로 잡고 그래프를 그리면 이 그래프를 바탕으로 캠의 윤각을 결정하는 것이 가능하다. 이 그래프를 캠 선도라 한다.

4 스프링

1 스프링의 종류

① **코일 스프링** : 주로 인장과 압축 하중을 받는 스프링이다.

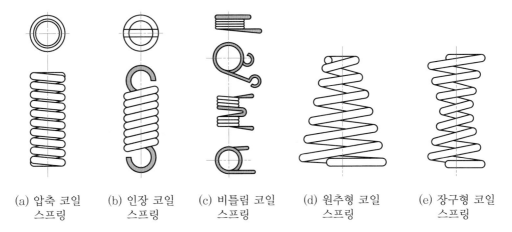

(a) 압축 코일
스프링

(b) 인장 코일
스프링

(c) 비틀림 코일
스프링

(d) 원추형 코일
스프링

(e) 장구형 코일
스프링

코일 스프링

② **토션 바 스프링** : 비틀림 탄성을 이용한 스프링으로 단위 부피당 탄성 에너지가 크고 모양이 간단하여 좁은 장소에 설치할 수 있으므로 자동차, 열차 등에 사용된다.

③ **벌류트 스프링** : 직사각형 단면의 모양을 가지고 있으며, 코일 중심선에 평행한 원추형 코일 스프링으로 스프링이 차지하는 공간에 비해 매우 큰 에너지를 흡수할 수 있다.

④ **판 스프링** : 하중을 받칠 수 있는 가늘고 긴 판 모양의 스프링으로 자동차나 철도 차량의 주행 중 발생하는 충격이나 진동을 완화하는 역할을 한다.

⑤ **스파이럴 스프링** : 단면이 일정한 밴드를 감아서 중심선이 한 평면에 소용돌이 모양을 만든 스프링으로, 한정된 공간에서 비교적 큰 에너지를 저장할 수 있다.

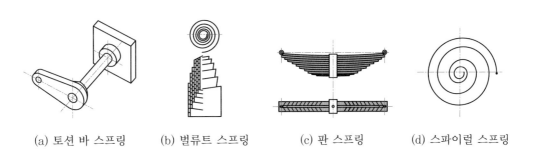

(a) 토션 바 스프링

(b) 벌류트 스프링

(c) 판 스프링

(d) 스파이럴 스프링

스프링의 종류

2 스프링 그리기(KS B 0005)

(1) 스프링 지수(*C*)와 종횡비(*λ*)

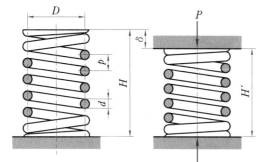

$$C = \frac{d}{D} \,(\text{보통 } 4\sim10) \qquad \lambda = \frac{H}{D} \,(\text{보통 } 0.8\sim4)$$

H : 자유 길이
H' : 하중이 걸렸을 때의 길이
P : 하중
D : 코일의 평균 지름
p : 피치
δ : 처짐
d : 선 지름

코일 스프링의 각부 명칭

(2) 스프링 그리기(KS B 0005)

① 도면에 나타내지 않은 치수, 하중, 허용차 등의 항목은 필요한 경우에만 기입하며, 표에 기입할 사항과 도면에 기입할 사항은 중복되어도 좋다.

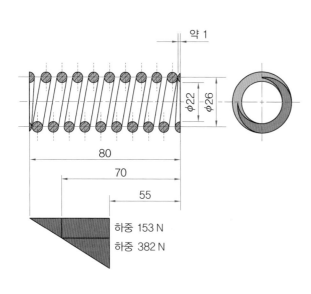

압축 코일 스프링 그리기와 요목표

요목표		
재료	SPS6	
재료 지름(mm)	4	
코일 평균 지름(mm)	26	
코일 안지름(mm)	22±0.4	
유효 감김 수	9.5	
총 감김 수	11.5	
감김 방향	오른쪽	
자유 길이(mm)	80	
부착 시	하중(N)	153±10%
	길이(mm)	70
최대 하중 시	하중(N)	382
	길이(mm)	55
스프링 상수(N/mm)	15.3	
표면 처리	성형 후의 표면 가공	쇼트 피닝

② 요목표에서 단서가 없는 코일 스프링 및 벌류트 스프링은 모두 **오른쪽으로 감은 것을** 나타내며 왼쪽으로 감았을 때는 '감김 방향 왼쪽'이라고 표시한다.

③ 도면에 기입하기 어려운 사항은 요목표에 기입한다.

④ 스프링의 모든 부분을 그릴 때는 KS B 0001에 따른다. 단, 코일 스프링의 정면도는 나선 모양이지만 직선으로 그린다.

⑤ 단면 모양의 치수 표시가 필요할 때나 외관도에 나타내기 어려울 때는 그림 (c)와 같이 단면도에 나타낼 수 있다.

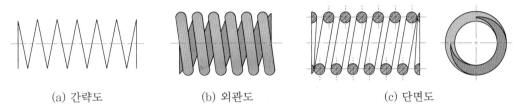

(a) 간략도	(b) 외관도	(c) 단면도

압축 코일 스프링 그리기

(3) 스프링의 간략 도시 방법

① 스프링의 종류 및 모양만 간략도로 나타낼 때는 스프링 재료의 중심선만 굵은 실선으로 그린다.

② 코일 스프링에서 양 끝을 제외한 동일 모양의 일부를 생략할 때는 생략하는 부분의 선지름의 중심선을 가는 1점 쇄선으로 그린다.

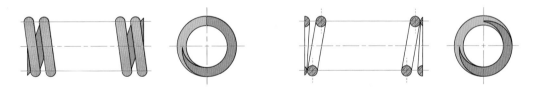

(a) 종류 및 모양만 간략도로 나타낸 경우   (b) 양 끝을 제외한 동일 모양의 일부를 생략한 경우

압축 코일 스프링의 간략도

참고

스프링 그리기
- 스프링을 그릴 때는 일반적으로 간략도로 그리고 필요한 사항은 요목표에 기입한다.
- 조립도, 설명도 등에서 코일 스프링을 그릴 때는 그 단면만 나타낼 수 있다.

예제22 ── 코일 스프링 그리기 ─────────────

● 코일 스프링 도면을 보고 A3 용지에 코일 스프링을 그리고, 요목표를 작성해 보자.

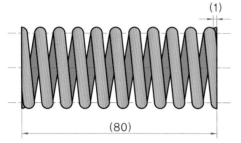

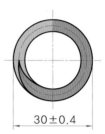

냉간 성형 압축 코일 스프링(외관도)

요목표

재료			
재료의 지름		mm	
코일 평균 지름		mm	
코일 바깥지름		mm	
총 감김 수			
자리 감김 수			
유효 감김 수			
감김 방향			
자유 길이		mm	
스프링 상수		N/mm	
지정	하중	N	
	하중 시의 길이	mm	
	길이	mm	
	길이 시의 하중	N	
	응력	N/mm^2	
최대 압축	하중	N	
	하중 시의 길이	mm	
	길이	mm	
	길이 시의 하중	N	
	응력	N/mm^2	
밀착 길이		mm	
코일 바깥쪽 면의 경사		mm	
코일 끝부분의 모양			
표면 처리	성형 후의 표면 가공		
	방청 처리		

5 브레이크

1 반지름 방향으로 밀어붙이는 형식의 브레이크

(1) 블록 브레이크

회전하는 브레이크 드럼의 외면에 1~2개의 블록으로 눌러서 마찰에 의해 에너지를 흡수하여 제동 작용을 하는 기계요소를 **블록 브레이크**라 한다.

(2) 밴드 브레이크

브레이크 드럼의 외면에 강철 밴드를 감아 놓고 레버를 당기면 밴드와 브레이크 드럼 사이에 마찰이 생긴다. 이 마찰로 에너지를 흡수하여 제동 작용을 하는 기계요소를 **밴드 브레이크**라 한다.

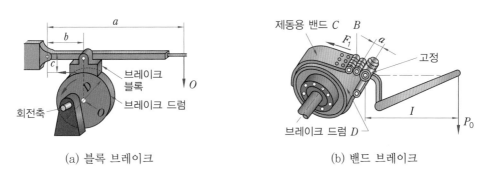

(a) 블록 브레이크   (b) 밴드 브레이크

반지름 방향으로 밀어붙이는 형식의 브레이크

2 자동 브레이크

자동 브레이크는 자동으로 작동하여 운전을 급히 정지시키는 브레이크이다.

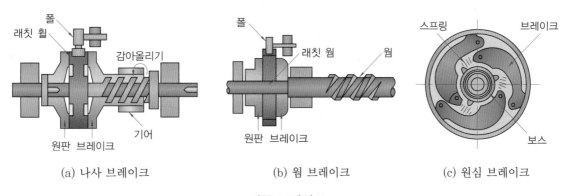

(a) 나사 브레이크   (b) 웜 브레이크   (c) 원심 브레이크

자동 브레이크

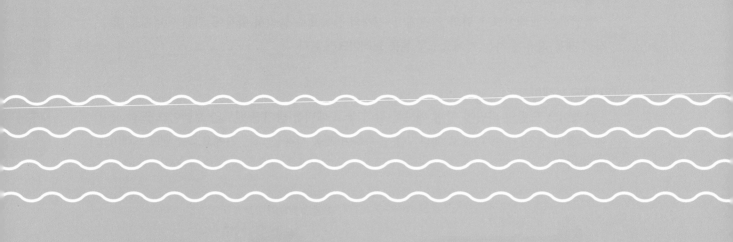

CHAPTER **11**

동력 전달 장치
그리기

1 동력 전달 장치

설계 변경
- 앵귤러 볼 베어링 7003A를 깊은 홈 볼 베어링 6904로 변경하시오.
- 기어의 잇수를 31에서 35로 변경하시오.
- 'A'부의 중심 거리 치수를 65로 변경하시오.

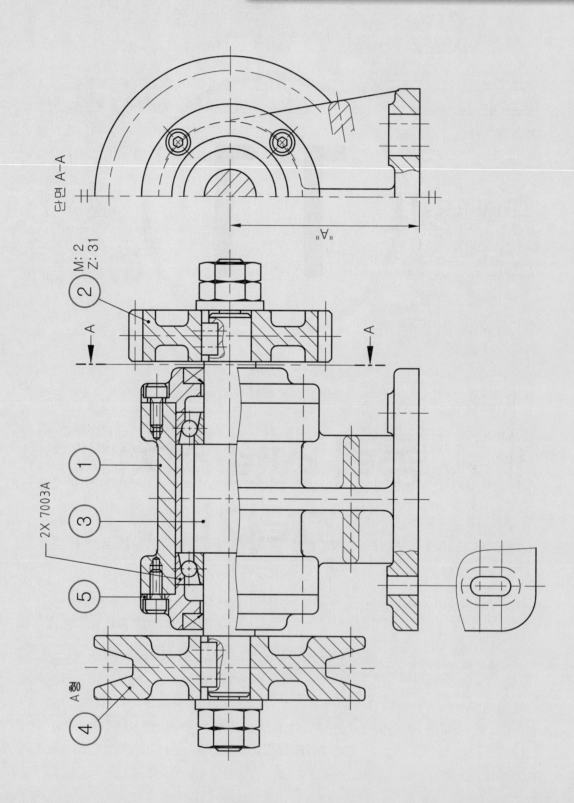

단면 A-A

"A"

M: 2
Z: 31

A

A

2X 7003A

동력 전달 장치는 모터에서 발생한 동력을 기계에 전달하기 위한 장치로, 동력의 공급 및 전달, 속도 제어, 회전 제어 등의 역할을 한다.

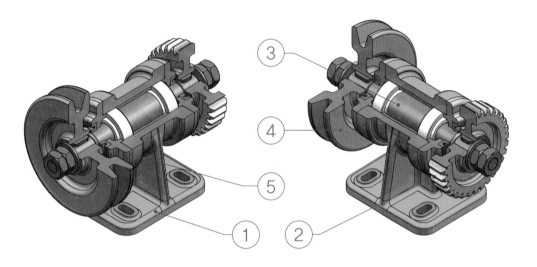

동력 전달 장치 조립도

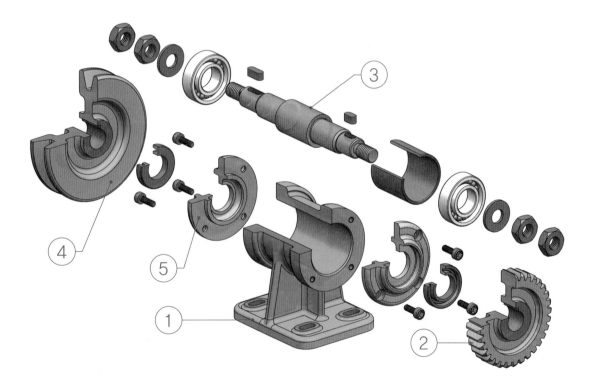

동력 전달 장치 분해도

1 동력 전달 방법

전동기에서 발생한 동력은 V 벨트를 통해 축에 고정된 벨트 풀리로 전달된다. 벨트 풀리에 전달된 동력은 2개의 베어링으로 지지된 축을 통해 스퍼 기어로 전달되며, 이렇게 전달된 동력은 스퍼 기어에 연결된 다른 기계 장치로 전달되어 일을 한다.

2 설계 조건

① A형 V 벨트 풀리와 기어의 모듈이 2이고 잇수가 31인 스퍼 기어를 사용한다.
② 축을 지지하는 베어링은 앵귤러 볼 베어링으로 7003A의 규격을 사용한다.
③ 베어링 커버에 사용된 밀봉 장치는 오일 실을, 커버 조립 볼트는 M4 육각 구멍 붙이 볼트를, 축에 조립된 V 벨트 풀리와 기어의 고정은 M10 로크너트를 사용한다.

2   동력 전달 장치 그리기

① 본체 그리기

동력 전달 장치에서 본체는 축, 베어링, 베어링 커버, 본체 고정구 등과 같은 동력 전달 장치의 요소들이 조립되어 동력을 전달할 수 있도록 지지해 주는 기능을 하며, 구조적으로 다른 곳에 설치할 수 있도록 구성되어 있다.

(1) 본체의 재료 선택

본체의 재료는 주조성이 좋고 압축 강도가 큰 회주철품(GC250)을 많이 사용한다. 상품성을 높이기 위해 외면은 명청색, 내면은 광명단 도장을 하여 산화를 방지한다.

본체의 기계 재료

기계 재료의 종류 및 기호	인장 강도(N/mm²)	명 칭
GC250	250 이상	회주철품
SC450	450 이상	탄소 주강품

(2) 본체 투상하기

본체의 외형과 내부의 단면을 보면 어떻게 투상해야 할지 알 수 있다. 도면은 투상을 먼저 하고 치수를 결정하는데, 이때 본체 치수보다 베어링 치수를 먼저 결정한다.

본체의 다듬질 정도는 제거 가공이 불필요한 부위의 표면 거칠기(∜)와 일반 가공에서 정밀 가공까지 요구되는 부위의 표면 거칠기 (∜, ∜, ∜)를 적용한다.

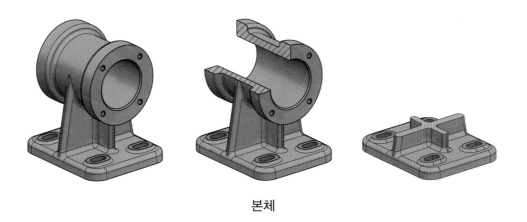

본체

① 데이텀 설정

　데이텀은 원칙적으로 문자 기호에 의해 지시하며, 영어의 대문자를 정사각형으로 둘러싸고, 데이텀 삼각 기호에 지시선을 연결하여 나타낸다. 이때 데이텀 삼각 기호는 빈틈없이 칠해도 좋고 칠하지 않아도 좋다.

　본체의 바닥면은 다른 곳에 설치할 수 있도록 되어 있는데, 이 면을 데이텀으로 설정한다. 이것이 치수 기입의 기준이 된다.

　다듬질 정도는 중간 다듬질($\frac{x}{\triangledown}$) 이상을 적용해야 측정 오차를 줄일 수 있다.

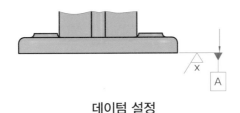

데이텀 설정

② 베어링 치수 결정

　그림과 같이 축과 본체의 양쪽에 조립될 베어링 치수를 먼저 결정한다. 베어링의 안지름으로 축의 치수를 결정하고, 베어링의 바깥지름으로 본체의 안지름을 결정한다.

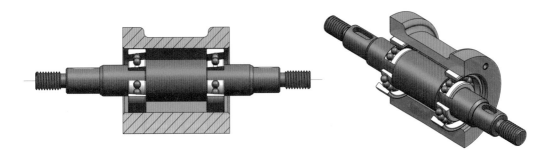

본체와 축의 베어링 조립 부위

③ 끼워맞춤 공차, 기하 공차 및 다듬질 기호 기입

㈎ 주어진 도면에서 본체에 조립된 앵귤러 볼 베어링의 사양을 7003A에서 깊은 홈 볼 베어링 6904로 변경하면 깊은 홈 볼 베어링 6904는 안지름이 20 mm, 바깥지름이 37 mm, 너비가 9 mm이다. 본체의 베어링 조립부의 치수가 37 mm이므로 공차는 H8이다.

 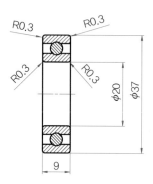

앵귤러 볼 베어링(70계열)

앵귤러 볼 베어링의 70계열 치수 (KS B 2024)   (단위 : mm)

베어링 70계열 호칭 번호[1]			치 수				
			d	D	B	r_{min} [2]	$r_{1\ min}$ [2]
7002A	7002B	7002C	15	32	9	0.3	0.15
7003A	7003B	7003C	17	35	10	0.3	0.15
7004A	7004B	7004C	20	42	12	0.6	0.3

주) (1) 접촉각의 기호 A는 생략할 수 있다.
　　(2) 내륜 및 외륜의 최소 허용 모떼기 치수이다.

앵귤러 볼 베어링의 69계열 치수 (KS B 2024)   (단위 : mm)

베어링 69계열 호칭 번호	치 수			
	d	D	B	r
6903	17	30	7	0.3
6904	20	37	9	0.3
6905	25	42	9	0.3

㈏ 베어링이 조립되는 부분은 정밀 다듬질($\overset{y}{\triangledown}$), 커버가 조립되는 부분은 중간 다듬질($\overset{x}{\triangledown}$)을 적용하며, 그 외의 가공부는 거친 다듬질($\overset{w}{\triangledown}$)을 적용한다.

㈐ 기하 공차는 데이텀 A를 기준으로 평행도를 적용하며, 평행도에 적용되는 기능 길이
　는 60mm이므로 IT 5급일 때 50mm 초과 80mm 이하의 IT 공차는 13μm이고, 평행
　도는 ┃ // ┃ 0.013 ┃ A ┃ 이다.

㈑ 원통도는 데이텀 없이 사용하는 모양 공차로 IT 공차가 평행도와 같이 13μm이므로
　┃ ⌾ ┃ 0.013 ┃ 이다.

IT 공차

기준 치수 (mm)		IT 공차 등급			
		3	4	5	6
초과	이하	기본 공차의 수치(μm)			
3	6	2.5	4	5	8
6	10	2.5	4	6	9
10	18	3	5	8	11
18	30	4	6	9	13
30	50	4	7	11	16
50	80	5	8	**13**	19
80	120	6	10	15	22

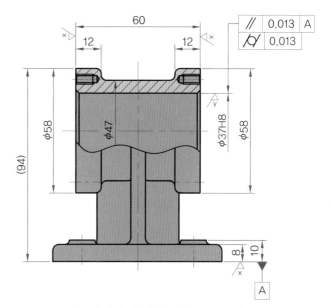

표면 거칠기 기호가 표기된 본체

> **참고**
>
> • 직각도에 적용되는 기능 길이는 측정하는 면에 한정되므로 데이텀 면에서부터 전체 높이가 아니
> 라 기능 길이 58mm를 적용한다.
> • 커버 조립부는 개스킷이 조립되고 본체 60mm가 일반 공차이므로 정밀한 직각도까지는 필요하
> 지 않다.

④ **본체의 탭 나사와 볼트 구멍의 부분 단면도 그리기**

㈎ 본체에 커버를 조립하고 고정하기 위해 M4 나사로 체결한다.

㈏ 탭 나사는 치수선과 치수 보조선을 사용하여 표기하며, 산업 현장에서는 도면에 간단
　히 지시선으로 표기한다.

㈐ 측면도의 탭 나사 중심선의 지름 치수는 반지름 치수로 기입하며, 치수선은 중심을 넘
　어가도록 그린다.

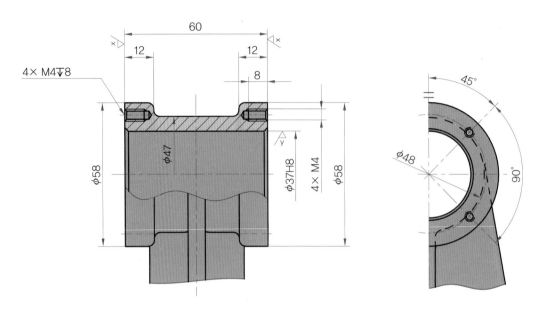

본체의 탭 나사 그리기

㈜ 본체의 일부인 볼트 구멍을 부분 절단하여 내부 구조를 그린다. 이 경우는 파단선(가는
　 실선)으로 그 경계를 나타낸다.

㈃ 파단선으로 경계를 나타낼 때는 대칭, 비대칭에 관계없이 나타낸다.

㈁ **볼트 구멍의 다듬질 정도는 거친 다듬질($\overset{W}{\nabla}$)을 적용한다.**

㈄ 치수는 4×6으로 기입한다. 이때 4는 4개의 구멍을 말하며 6은 치수이다.

㈅ 저면도는 볼트 구멍 부분만 부분 투상한다.

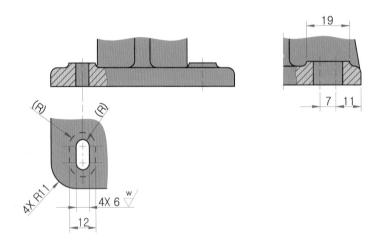

볼트 구멍의 부분 단면도

⑤ 리브의 회전 도시 단면도 그리기

핸들이나 바퀴의 암, 림, 리브, 훅, 축, 구조물의 부재 등의 절단면은 90° 회전하여 그린다.

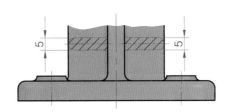 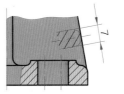

리브의 회전 도시 단면도

⑥ 중심 거리 허용차 기입

바닥면(데이텀)에서 본체의 베어링이 조립되는 축의 중심선(구멍)까지의 중심 거리를 61 mm에서 65 mm로 설계 변경하면 중심 거리가 65 mm이므로 IT 2급일 때 50 mm 초과 80 mm 이하의 중심 거리 허용차는 23 μm이고, 중심 거리는 65±0.023 mm이다.

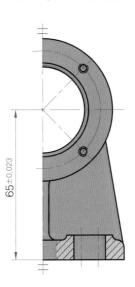

중심 거리 허용차 기입

(3) 완성된 도면 검도

① 부품의 상호 조립 및 작동에 필요한 베어링 등 끼워 맞춤 공차를 검도한다.

② 부품의 가공과 방법, 기능에 알맞은 표면 거칠기를 적용했는지 검도한다.

③ 선의 용도에 따른 종류와 굵기, 색상에 관하여 검도한다(layer 지정).

④ 누락된 치수나 중복된 치수, 계산해야 하는 치수에 관하여 검도한다.

⑤ 기계 가공에 따른 기준면(데이텀)의 치수 기입에 관하여 검도한다.

⑥ 치수 보조선, 치수선, 지시선이 적절하게 사용되었는지 검도한다.

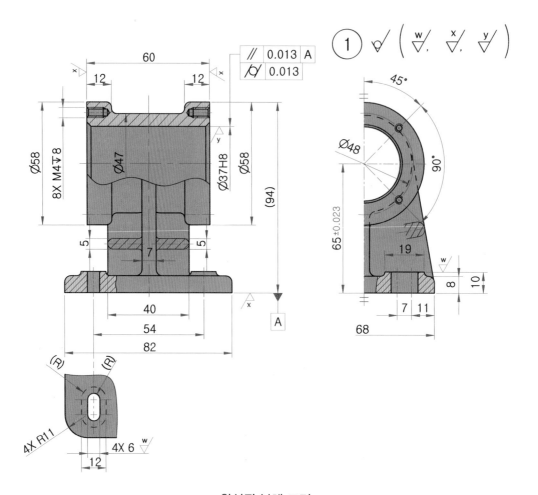

완성된 본체 도면

② 스퍼 기어 그리기

기어는 축간 거리가 짧고 확실한 회전을 전달할 때 또는 하나의 축에서 다른 축에 일정한 속도비로 동력을 전달할 때 사용하며, 미끄러짐 없이 확실한 동력을 전달할 수 있다.

감속비는 최고 1:6까지 가능하며 효율은 가공 상태에 따라 95~98% 정도이다.

(1) 스퍼 기어의 재료 선택

기어 이의 열처리를 고려하여 주조하거나 봉재를 절단하여 선반 가공한 후 호빙 머신 등으로 치형을 가공하여 열처리할 수 있는 주강 또는 특수강 제품을 선택한다.

여기서는 스퍼 기어의 기계 재료로 SC49를 사용하였다.

기어의 기계 재료 (KS D 3867, 3752)

기계 재료의 종류 및 기호	인장 강도(N/mm²)	명 칭
SCM415	415 이상	크로뮴–몰리브데넘강
SM45C	686 이상	기계 구조용 탄소강
SC49	–	주강

(2) 스퍼 기어 그리기

스퍼 기어는 축과 수직인 방향에서 본 그림을 정면도로 그리며, 측면도는 키 홈 부분만을 국부 투상으로 그린다. 잇수는 31에서 35로 설계 변경한다.

① 피치원 지름＝m(모듈)×Z(잇수)＝2×35＝70mm

② 바깥지름＝$(Z+2)m$＝$(35+2)×2$＝74mm

③ 전체 이 높이＝$2.25×m$＝$2.25×2$＝4.5mm

④ 기어 이는 정밀 다듬질($\frac{y}{\nabla}$)을, 그 외의 가공부는 중간 다듬질($\frac{x}{\nabla}$)을 적용한다.

⑤ 이는 부분 열처리 $H_RC40±2$를 적용하며 굵은 일점 쇄선으로 표기한다.

⑥ 데이텀은 구멍 14mm인 중심선을 데이텀 축선으로 지정하여 데이텀 문자 E를 기입한다.

⑦ 데이텀 E를 기준으로 기어 피치원은 복합 공차인 원주 흔들림을 적용한다. 기능 길이는 P.C.D 70mm이므로 IT 5급일 때 50mm 초과 80mm 이하의 IT 공차가 13μm이고, 원주 흔들림은 │ $\nearrow$ │ 0.013 │ E │ 이다.

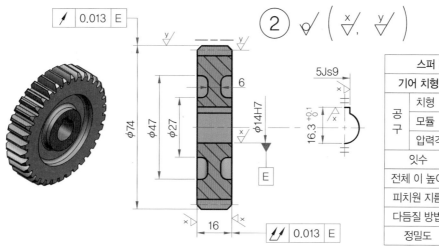

스퍼 기어 요목표		
기어 치형		표준
공구	치형	보통 이
	모듈	2
	압력각	20°
잇수		35
전체 이 높이		4.5
피치원 지름		ϕ70
다듬질 방법		호브 절삭
정밀도		KS B ISO 1328-1, 4급

스퍼 기어 그리기

③ 축 그리기

축은 동력을 전달하는 기계요소이다. 축이 정확하게 설계되고 가공 및 조립되어야 기계의 소음과 진동이 적고 수명이 길어진다.

(1) 축의 재료 선택

축의 재료는 강도와 열처리 방법 및 내식성, 가공성 등을 종합적으로 검토하여 결정한다. 열처리가 필요한 축은 선반 가공 후 열처리를 하고 연삭 등 마무리 가공을 하여 완성한다. 여기서는 SCM415를 사용하였다.

축의 기계 재료 (KS D 3867, KS D 3752)

기계 재료의 종류 및 기호	인장 강도(N/mm²)	명 칭
SCM415	450 이상	크로뮴–몰리브데넘강
SM45C	686 이상	기계 구조용 탄소강

(2) 베어링의 KS 규격 적용 및 공차와 기하 공차의 치수 기입

① 앵귤러 볼 베어링 7003A에서 깊은 홈 볼 베어링 6904로 설계 변경하면 안지름이 20mm이므로 축 지름은 ϕ20k5의 중간 끼워 맞춤 공차이며, 베어링 너비가 9mm이므로 단 길이는 25로 그린다.

② 베어링이 r=0.3이므로 축 단의 구석은 R0.3 이하로 라운드 가공하고, 베어링 조립부는 정밀 다듬질($\frac{y}{\sqrt{}}$)을 적용한다.

③ 축의 중심선을 데이텀 축선으로 지정하여 데이텀 문자 B와 C로 지정한다.

④ 기하 공차는 데이텀 B–C를 기준으로 원주 흔들림을 적용한다. 원주 흔들림에 적용되는 기능 길이는 20mm이므로 IT 5급일 때 18mm 초과 30mm 이하의 IT 공차는 9μm이고, 원주 흔들림은 $\boxed{\nearrow \; 0.009 \; \vert \; \text{B–C}}$ 이다.

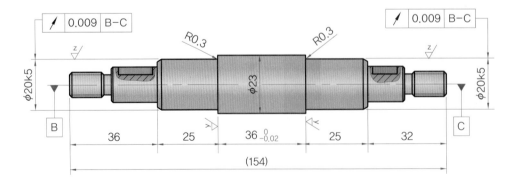

베어링의 KS 규격 적용 및 공차와 기하 공차의 치수 기입

(3) 오일 실 관계 치수 기입

오일 실의 조립부는 초정밀 다듬질($\frac{z}{\nabla}$)을 적용한다. 오일 실은 회전 운동을 하는 동력 전달 장치의 커버에 사용되며 오일이 누수되지 않도록 기밀을 유지한다.

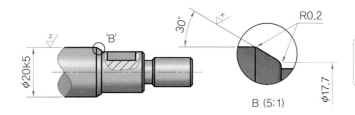

> 축의 모떼기와 둥글기의 R0.2는
> 둥글기를 만드는 정도이다.
> KS B 2804 참조

오일 실 관계 치수 기입

(4) 센터 구멍 치수 기입

센터는 주로 선반에서 주축과 심압대 축 사이에 삽입되어 공작물을 지지하는 것으로, 보통 선단각을 60°로 하지만 중량물을 지지할 때는 75° 또는 90°인 것을 사용한다.

> **참고**
>
> 센터 구멍의 치수는 KS B 0410을 적용하며 도시 방법은 KS A ISO 6411-1을 적용한다. 센터 구멍의 표면 거칠기는 $\frac{y}{\nabla}$를 적용하며 t = t'+0.3d 이상이다.

(5) 완성된 축 도면

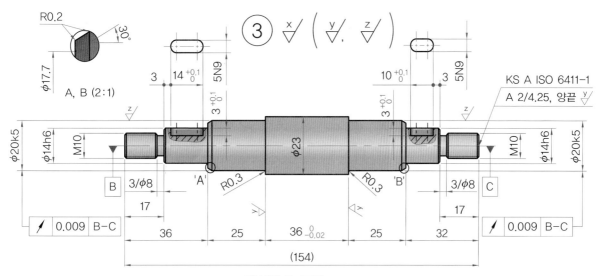

완성된 축 도면

④ V 벨트 풀리 그리기

V 벨트는 벨트 풀리와의 마찰이 크고 미끄럼이 생기기 어려워 축간 거리가 짧고 속도비가 큰 경우의 동력 전달에 좋다.

중심 거리는 2~5m에서 사용이 적당하나 수십 cm 이내의 짧은 거리에도 효과적이며, 엇걸기를 할 수 없어 두 축의 회전 방향을 바꿀 수 없다.

(1) V 벨트 풀리의 재료 선택

일반적으로 주철을 사용하는데, 여기서는 회주철품 3종인 GC250을 사용하였다.

V 벨트 풀리의 기계 재료

기계 재료의 종류 및 기호	인장 강도(N/mm²)	명 칭
GC250	250 이상	회주철품
SC450	450 이상	탄소 주강품

(2) V 벨트 풀리 그리기(KS B 1400)

① V 벨트 홈부의 치수와 공차 기입

㈎ V 벨트가 M형이고 호칭 지름이 79mm인 V 벨트 풀리의 홈부의 치수와 공차를 기입한다.

㈏ V 홈의 각도는 $34° \pm 0.5°$로, 홈 부위는 확대도로 표기한다.

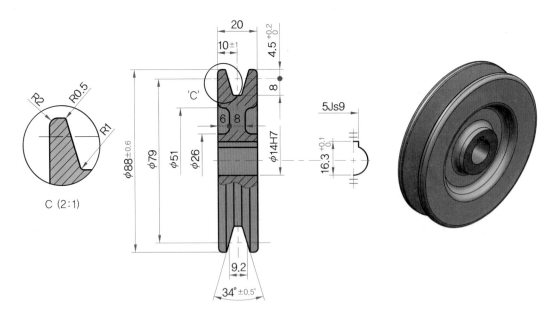

V 벨트 홈부의 치수와 공차 기입

② 데이텀 설정

V 벨트 풀리의 기하 공차를 기입할 때 기준선은 구멍 ϕ14H7의 중심선을 데이텀 축선으로 지정하여 데이텀 문자 D로 지정한다.

③ 기하 공차 기입

V 벨트의 호칭 지름이 79mm이므로 75mm 이상 118mm 이하의 바깥둘레 흔들림 허용값은 0.3mm이고 림 측면 흔들림 허용값도 0.3mm이다. 따라서 데이텀 D를 기준으로 원주 흔들림은 | ✓ | 0.3 | D | 이다.

> **참고**
>
> 기능 길이 88mm로 IT 5급을 적용하면 80mm 이상 120mm 이하의 IT 공차는 15μm이므로 원주 흔들림은 | ✓ | 0.015 | D | 이다.

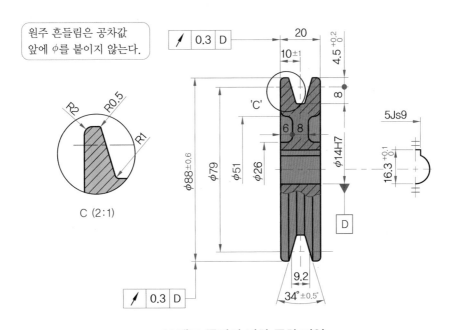

V 벨트 풀리의 기하 공차 기입

④ 다듬질 기호 기입

V 벨트 풀리는 주강 또는 주물 제품으로 다듬질 정도는 $\sqrt{}$($\overset{x}{\sqrt{}}$, $\overset{y}{\sqrt{}}$) 까지 요구된다. V 벨트 풀리의 홈 측면인 V 벨트 접촉부는 정밀 다듬질($\overset{y}{\sqrt{}}$)을 적용하며, 풀리의 바깥지름의 둘레, 림 측면, 홈 둘레는 중간 다듬질($\overset{x}{\sqrt{}}$)을 적용한다.

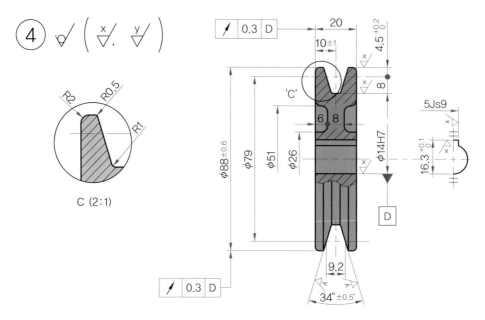

V 벨트 풀리의 다듬질 기호 기입

⑤ 키 홈 그리기

 ㈎ 축의 지름이 14mm이므로 12mm 초과 17mm 이하일 때 키 호칭 치수는 5×5mm, 키 홈 b_1, b_2는 5mm, 공차는 축이 N9, 구멍이 Js9이다. 또한 키 홈의 깊이는 축(t_1)이 3mm이고 구멍(t_2)이 2.3mm이다.

 ㈏ 키 홈은 헐거운 끼워 맞춤으로 고정하므로 중간 다듬질($\overset{x}{\triangledown}$)을 적용한다.

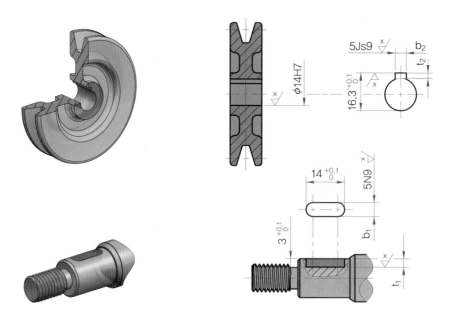

키 홈 그리기

⑤ 커버 그리기

오일이 본체 밖으로 새어나오지 않도록 하기 위해 밀봉 장치를 갖춘 것을 **커버**라 한다. 커버는 본체 양쪽에 조립하며 오일의 누수를 막기 위해 개스킷을 사용하기도 한다.

(1) 커버의 재료 선택

커버는 주물 제품으로 복잡한 형상을 쉽게 가공하기 위해 널리 사용한다. 여기서는 회주철품 GC200을 사용하였다.

커버의 기계 재료

기계 재료의 종류 및 기호	인장 강도(N/mm²)	명 칭
GC200	200 이상	회주철품

(2) 커버의 다듬질 기호 및 기하 공차 기입

① 베어링의 바깥지름이 37mm이므로 커버의 베어링 접촉부 단 지름은 ϕ37e7로 그린다.

② **다듬질 기호 기입** : 커버와 베어링의 접촉부, 오일 실 조립부는 정밀 다듬질($\frac{y}{\nabla}$)을, 본체와 조립부는 중간 다듬질($\frac{x}{\nabla}$)을, 그 외의 가공부는 거친 다듬질($\frac{w}{\nabla}$)을 적용한다.

③ **기하 공차 기입** : 커버의 기하 공차는 보통 오일 실 조립부에 원통도를 지시하는 정도이다. 원통도에 적용되는 기능 길이는 5.2mm이므로 IT 5급일 때 3mm 초과 6mm 이하의 IT 공차가 5μm이므로 원통도는 $\boxed{\ 0.005}$이다.

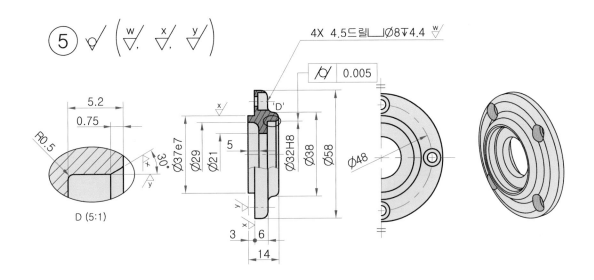

커버 그리기

1 동력 전달 장치 부품도

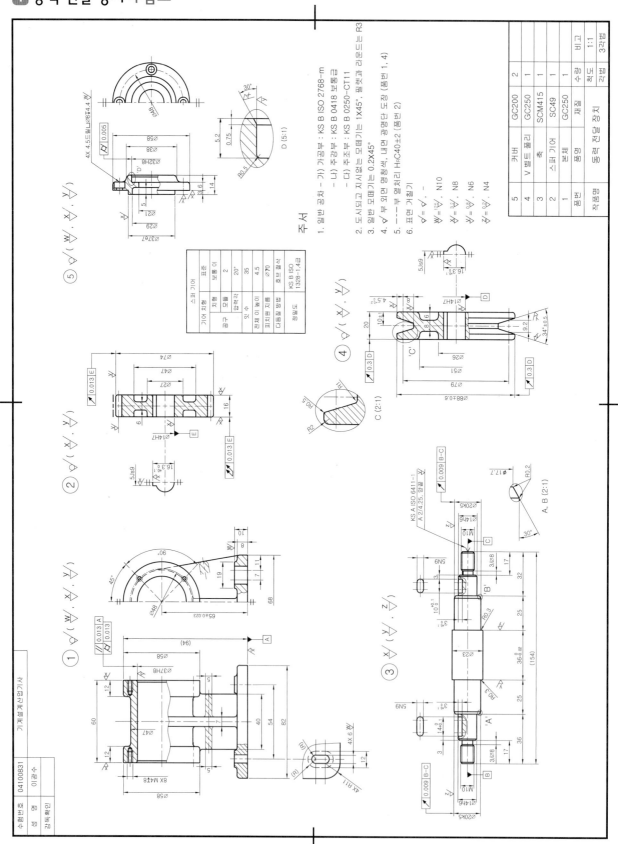

2 동력 전달 장치 등각투상도

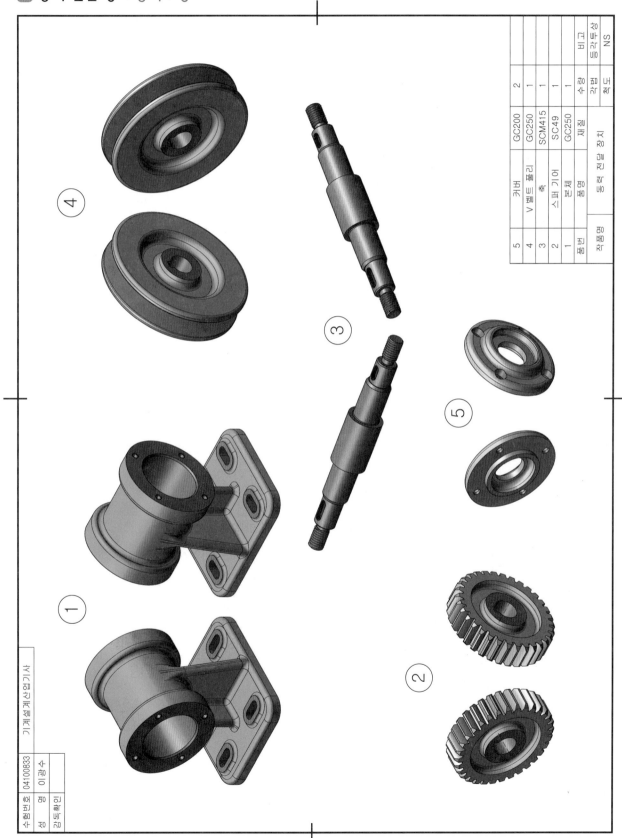

5	4	3	2	1	품번	품명		수량	비고
커버	V 벨트 풀리	축	스퍼 기어	본체	품명				등각투상
GC200	GC250	SCM415	SC49	GC250	재질				NS
2	1	1	1	1	수량	동력 전달 장치		각법	
								척도	

작품명   동력 전달 장치

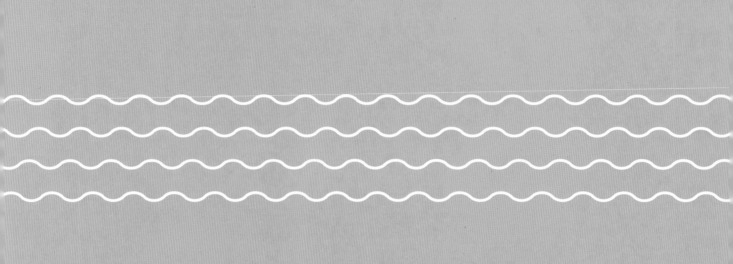

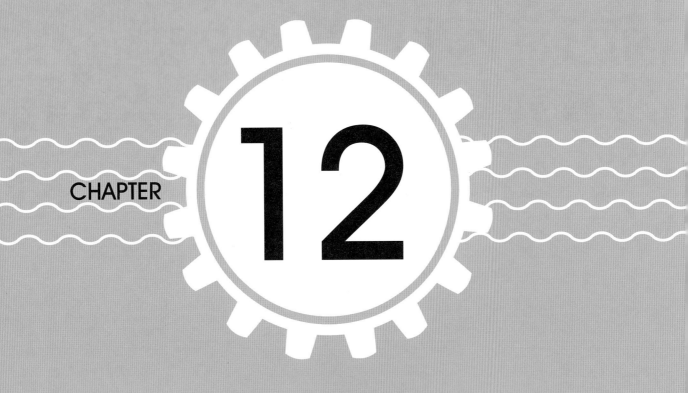

CHAPTER

12

실습 과제도면 해석

설계 변경	• 깊은 홈 볼 베어링 사양을 6003에서 6004로 변경하시오. • 기어의 잇수를 31에서 35로 변경하시오.

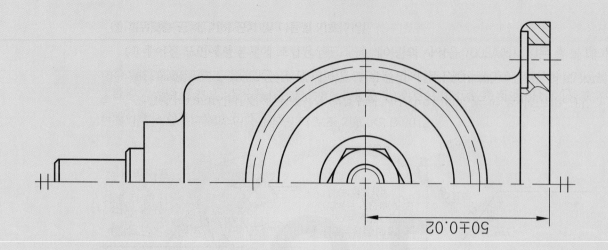

50±0.02

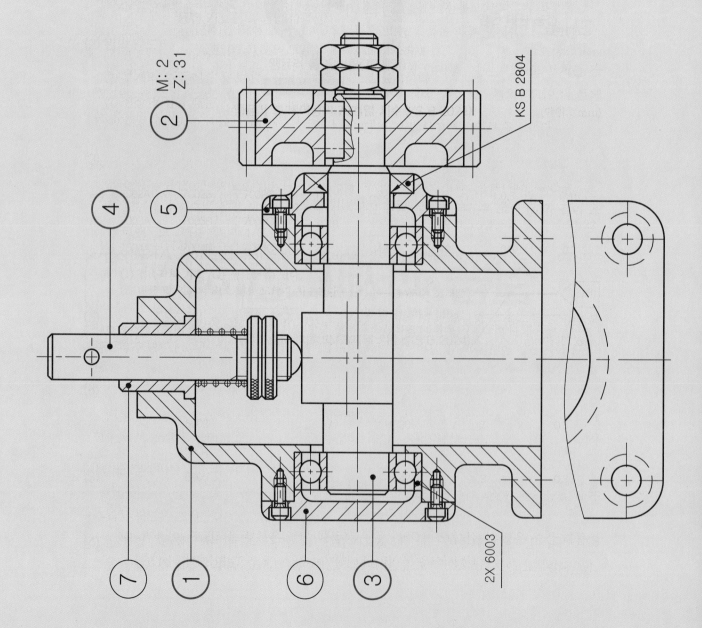

M: 2
Z: 31

KS B 2804

2X 6003

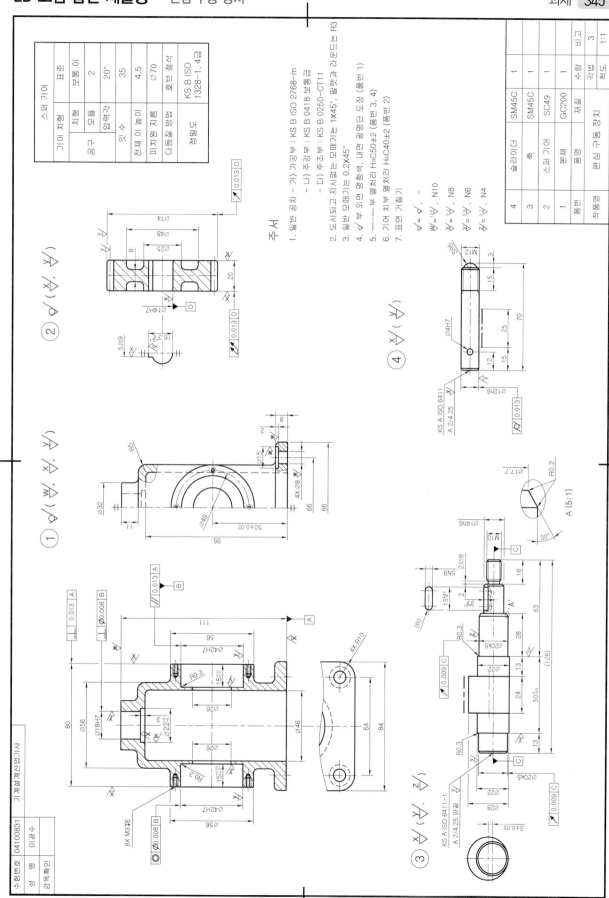

주서

1. 일반 공차 - 가) 가공부 : KS B ISO 2768-m
　　　　　　 - 나) 주강부 : KS B 0418 보통급
　　　　　　 - 다) 주조부 : KS B 0250-CT11
2. 도시되고 지시없는 모떼기는 1X45°, 필렛과 라운드는 R3
3. 일반 모떼기는 0.2X45°
4. ✓부 외면 열처리, 내면 광명단 도장 (품번 1)
5. ----부 열처리 HRC50±2 (품번 3, 4)
6. 기어 치부 열처리 HRC40±2 (품번 2)
7. 표면 거칠기

✓=✓, -
✓=¹³⁄₅✓, N10
✓=³·²⁄₅✓, N8
✓=⁰·⁸⁄₅✓, N6
✓=⁰·²⁄₅✓, N4

4	슬라이더	SM45C	1	비고	3
3	축	SM45C	1		1:1
2	스퍼 기어	SC49	1	수량	
1	본체	GC200	1	척도	
품번	품명	재질	수량		
	편심 구동 장치			각법	

스퍼 기어

기어 치형	표준	
공구	치형	보통이
	모듈	2
	압력각	20°
잇 수		35
전체 이 높이		4.5
피치원 지름		Ø70
다듬질 방법		호브 절삭
정밀도		KS B ISO 1328-1, 4급

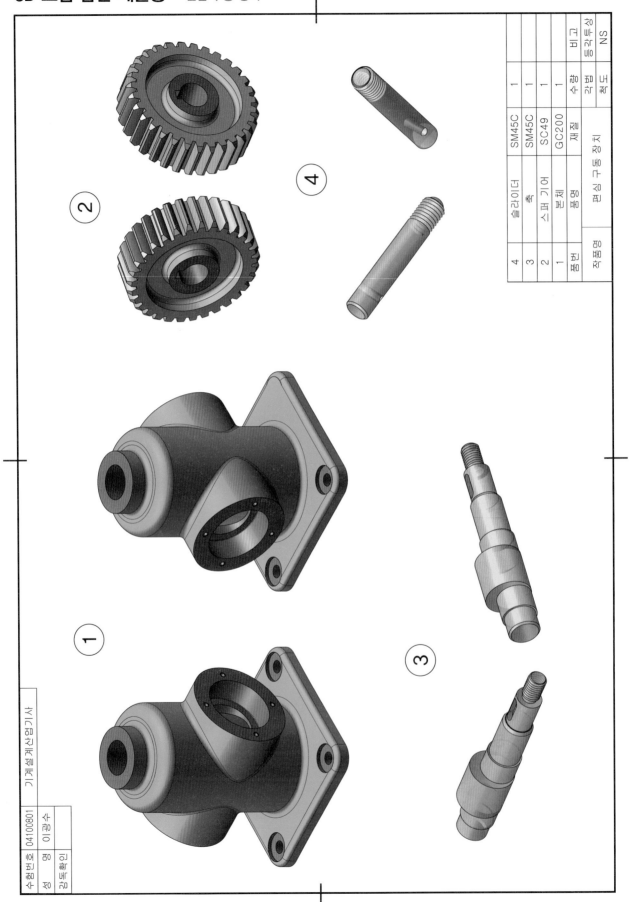

4	3	2	1	품번	
슬라이더	축	스퍼 기어	본체	품명	작품명
SM45C	SM45C	SC49	GC200	재질	편심 구동 장치
1	1	1	1	수량	각법 척도
				비고	동일투상 NS

수험번호	04100801	기계설계산업기사
성명	이광수	
감독확인		

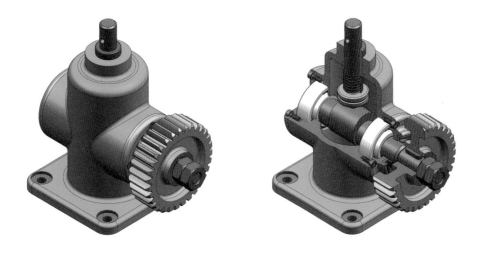

3D 조립 등각투상도 – 편심 구동 장치

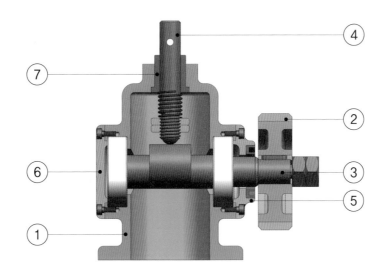

2D 조립 단면도 – 편심 구동 장치

설계
변경

• 깊은 홈 볼 베어링 사양을 6202에서 6003으로 변경하시오.
• 기어의 잇수를 40에서 43으로 변경하시오.

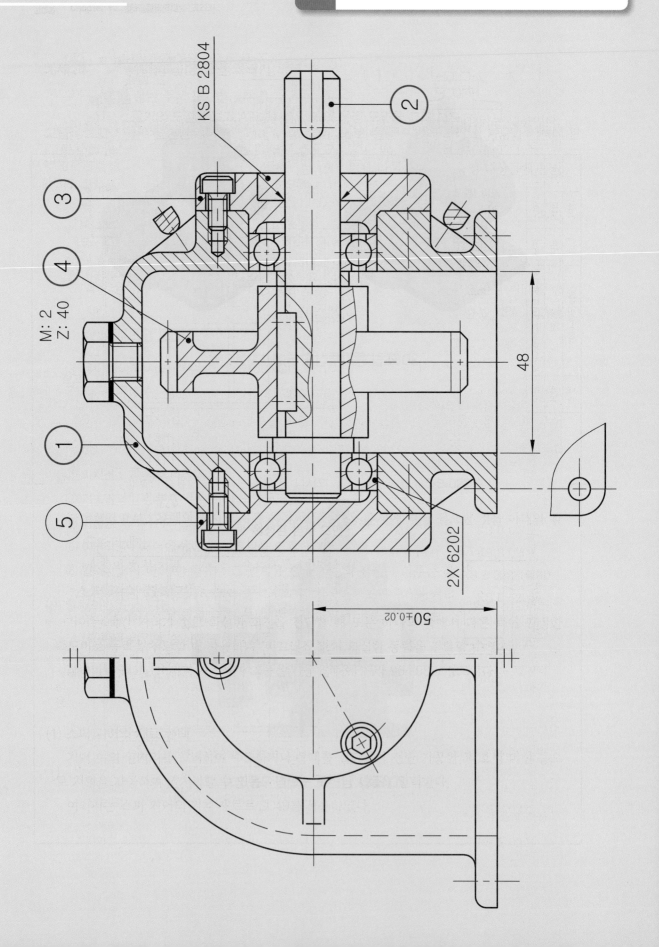

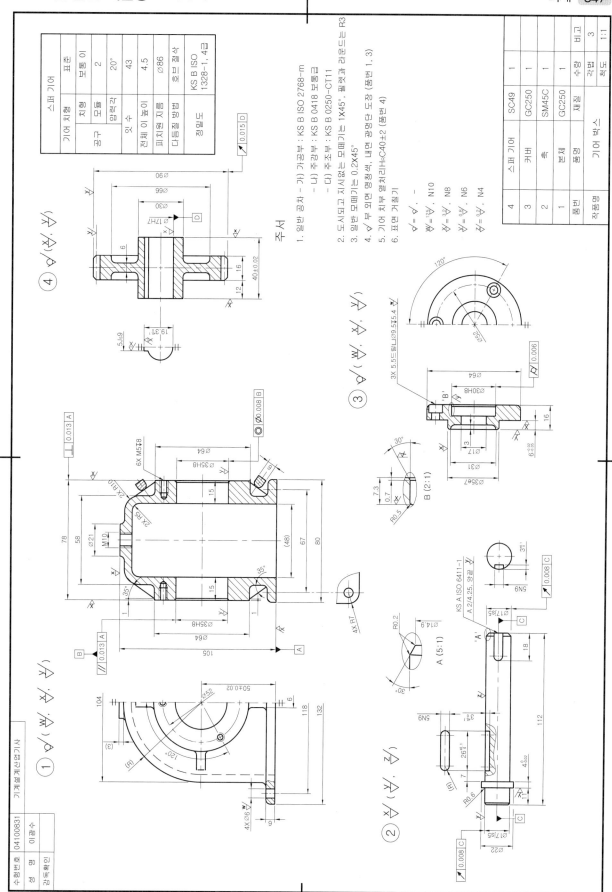

주서

1. 일반 공차 – 가) 가공부 : KS B ISO 2768-m
   – 나) 주강부 : KS B 0418 보통급
   – 다) 주조부 : KS B 0250-CT11
2. 도시되고 지시없는 모떼기는 1X45°, 필렛과 라운드는 R3
3. 일반 모떼기는 0.2X45°
4. ✓부 외면 명청색, 내면 광명단 도장 (품번 1, 3)
5. 기어 치부 열처리HRC40±2 (품번 4)
6. 표면 거칠기

   ✓ = ✓
   ✓ = $\frac{12.5}{}$, N10
   ✓ = $\frac{3.2}{}$, N8
   ✓ = $\frac{0.8}{}$, N6
   ✓ = $\frac{0.2}{}$, N4

스퍼 기어		표준
기어 치형		보통이
공구	치형	보통이
	모듈	2
	압력각	20°
잇수		43
전체 이높이		4.5
피치원 지름		⌀86
다듬질방법		호브 절삭
정밀도		KS B ISO 1328-1, 4급

4	스퍼 기어	SC49	1
3	커버	GC250	1
2	축	SM45C	1
1	본체	GC250	1
품번	품명	재질	수량
	기어 박스		

척도	1:1
각법	3

작품명

수험번호	04100831
성 명	이광수
감독확인	

기계설계산업기사

3D 모범 답안 제출용 – 기어 박스

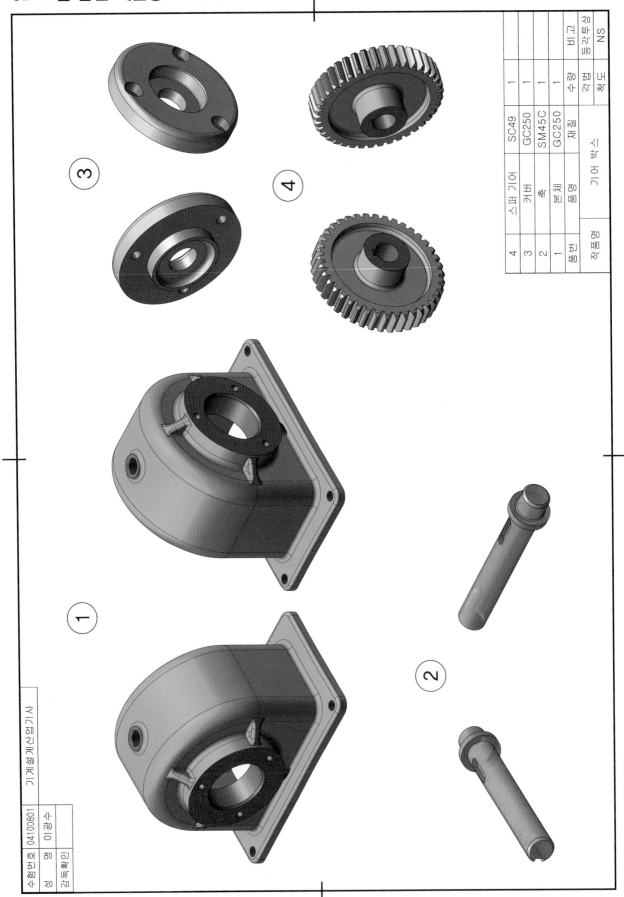

4	3	2	1	품번		
스퍼 기어	커버	축	본체	품명	기어 박스	
SC49	GC250	SM45C	GC250	재질		
1	1	1	1	수량	각법	척도
				비고	삼각법	NS

기계설계산업기사

수험번호	04100801
성명	이광수
감독확인	

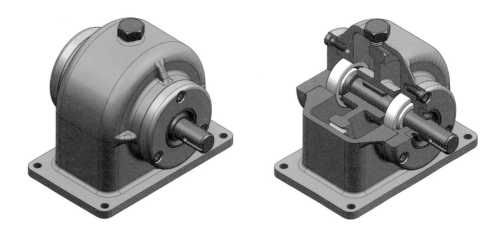

3D 조립 등각투상도 – 기어 박스

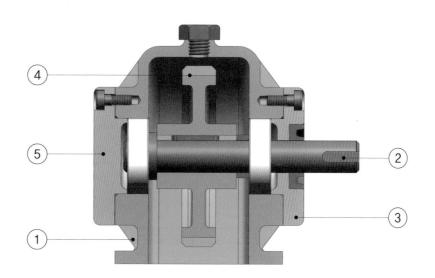

2D 조립 단면도 – 기어 박스

설계
변경

• 바이스 작동 시 'A'부 치수를 최대 37이 되도록 변경하시오.
• 'B'부 치수를 10으로 변경하시오.
• 'C'부 치수를 32로 변경하시오.

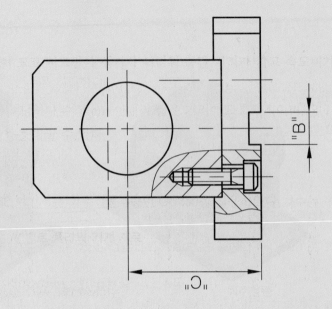

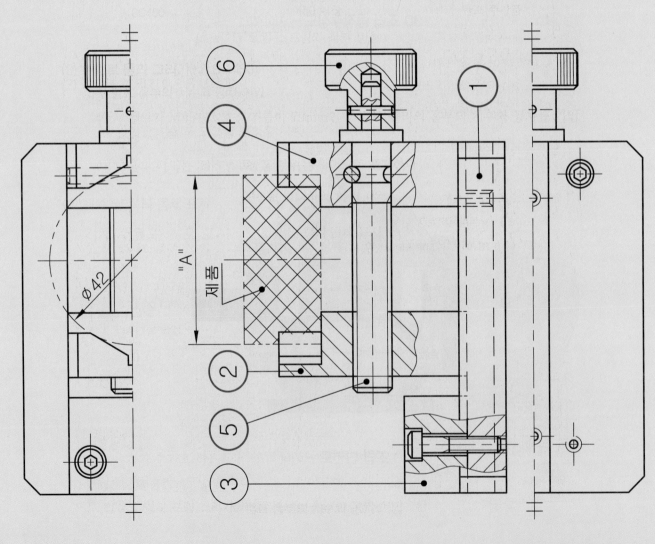

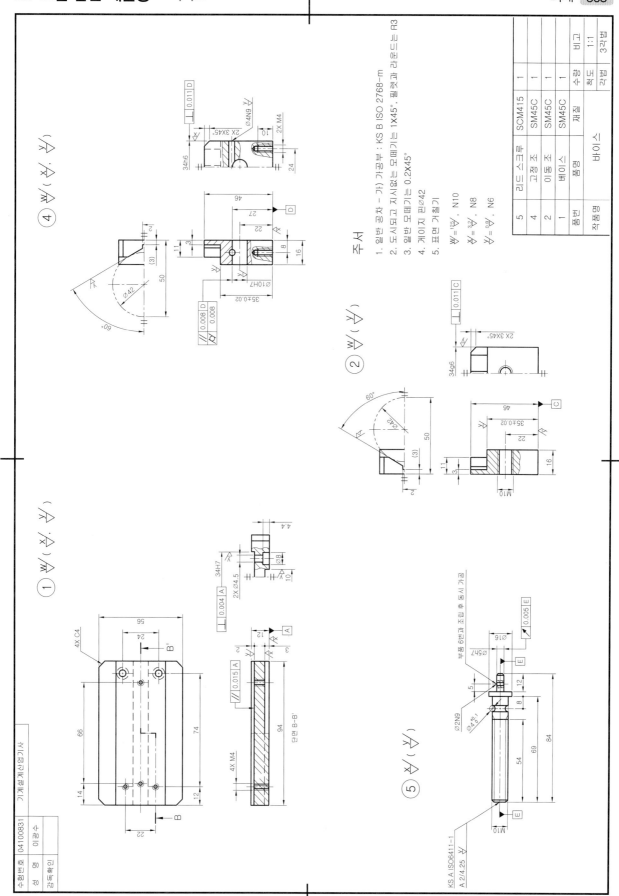

주서

1. 일반 공차 – 가) 가공부 : KS B ISO 2768-m
2. 도시되고 지시없는 모떼기는 1X45°, 필렛과 라운드는 R3
3. 일반 모떼기는 0.2X45°
4. 게이지 면 Ø42
5. 표면 거칠기

   W = $\frac{W}{\forall}$, N10
   X = $\frac{X}{\forall}$, N8
   Y = $\frac{Y}{\forall}$, N6

5	라드 스크루	SCM415	1	
4	고정 조	SM45C	1	
2	이동 조	SM45C	1	
1	베이스	SM45C	1	
품번	품명	재질	수량	비고
	바이스		척도	1:1
			각법	3각법

작품명

수험번호	04100831
성 명	이광수
감독확인	

기계설계산업기사

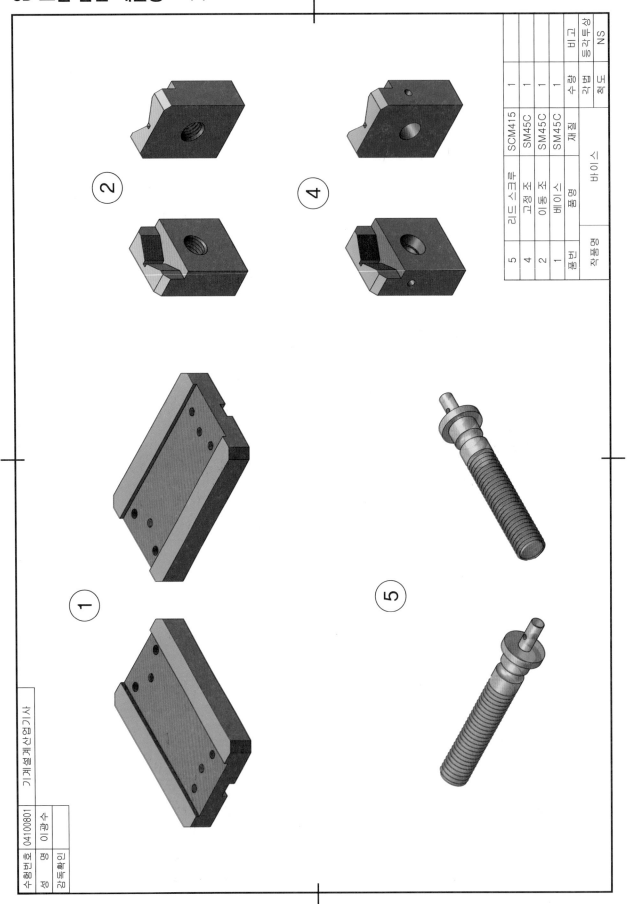

5	리드 스크루	SCM415	1		NS
4	고정 조	SM45C	1		
2	이동 조	SM45C	1		
1	베이스	SM45C	1		
품번	품명	재질	수량	비고	
작품명	바이스		척도		

수험번호	0410 0801	기계설계산업기사
성 명	이광수	
감독확인		

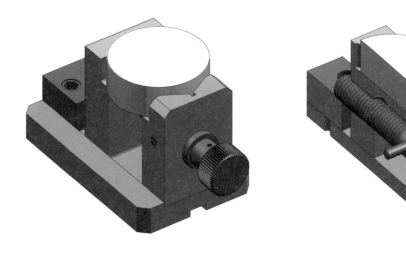

3D 조립 등각투상도 – 바이스

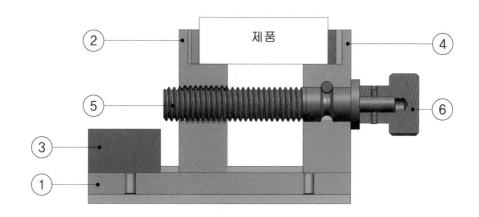

2D 조립 단면도 – 바이스

설계
변경

• 바이스 작동 시 'A'부 치수를 최대 63이 되도록 변경하시오.
• 'B'부 치수를 70으로 변경하시오.

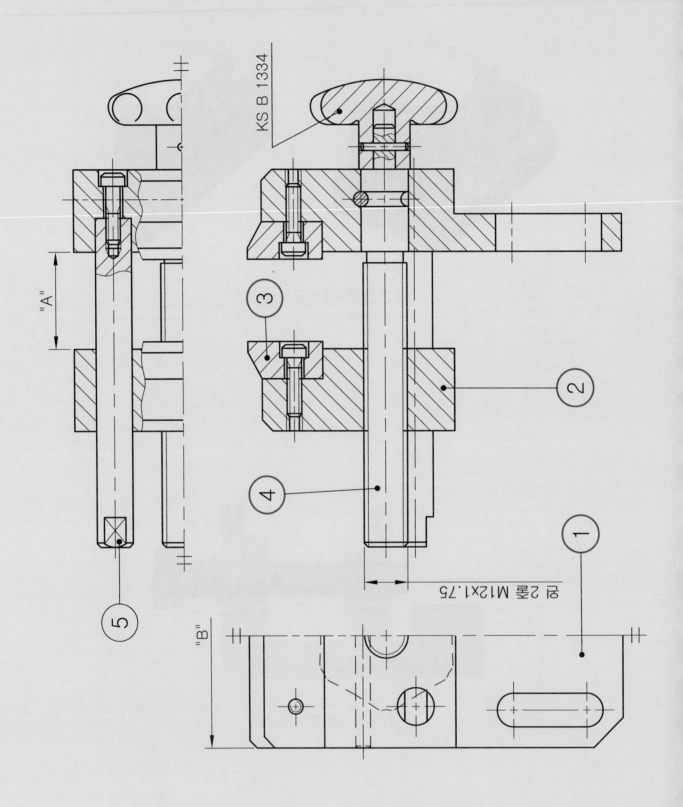

KS B 1334

"A"

③

②

④

①

⑤

"B"

윗 2줄홈 M12x1.75

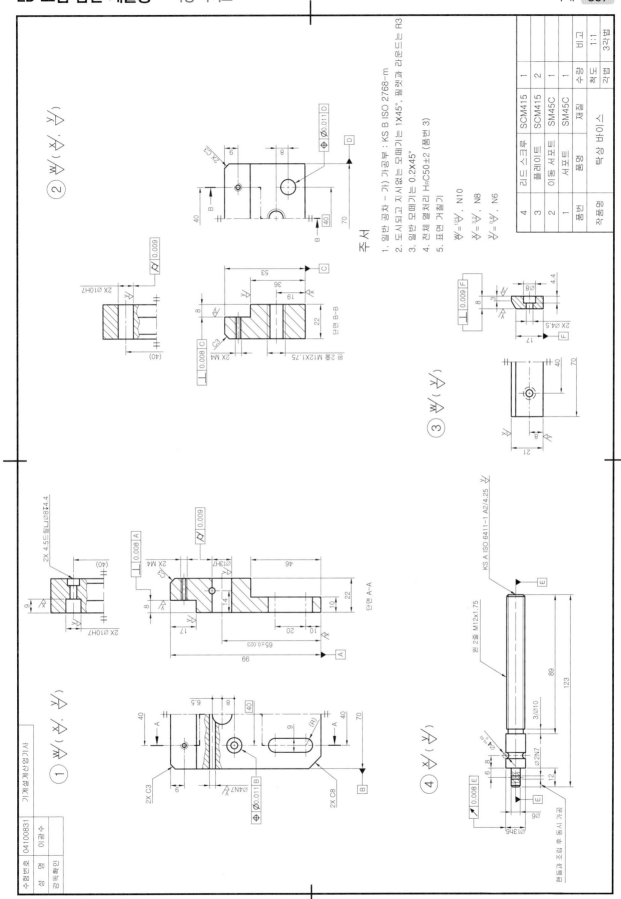

주서

1. 일반 공차 – 가) 가공부 : KS B ISO 2768-m
2. 도시되고 지시없는 모떼기는 1X45°, 물렛과 라운드는 R3
3. 일반 모떼기는 0.2X45°
4. 전체 열처리 H$_R$C50±2 (품번 3)
5. 표면 거칠기
   $\overset{w}{\nabla}$ = $\overset{12.5}{\nabla}$, N10
   $\overset{x}{\nabla}$ = $\overset{3.2}{\nabla}$, N8
   $\overset{y}{\nabla}$ = $\overset{0.8}{\nabla}$, N6

작품명		탁상 바이스		
품번	품명	재질	수량	비고
1	서포트	SM45C	1	
2	이동 서포트	SM45C	1	
3	플레이트	SCM415	2	
4	리드 스크루	SCM415	1	
작품명	탁상 바이스	척도	1:1	
		각법	3각 법	

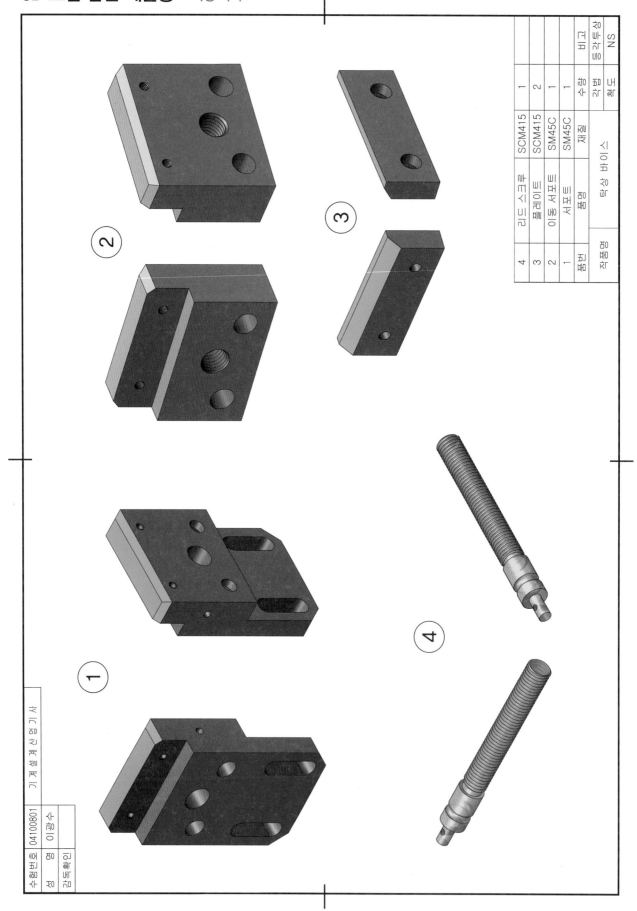

품번	품명	재질	수량	비고
4	리드 스크루	SCM415	1	
3	플레이트	SCM415	2	
2	이동 서포트	SM45C	1	
1	서포트	SM45C	1	

탁상 바이스

작품명

등각투상
NS
각법 척도

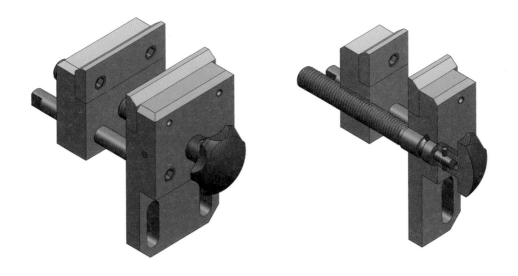

3D 조립 등각투상도 – 탁상 바이스

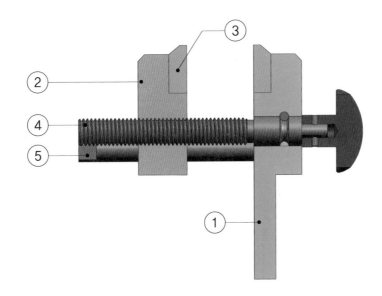

2D 조립 단면도 – 탁상 바이스

설계 변경	• 깊은 홈 볼 베어링의 사양을 6202에서 6203으로 변경하시오.
	• 'A'부 치수를 80으로 변경하시오.
	• 'B'부 치수를 z8로 변경하시오.

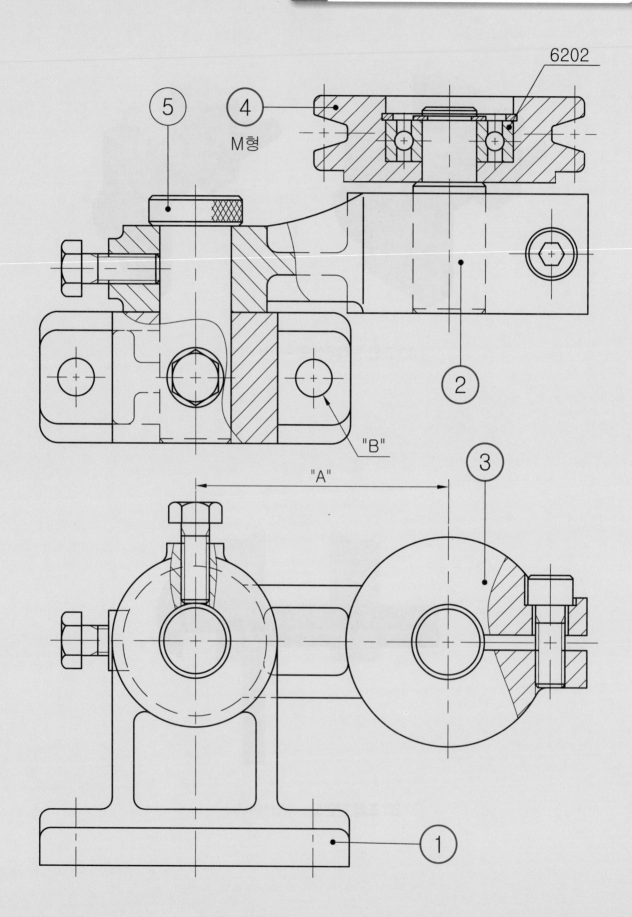

6202

⑤ ④

M형

② ③

"B"

"A"

①

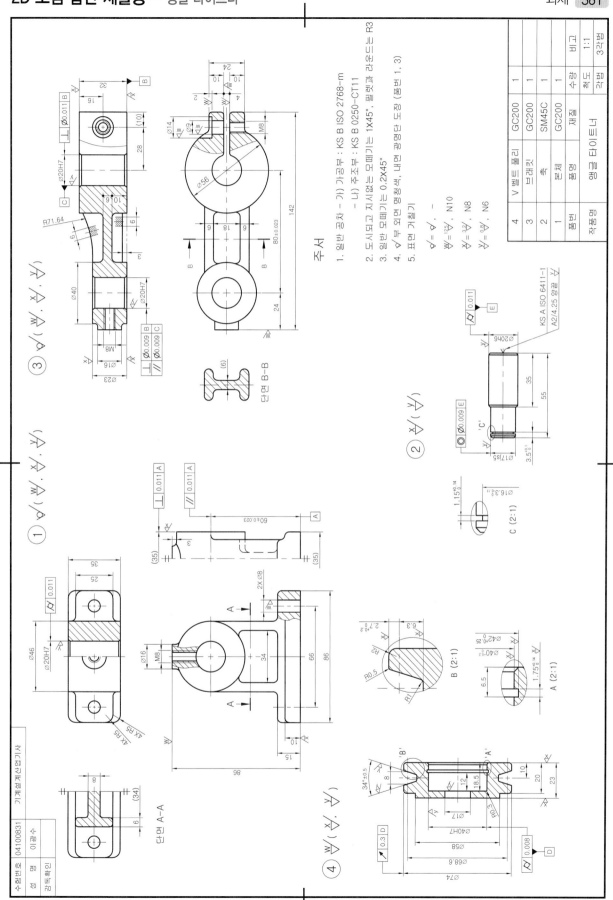

주서
1. 일반 공차 – 가) 가공부 : KS B ISO 2768–m
   – 나) 주조부 : KS B 0250–CT11
2. 도시되고 지시없는 모떼기는 1X45°, 필렛과 라운드는 R3
3. 일반 모떼기는 0.2X45°
4. ▽부 외면 명청색, 내면 광명단 도장 (품번 1, 3)
5. 표면 거칠기
   ▽ = ▽, –
   ▽ = 125/, N10
   ▽ = 32/, N8
   ▽ = 0.8/, N6

4	V벨트 풀리	GC200	1		비고	
3	브래킷	GC200	1			1:1
2	축	SM45C	1	척도		
1	본체	GC200	1	각법		3각법
품번	품명	재질	수량			
작품명		앵글 타이트너				

단면 B–B

① ▽(▽, ▽, ▽)

② ▽(▽)

③ ▽(▽, ▽, ▽)

④ ▽(▽, ▽)

KS A ISO 6411–1
A2/4.25 양끝

C (2:1)

A (2:1)

B (2:1)

단면 A–A

기계설계산업기사

수험번호	04100831
성명	이광수
감독확인	

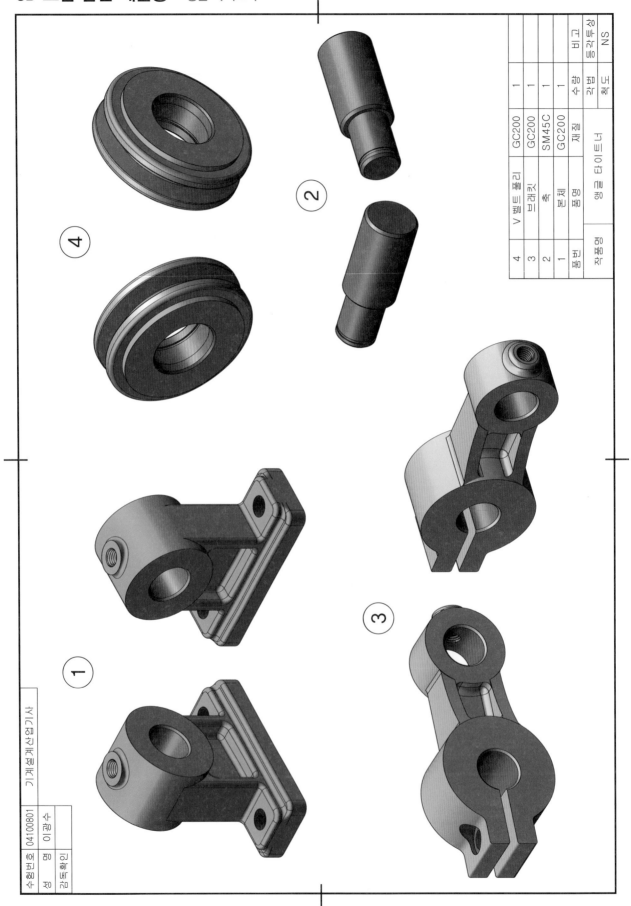

4	3	2	1	품번	작품명
V벨트 풀리	브래킷	축	본체	품명	앵글 타이트너
GC200	GC200	SM45C	GC200	재질	
1	1	1	1	수량	각법
				비고	척도
					일반공차
					NS

기계설계산업기사

수험번호	04100801
성명	이광수
감독확인	

3D 조립 등각투상도 – 앵글 타이트너

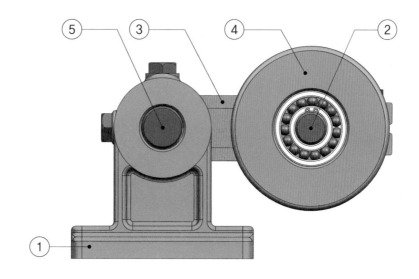

2D 조립 단면도 – 앵글 타이트너

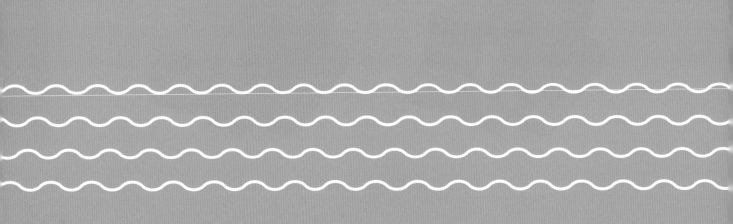

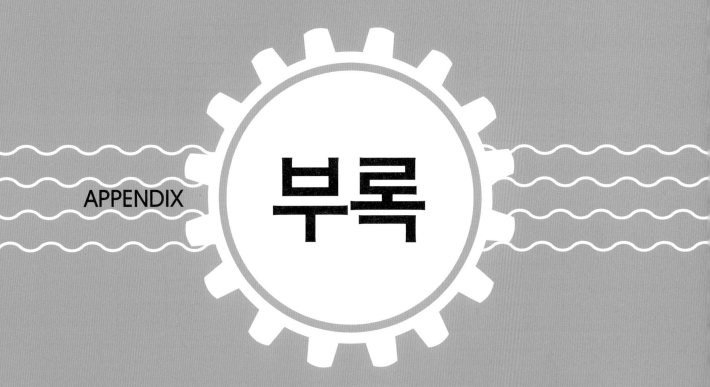

APPENDIX

부록

예제 해답

예제 2
해답 — 정투상도 그리기(1)

①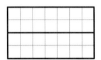
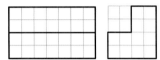

②
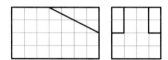

③
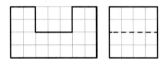

④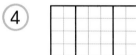
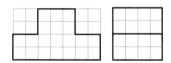

⑤
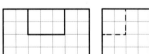

⑥
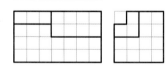

⑦

⑧
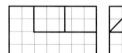

예제 3 해답 — 정투상도 그리기(2)

①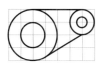
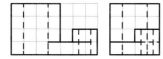

②
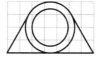

③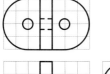
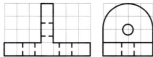

④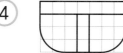
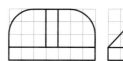

⑤
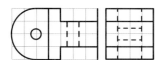

⑥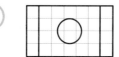

⑦
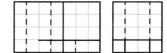

⑧
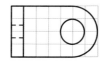

Appendix

2면도법 완성하기

①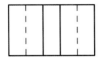

②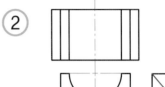

③

④

⑤

⑥

⑦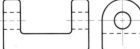

⑧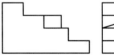

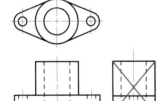
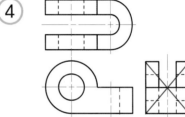

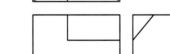

예제 5
해답 — 투상도 완성하기(1)

①

②
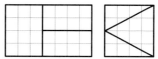

③
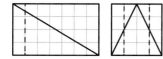

④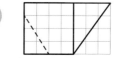
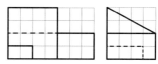

⑤
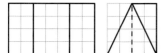

⑥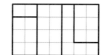

⑦
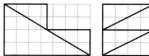

⑧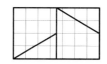

예제 6
해답
투상도 완성하기(2)

①

②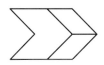

③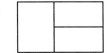

④
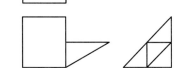

⑤

⑥
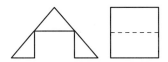

⑦

⑧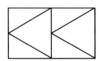

예제 7 해답

등각투상도 그리기

 ①
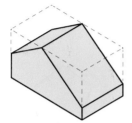

 ②
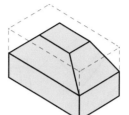

③
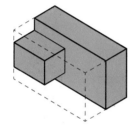

④
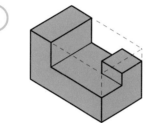

⑤
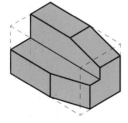

⑥
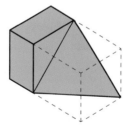

⑦
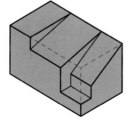

⑧
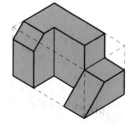

Appendix

예제 8
해답 — 보조 투상도 그리기

①

②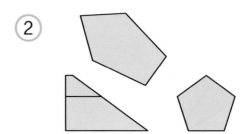

③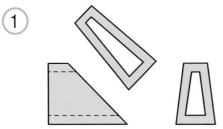

④

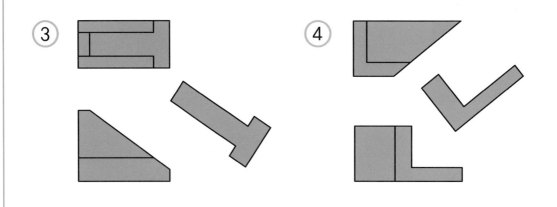

⑤

⑥

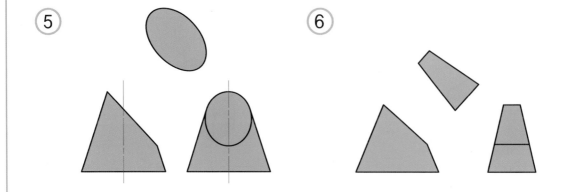

예제 9
해답

보조 투상도 완성하기

①

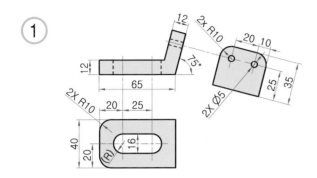

②

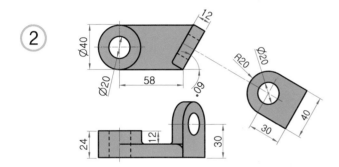

③

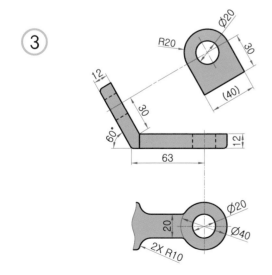

 단면도 그리기

①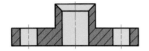

온 단면도

②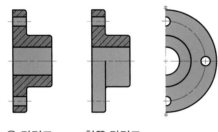

온 단면도   한쪽 단면도

③

회전 도시 단면도(도형의 전후를 끊어서 도시한 경우)

회전 도시 단면도(도형 내의 절단한 곳에 도시한 경우)

예제 11 해답 — 정투상도에 치수 기입하기

①

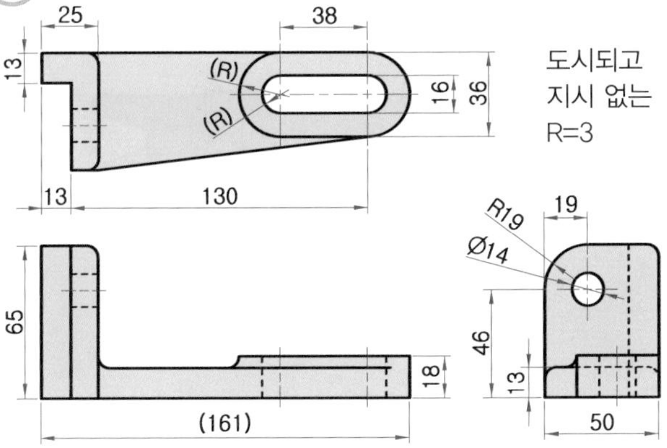

25 38 (R) 13 16 36 (R) 13 130 65 18 (161) R19 19 Ø14 46 13 50

도시되고 지시 없는 R=3

②

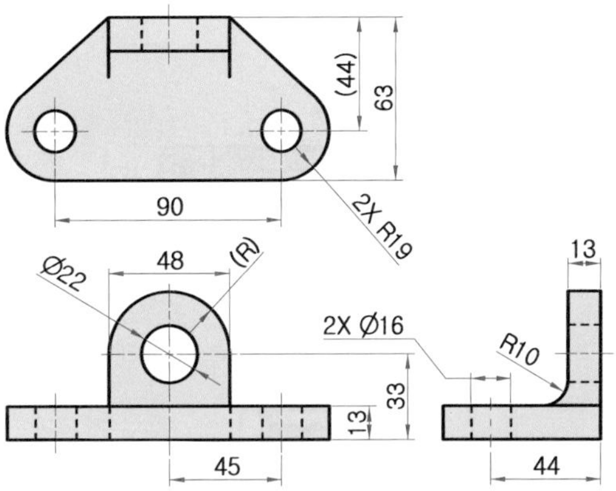

(44) 63 90 2X R19 Ø22 48 (R) 2X Ø16 33 13 45 13 R10 44

③

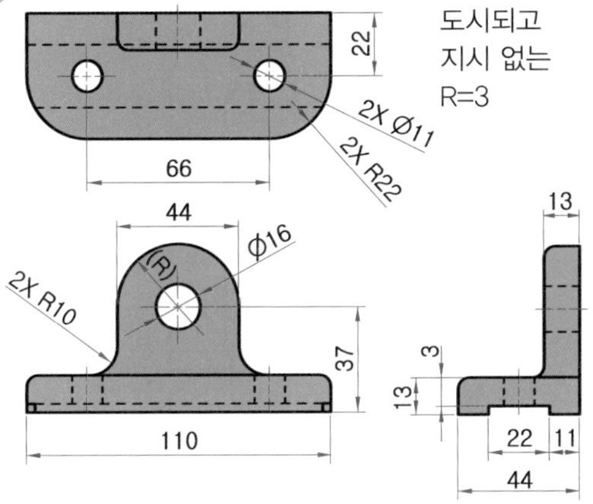

22 2X Ø11 2X R22 66 44 Ø16 2X R10 (R) 37 110 13 3 13 22 11 44

도시되고 지시 없는 R=3

④

54 27 13 38 Ø28 3 16 23 89 4 R17 Ø13 41 8 38

도시되고 지시 없는 R=3

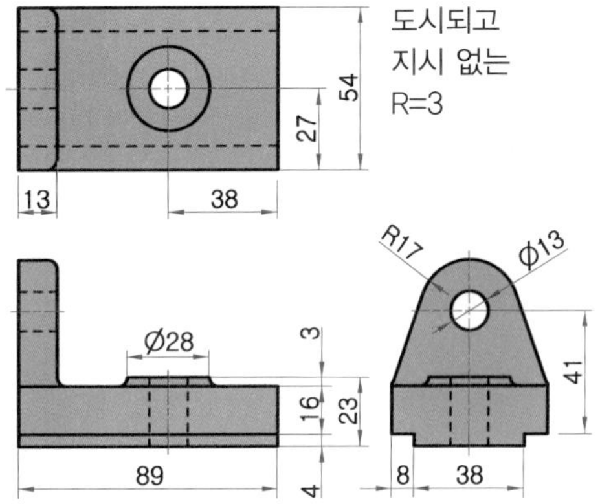

⑤

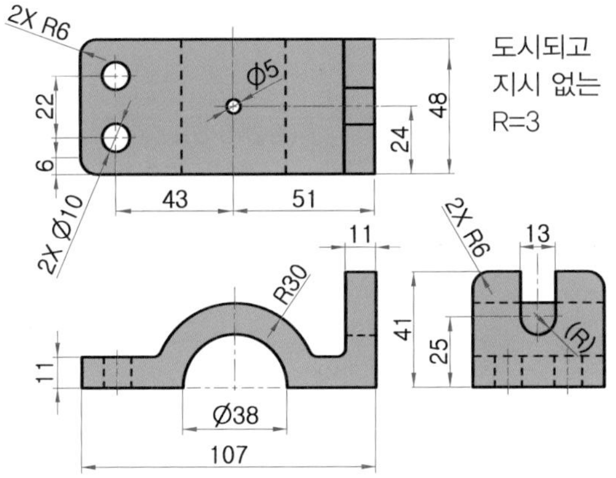

2X R6 Ø5 22 48 6 24 2X Ø10 43 51 11 2X R6 13 R30 41 25 (R) 11 Ø38 107

도시되고 지시 없는 R=3

⑥

54 2X 13X45° 30° 27 26 5 4X Ø8 Ø32 35 80 5 14 106 11 5 R54 13 19 52

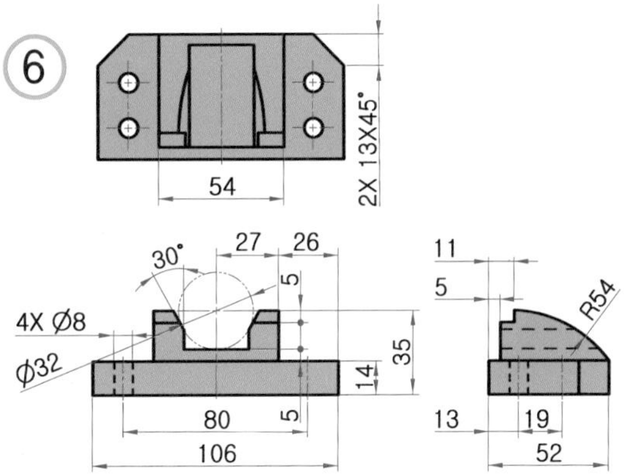

예제 12
해답

표면 거칠기 기입하기

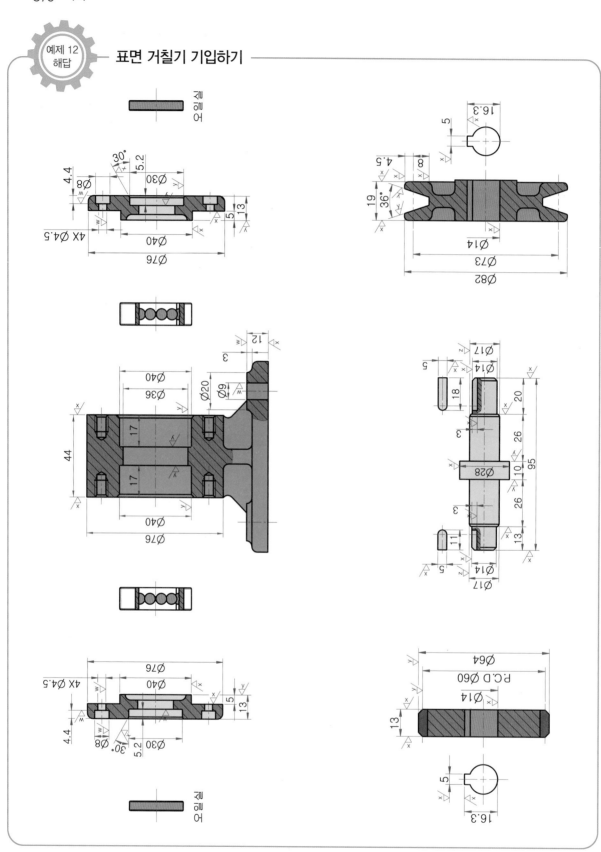

예제 13
해답 ── 허용 한계치수 및 끼워맞춤 공차 기입하기 ──

①

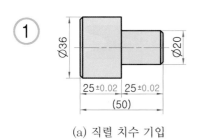

(a) 직렬 치수 기입

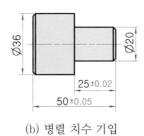

(b) 병렬 치수 기입

(c) 병렬 치수 기입

기능에 관련된 허용 한계치수 기입

②

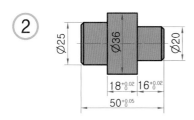

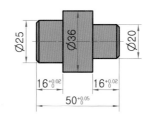

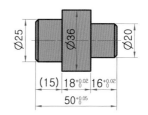

공차의 누적 허용 한계치수 기입

③

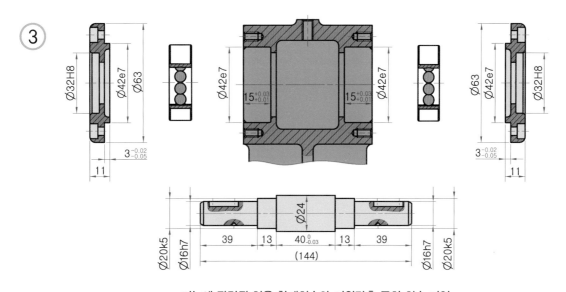

기능에 관련된 허용 한계치수와 끼워맞춤 공차 치수 기입

예제 14 해답 — 데이텀 및 기하 공차 기입하기

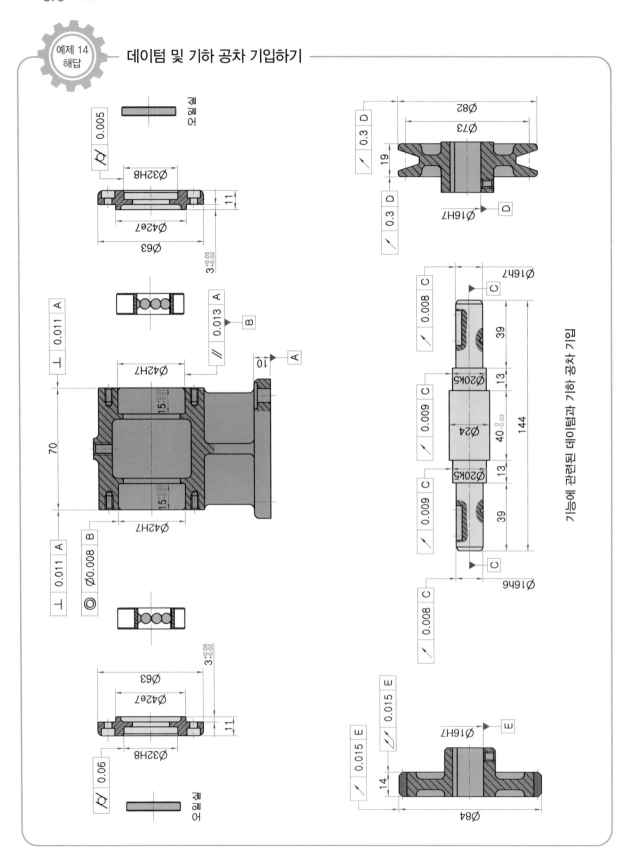

기능에 관련된 데이텀과 기하 공차 기입

예제 16 해답 ── 키 홈 그리기 ──────────

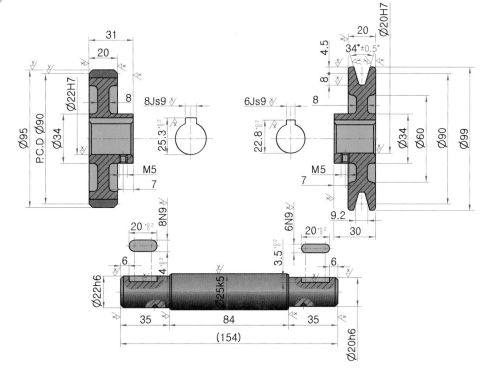

예제 17 해답 축 그리기

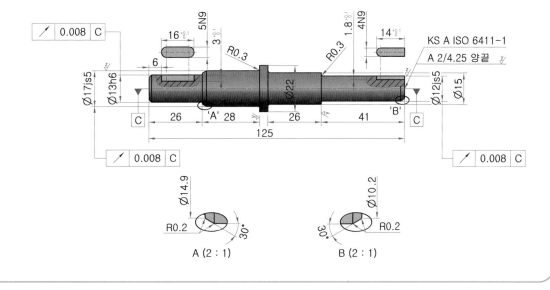

예제 18
해답

스퍼 기어 그리기

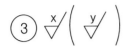

③

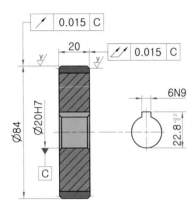

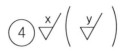

④

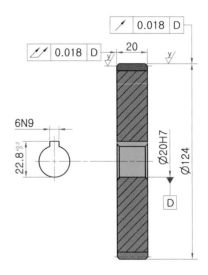

스퍼 기어		
기어 치형		표준
공구	치형	보통 이
	모듈	2
	압력각	20
잇수		40
전체 이 높이		4.5
피치원 지름		$\phi 80$
다듬질방법		호브절삭
정밀도		KS B ISO 1328-1, 4급

스퍼 기어		
기어 치형		표준
공구	치형	보통 이
	모듈	2
	압력각	20
잇수		60
전체 이 높이		4.5
피치원 지름		$\phi 120$
다듬질방법		호브절삭
정밀도		KS B ISO 1328-1, 4급

예제 19
해답

V 벨트 풀리 그리기

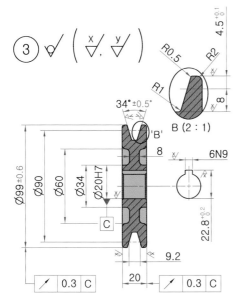

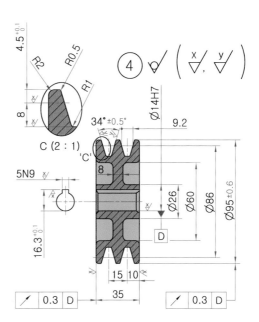

예제 20
해답

스프로킷 그리기

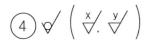

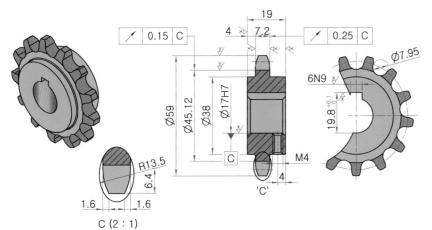

스프로킷	
체인 호칭	40
롤러 체인	7.95
피치원 지름	12.7
잇수	13
피치원 지름	$\phi 53.07$

코일 스프링 그리기

예제 22
해답

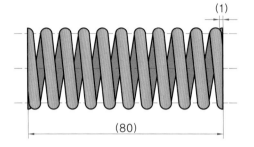

(1)

(80)

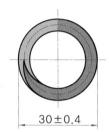

30±0.4

냉간 성형 압축 코일 스프링(외관도)

요목표

재료			SWOSC-V
재료의 지름		mm	4
코일 평균 지름		mm	26
코일 바깥지름		mm	30±0.4
총 감김 수			11.5
자리 감김 수			각 1
유효 감김 수			9.5
감김 방향			오른쪽
자유 길이		mm	(80)
스프링 상수		N/mm	15.3
지정	하중	N	−
	하중 시의 길이	mm	−
	길이	mm	70
	길이 시의 하중	N	153±10%
	응력	N/mm^2	190
최대 압축	하중	N	−
	하중 시의 길이	mm	−
	길이	mm	55
	길이 시의 하중	N	382
	응력	N/mm^2	476
밀착 길이		mm	(44)
코일 바깥쪽 면의 경사		mm	4 이하
코일 끝부분의 모양			맞댐 끝(연삭)
표면 처리	성형 후의 표면 가공		쇼트 피닝
	방청 처리		방청유 도포

비고1 기타 항목 세팅   비고2 용도, 사용 조건, 상온, 반복 하중   비고3 1N/mm^2=1MPa

KS 기계제도
도면해독법 & 작성법

2020년 1월 10일 1판 1쇄
2025년 5월 10일 2판 1쇄

저자 : 이광수
펴낸이 : 이정일

펴낸곳 : 도서출판 **일진사**
www.iljinsa.com
04317 서울시 용산구 효창원로 64길 6
대표전화 : 704-1616, 팩스 : 715-3536
이메일 : webmaster@iljinsa.com
등록번호 : 제1979-000009호(1979.4.2)

값 30,000원
ISBN : 978-89-429-2026-6